Jahrbuch

der

Motorluftschiff - Studiengesellschaft,

Fünfter Band.

1911—1912.

Mit 123 in den Text gedruckten Figuren.

Springer-Verlag Berlin Heidelberg GmbH

1912.

ISBN 978-3-662-33541-3   ISBN 978-3-662-33939-8 (eBook)
DOI 10.1007/978-3-662-33939-8

Vorwort.

Das vorliegende Jahrbuch ist das letzte, das von der M.St.G. herausgegeben wird; zur Zeit seines Erscheinens wird die Auflösung der Gesellschaft in die Wege geleitet sein. Die Liquidation ist beschlossen worden, nachdem das Kapital der Gesellschaft fast restlos aufgebraucht worden ist. Zum Liquidator ist der Geschäftsführer ernannt worden; zur Feststellung der Form und der Einzelheiten der Liquidation ist eine Kommission gewählt worden, bestehend aus den Herren Dr. Dreger und Richard Gradenwitz, die beide sich in dankenswertester Weise, wie schon so oft, auch für diese Arbeit wieder zur Verfügung gestellt haben.

Die in § 2 der Satzungen festgestellten Zwecke der Gesellschaft sind erreicht worden, soweit die Mittel es erlaubten:

Die Parsevalschiffe sind bis zu einem Grade der Entwickelung gefördert worden, daß sie praktische Verwendung sowohl in militärischer als auch, wenngleich in geringerem Umfange, in wirtschaftlicher Beziehung finden. Die zur Weiterentwickelung notwendigen Versuche werden in der Hauptsache tatsächlich seit geraumer Zeit von einer Tochter-Gesellschaft, der L.F.G., ausgeführt, die auch in Zukunft das Jahrbuch weiter erscheinen lassen wird.

Auch für die Förderung der Flugtechnik hat die M.St.G. das Ihrige getan, indem sie als weitere Tochter-Gesellschaft die Flugmaschine-Wright-Gesellschaft gründete und dadurch mit als erste die Flugzeugindustrie in Deutschland einführte. Die Flugmaschine-Wright-Gesellschaft hat das Deutsche Wright Flugzeug derart weiterentwickelt, daß dies seine Überlegenheit, besonders was die Verwendung bei stürmischem Wetter anbetrifft, vielfach und neuerdings in hervorragendem Maße hat beweisen können.

In sportlicher Hinsicht hat die M.St.G. durch die Gründung des Kaiserlichen Aero-Clubs fördernd gewirkt.

Diese Aufgaben, die sich die M.St.G. bei ihrer Gründung gestellt hat, sind von den genannten beiden Tochter-Gesellschaften und dem K.Ae.C. übernommen worden; die sonstigen, im besonderen wissenschaftlichen Ziele werden von inzwischen ins Leben getretenen anderen Gesellschaften und Vereinigungen verfolgt.

Die Schluß-Abrechnung, aus der die Verwendung der Geldmittel und ihre Verteilung auf die einzelnen Zwecke ersichtlich ist, wird dem Aufsichtsrat und den Gesellschaftern noch zugehen.

Es bleibt noch übrig zu danken.

Der untertänigste Dank gebührt S. M. dem Kaiser, dessen unmittelbare Anregung die M.St.G. ins Leben gerufen hat.

Dank gebührt den Gesellschaftern, die in opferfreudiger Vaterlandsliebe das Stammkapital von 1 000 000 M. eingebracht haben.

Dank gebührt dem Aufsichtsrate, an der Spitze dem Ehrenpräsidenten der M.St.G., Sr. Hoheit dem Herzoge Ernst von Sachsen-Altenburg und dem gesamten technischen Ausschusse für die Unterstützung und die erfolgreiche Mitarbeit bei dem begonnenen Werke.

Ganz besonderen Dank zollt die Geschäftsführung den beiden Herren Vorsitzenden, Sr. Exz. dem Staatssekretär F. v. Hollmann und Herrn Geh. Baurat Dr. E. Rathenau, sowie Herrn Dr. W. Rathenau und dem leider zu früh verstorbenen Herrn Geh. Rat Dr. Loewe, die stets ein offenes Ohr für alle Wünsche und Sorgen hatten und dauernd ihre so stark in Anspruch genommene Zeit opferten, um durch Rat und Tat für das Gedeihen der Arbeit zu wirken.

Die M.St.G. kann schließen in dem Bewußtsein, daß ihre Arbeit nicht vergebens gewesen ist.

Der Geschäftsführer.

Inhaltsverzeichnis.

Geschäftliches.

I. Starre Luftschiffe.

Sieht man von den beiden Vorläufern unserer deutschen Luftschiffe, von Baumgarten - Wölfert und Schwarz, ab, weil sie keine nennenswerten Ergebnisse zu verzeichnen hatten, so muß man den 2. Juli 1900 als denjenigen Tag in der Geschichte der deutschen Luftschiffahrt bezeichnen, von dem ab man von einer praktischen Entwickelung der letzteren sprechen kann. Die Vorbedingung hierfür war die Erfindung und Durchkonstruktion eines Leichtmotors im Jahre 1887 durch Gottlieb Daimler. In den Jahren 1898—1900 hatte Graf Zeppelin ein in den Jahren 1892—1894 entworfenes und konstruiertes Versuchsluftschiff starrer Bauart fertiggestellt und bei dem am 2. Juli 1900 stattgehabten Aufstiege bereits bewiesen, daß dieses Luftschiff trotz seiner geringen motorischen Kräfte (2 Daimler-Motoren zu je 16 PS) nicht nur stabil und lenkbar war, sondern daß es auch eine angemessene und sehr entwickelungsfähige (7,5 m. p. S.) Eigengeschwindigkeit besaß und — zunächst nur vom Wasser aus — aufsteigen und daselbst landen könne. Am 17. Oktober fuhr dieses Schiff 1½ Stunden, und am 21. Oktober erfolgte der dritte Aufstieg. Graf Zeppelin fand bei diesen ersten Versuchen in dem Hauptmann Bartsch v. Sigsfeld einen ebenso geistreichen Mitarbeiter wie praktisch erfahrenen Luftfahrer. Zum großen Schaden der Weiterentwickelung setzte jetzt die leidige Geldfrage dem weiteren Ausbau dieser genialen Erfindung längere Zeit ein Ziel.

Erst am 17. Januar 1906 stieg das zweite, einige wichtige Verbesserungen aufweisende Z-Schiff zu einer weiteren Fahrt auf, erreichte 400 m Höhe und landete zum ersten Male bei Kißlegg im Allgäu auf festem Boden. Von einem während der Nacht aufkommenden Sturme wurde das Luftschiff von seiner Verankerung losgerissen und zerstört.

Vom Oktober 1906 ab unternahm der L. Z. 3 eine Anzahl glücklicher Aufstiege, blieb am 30. September 1907 7 Stunden in der Luft und legte 350 km zurück. So war dieses Luftschiff das erste, welches den geringsten an ein Kriegs- oder Verkehrs-Luftschiff zu stellenden Anforderungen entsprach. Von diesem Standpunkt aus betrachtet, muß dem Grafen Zeppelin zweifelsohne das Verdienst zugesprochen werden, der „Eroberer der Luft" genannt zu werden. Bei den vom 24. bis 30. September 1907 absolvierten Fahrten dieses Luftschiffes hatte dieses eine Eigengeschwindigkeit von 11 m. p. S. bei Vollast der 2 Motoren erreicht. Hierauf wurde L. Z. 3 vorläufig außer Betrieb gestellt.

Von besonderen Ereignissen folgte dann am 1. Juli 1908 eine 12stündige Fahrt des L. Z. 4 in die Schweiz und zurück und am 4. August die Fahrt nach Mainz. Auf der Rückfahrt bei einer Zwischenlandung in Echterdingen

Fig. 1.   P. L. 11.   (P. III).

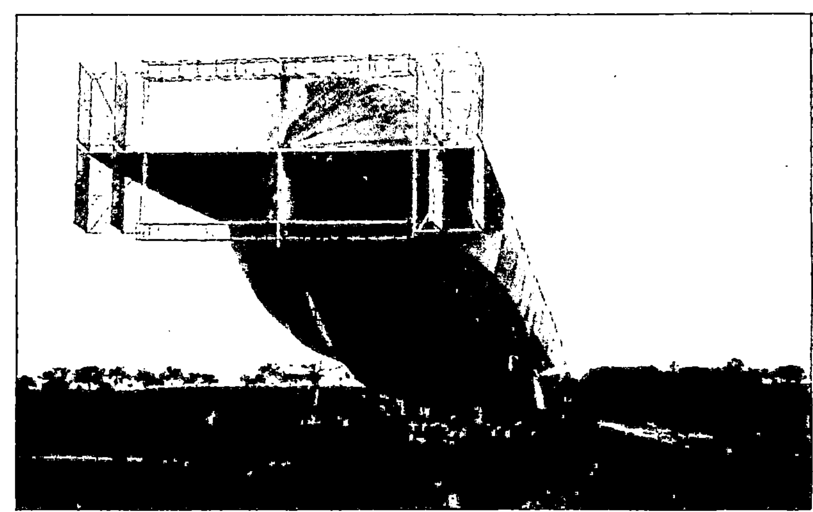

Fig. 2,   Passagierluftschiff Viktoria-Luise.

Fig, 3,   Schütte-Lanz.

wurde dann bei einem auftretenden Gewittersturm das Luftschiff von seiner Verankerung losgerissen, durch Luftelektrizität in Brand gesetzt und völlig zerstört.

So schmerzlich dieser Vorgang den Grafen Zeppelin und mit ihm das ganze deutsche Vaterland augenblicklich treffen mochte: Es blühte neues Leben aus den Ruinen. Der Mann, dem ein mißgünstiges Geschick schon reichlich Wermut in den Becher geschenkt, überwand auch diesen Schicksalsschlag. Dank der Opferwilligkeit des deutschen Volkes waren ihm mit einem Schlage die pekuniären Sorgen benommen, und mit frischem, frohem Wagemut ging er von neuem an die Arbeit.

Sofort nach dem Echterdinger Unglück wurde der L. Z. 3 um 5 m verlängert, mit kräftigeren Motoren versehen und wieder in Betrieb gesetzt. Am 23. Oktober 1908 unternahm er seinen ersten Wiederaufstieg und ferner unter einer Reihe guter Fahrten eine Fahrt mit Sr. Kaiserl. Hoheit dem Kronprinzen an Bord am 9. November 1908, worauf der L. Z. 3 von der Heeresverwaltung übernommen und als Z. 1 in Dienst gestellt wurde. Am 4. Juli 1909 wurde Z. 1 auf dem Luftwege nach Metz überführt, wo er heute noch, nachdem er inzwischen nach den neuesten Erfahrungen modernisiert worden ist, sein Standquartier hat.

Im Mai 1909 wurde als Ersatz Echterdingen der L. Z. 5 fertiggestellt. Dieses Luftschiff hat Pfingsten 1909 eine noch heute in der Geschichte der Luftschiffahrt einzig dastehende 38stündige Dauerfahrt nach Bitterfeld und zurück bis Göppingen ausgeführt. Im August 1909 wurde es von der Preußischen Heeresverwaltung übernommen und als Z. 2 in Cöln stationiert.

Am 25. April 1910 wurde bei der Rückkehr von der Fahrt Cöln-Homburg das bei Limburg verankerte Luftschiff Z. 2 vom Sturm losgerissen und scheiterte bei Weilburg.

Am 27. August 1909 trat der in den Monaten Juni bis August erbaute L. Z. 6 nach einer einzigen am 25.August erledigten Probefahrt seine Luftreise nach Berlin an.

L. Z. 7, im Auftrage der Deutschen Luftschiffahrts-A.-G. (Delag) im Januar bis Mai 1910 erbaut, ist das Passagierluftschiff „Deutschland". Am 22. Juni 1910 führte Graf Zeppelin in 9stündiger Fahrt den L. Z. 7 nach Düsseldorf. Bei der zweiten von dort aus von der Delag unternommenen Passagierfahrt am 28. Juni wurde der „Deutschland" von einem Sturm plötzlich auf 1050 m Höhe und ebenso schnell in die Tiefe geworfen. Noch hatte der Führer das Schiff in der Hand, als der vordere Motor wegen Benzinmangels aussetzte. Das Schiff scheiterte alsdann bei Iburg im Teutoburger Walde.

Als Ersatz für dieses Schiff wurde der L. Z. 8 von der Delag in Auftrag gegeben. Um aber baldmöglichst wieder ein Luftschiff in Betrieb zu haben, baute die Luftschiffbau-Zeppelin-A.-G. schnell auf Wunsch der Delag den L. Z. 6 zu einem Passagierluftschiff um. Vom 21. August bis 14. September 1910 führte dieses Schiff von der Halle in Oos 34 Fahrten aus. An diesem Tage fing das Schiff infolge Anwendung von Benzin beim Reinigen der Motoren in der Halle Feuer und verbrannte innerhalb weniger Minuten.

Im Frühjahr 1911 war der L. Z. 8 (Ersatz Deutschland) fertiggestellt und machte am 30. März 1911 die erste Probefahrt. Am 7. April wurde er nach Oos überführt und unternahm von dort und von Düsseldorf aus Passagierfahrten, bis er am 16. Mai 1911 beim Herausbringen aus der Halle in Düsseldorf von einer Böe gegen die Halle geworfen und zerstört wurde.

Unter teilweiser Wiederverwendung der brauchbaren Teile von L. Z. 8 wurde im Juni 1911 das Luftschiff L. Z. 10, „Schwaben", fertiggestellt und am 15. Juli

Fig. 4. Schwaben, darüber ein Wright-Flugzeug, im Hintergrunde P. L. 6.

Fig. 5. L. Z. 9 (Z. II der preußischen Heeresverwaltung).

von der Delag übernommen. Bei Vollast der 3 Motoren lief das Schiff 19,3 m. p. S. Das Schiff, welches leider am 28. Juni 1912 vor der Halle in Düsseldorf verbrannt ist, hat während seiner einjährigen Lebensdauer 229

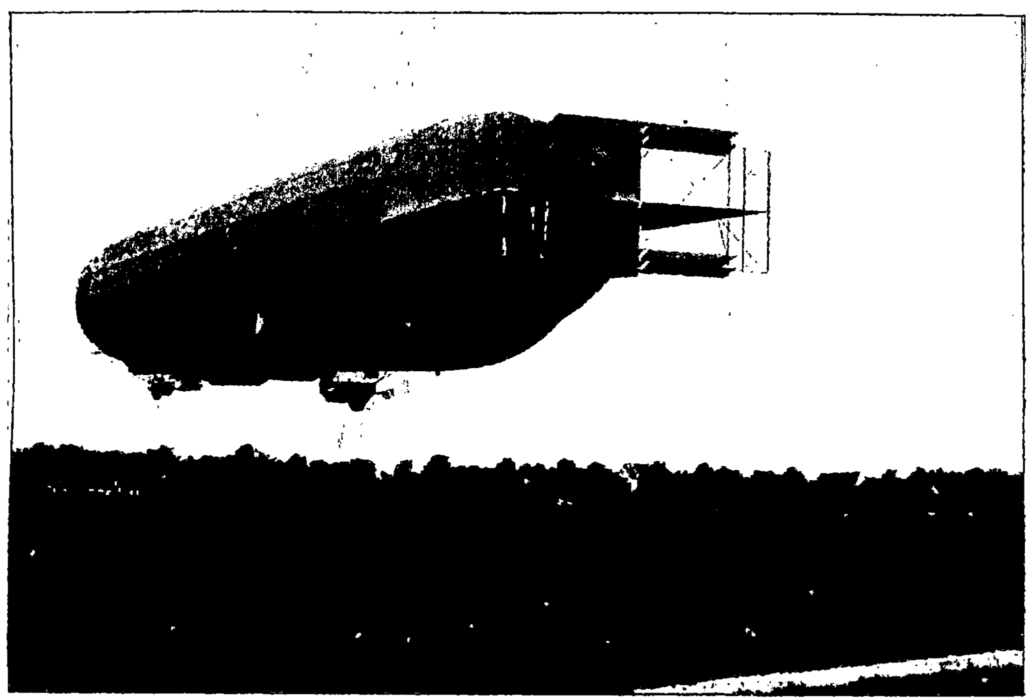

Fig. 6. Passagierluftschiff Viktoria Luise.

Fig. 7. L. Z. 12, (Z. III) vor der Halle.

Fahrten ausgeführt, dabei 27 569 km zurückgelegt und 4545 Personen befördert.

Am 30. September 1911 wurde als Ersatz L. Z. 5 (Z. II) der L. Z. 9 fertiggestellt. Er hat eine 20stündige Dauerfahrt, eine 6stündige Fahrt in 1500 m und eine 8stündige in 1250 m Höhe absolviert und läuft bei Vollast der Motoren 21 m. p. S. Im November 1911 wurde er von der Militärverwaltung übernommen und als Z. II in Cöln in Dienst gestellt.

L. Z. 11, „Viktoria Luise", machte am 12. Februar 1912 seine erste Probefahrt. Das Schiff ist von der Delag übernommen und in Frankfurt a. M. stationiert, von wo aus es schon eine große Reihe von Passagierfahrten unternommen hat. Gelegentlich ihrer Anwesenheit in Hamburg hat die Viktoria Luise wiederholt Fahrten über See, auch bei Nacht, ausgeführt.

Der L. Z. 12, welcher im Frühjahr 1912 fertiggestellt ist, hat nach Erledigung der Probefahrten, am 1. Juni 1912 eine Fahrt von Friedrichshafen nach Hamburg unternommen, am 3. Juni von dort aus eine Luftreise über Wilhelmshaven nach Bremen und zurück mit Sr. Kgl. Hoheit dem Prinzen Heinrich von Preußen an Bord. Am 9. Juni landete er wohlbehalten wieder in Friedrichshafen. Am 19. Juli stieg das Luftschiff zu einer 18 stündigen Dauerfahrt auf und ging am 22. Juli in den Besitz der Heeresverwaltung über, welche es als Z. III in Metz stationierte.

Der L. Z. 13, „Hansa", erledigte am 1. August eine Probefahrt und fuhr am 2. August kurz vor Mitternacht von Friedrichshafen nach Hamburg ab, wo es am 3. August nachmittags eintraf. Das Luftschiff gehört der Delag.

Das „Schütte-Lanz" Luftschiff.

Dieses Luftschiff ist in den Jahren 1909—1911 auf der Werft der Firma Heinrich Lanz in Rheinau bei Mannheim erbaut. Es unterscheidet sich von den Z-Schiffen besonders dadurch, daß 1. das Gerippe des Tragkörpers aus leichtem fourniertem Holz besteht, und daß 2. die beiden Gondeln zwar in der horizontalen Ebene unverschiebbar starr, in der vertikalen aber unstarr aufgehängt sind. Die Tragseile werden also beim Aufstoß auf den Boden schlaff und entlasten den Tragkörper. Der erste Aufstieg fand am 17. Oktober 1911 statt. Im Jahre 1912 stieg es am 13. April zum ersten Male wieder auf, mußte aber bald eine Notlandung vornehmen. Am 1. Juni erledigte es eine 2 stündige Fahrt über Speyer, Heidelberg und Ludwigshafen und am 9. Juni eine 5stündige Fahrt, bei welcher 260 km zurückgelegt wurden. Im Juli fuhr das Schiff von Rheinau nach Cöln und einige Tage später nach Rheinau zurück. Am 24. Juli traf es, von Rheinau kommend, in Gotha und am 27. Juli früh in Johannisthal bei Berlin ein.

Fig. 8. Schütte-Lanz auf seiner ersten Fahrt über Mannheim.

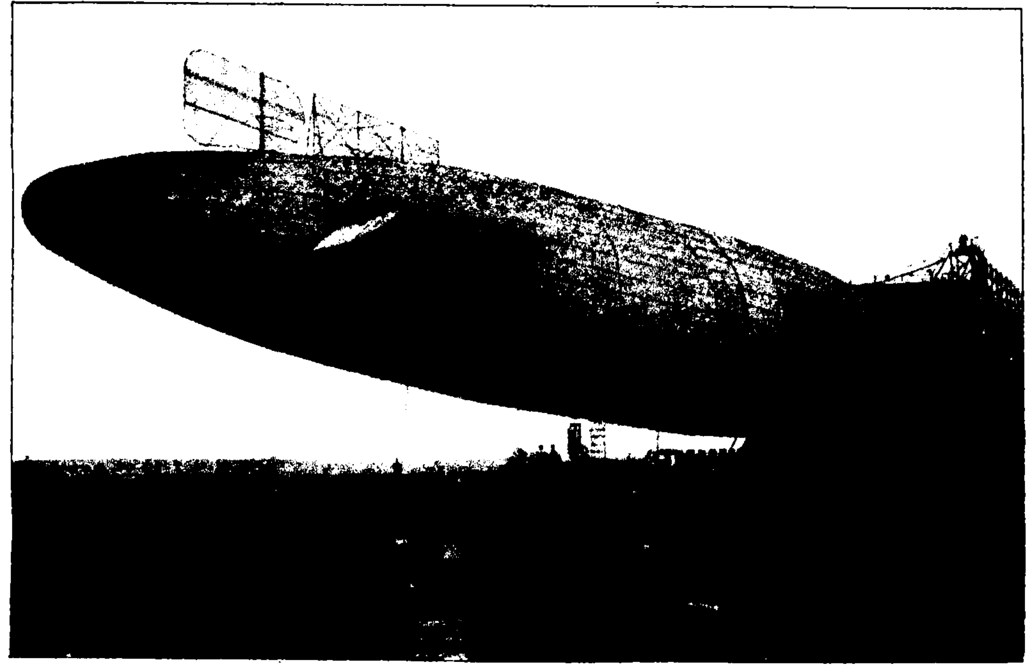

Fig. 9. Schütte-Lanz wird aus der Halle gebracht.

II. Unstarre Luftschiffe.

P-Schiffe.

Ganz unabhängig von den Versuchen des Grafen Zeppelin hatte sich der bayrische Major z. D. von Parseval bereits mehrere Jahre mit dem Flugproblem beschäftigt und im Jahre 1891 bereits einen Entwurf für ein unstarres Lenkluftschiff fertiggestellt.

Im Jahre 1902 wurden die Hülle und die Gondel zu einem Versuchsluftschiff bei Riedinger in Augsburg gebaut, jedoch erlitt auch hier infolge der leidigen Geldfrage der Weiterbau eine erhebliche Verzögerung Erst im Spätjahr 1905 konnten die Arbeiten fortgesetzt und im Frühjahr 1906 die ersten Versuche beim Luftschiffer-Bataillon in Reinickendorf angestellt werden. Am 26. Mai 1906 wurden die beiden ersten Aufstiege unternommen, denen am 7. Juni, 14. Juni und 26. Juni drei weitere Fahrten folgten.

Am 31. Juli 1906 war auf Anregung S. M. des Kaisers und Königs die Motorluftschiff-Studiengesellschaft m. b. H. in Berlin gegründet worden, welche das Parseval-Versuchs-Luftschiff sowie die Patente ankaufte. Mit diesem Luftschiff wurden dann im Herbst 1906 noch weitere 6 Versuchsfahrten ausgeführt.

Die hauptsächlichste Erwägung, welche Major z. D. Professor Dr. von Parseval bei seinen Arbeiten geleitet hatte, war: Ein besonders für den militärischen Feldgebrauch geeignetes Luftschiff zu bauen. Indem er die am Drachenballon gewonnenen Erfahrungen bezüglich der Ballonettwirkung, der Aufhängung und Takelung usw. verwertete, sollte dieses Luftschiff unter Anlehnung an die guten Eigenschaften des Freiballons folgenden Anforderungen gerecht werden: Einfacher Transport des Materials bei verhältnismäßig geringer Raumbeanspruchung ins Verwendungsgebiet, schnelle Inbetriebsetzung durch die Besatzung unter Zuhilfenahme von Soldaten, Erreichung größtmöglichen Nutzauftriebs, tunlichste Entbehrlichkeit von Hallen, schnelles Abmontieren und Verladen.

Nachdem inzwischen das Luftschiff von 2300 auf 2850 cbm vergrößert und verschiedene Verbesserungen vorgenommen waren, wurden in der Zeit vom 26. August bis 31. Oktober 1907 18 weitere Aufstiege unternommen. Am 28. Oktober 1907 legte das Luftschiff 135 km mit einer Zwischenlandung bei Brandenburg zurück. Das Nähere über diese und die folgenden Fahrten findet sich in den bisherigen Jahrbüchern der M.-St.-G.

Im Mai 1908 wurde von der Motorluftschiff-Studiengesellschaft als Tochtergesellschaft die „Luft-Fahrzeug-G. m. b. H." gegründet, deren Zweck war: Bau und Vertrieb von Luftschiffen Parsevalscher Konstruktion. Aus diesem Betriebe sind nun im Laufe der Jahre folgende Luftschiffe hervorgegangen:

P. L. 1 wurde im Jahre 1909 durch Umbau des Versuchsluftschiffs hergestellt. Die Hülle zeigte noch die beim Versuchsluftschiff angewendete zylindrische Form mit ellipsoidem Kopf und kurzer Schwanzspitze. Der Vortrieb erfolgte durch eine 4flügelige unstarre Stoffschraube. Es hat während des Gordon-Bennett-Wettfliegens 1909 in Zürich mehrere Aufstiege daselbst unternommen, ferner unter einer Reihe von Ausbildungsfahrten für das Personal und Passagierfahrten am 17. April 1901 S. H. dem Herzog Ernst von Sachsen-Altenburg in seiner Residenz einen Besuch abgestattet. Es ist jetzt, nachdem es eine moderne Hülle erhalten hat, im Besitz des Kaiserlichen Aero-Klubs.

P. L. 2 wurde im August 1908 fertiggestellt. Die Hülle war bereits etwas schlanker, der heutigen Raubfischform näherkommend, gebaut; das Schiff besitzt eine 4 flügelige, unstarre Stoffschraube.

Unter den 21 vom 13. August bis 28. November 1908 ausgeführten Probefahrten absolvierte es eine Dauerfahrt von 11½ Stunden und eine Höhenfahrt auf 1600 m. Im Herbst 1908 ging das Schiff in den Besitz der Heeresverwaltung über, welche es in Metz stationierte, woselbst es noch im Betrieb ist.

P. L. 3 begann seine Probefahrten im Februar 1909. Zwei 4 flügelige unstarre — später halbstarre — Stoffschrauben, welche zum Rückwärtsgang umzuschalten waren, sorgten für den Vortrieb. Während der Monate August, September und Oktober unternahm es in Frankfurt a. M. Passagierfahrten von der Ila aus und vom 12. bis 16. Oktober 1909 eine 5 tägige Rundfahrt über Nürnberg, Augsburg, München, Augsburg, Stuttgart nach Frankfurt zurück. 4 Nächte hintereinander war das Schiff im Freien verankert. Als größte Dauerleistung fuhr P. L. 3 nach Beendigung der Luftschiff-Manöver in Cöln am 14. November 1909 von Leichlingen nach Gotha — 361 km. Das Luftschiff wurde Anfang 1910 von der Heeresverwaltung übernommen und in Cöln stationiert. Das Schiff wurde nach einer Havarie am 16. Mai 1911 außer Dienst gestellt.

P. L. 4 wurde im Jahre 1909 von der Motorluftfahrzeug-Gesellschaft, Wien, welche die Parseval-Lizenzen für Österreich erworben hatte, für die dortige Heeresverwaltung gebaut und nach sehr günstigen Probefahrtsergebnissen von letzterer übernommen.

P. L. 5, ein kleines Sportluftschiff, wurde Ende 1909 fertiggestellt. Es zeigte als erstes P-Schiff die von der Zeit an stets zur Anwendung gebrachte Raubfischform und wurde durch eine halbstarre Stoffschraube vorwärts getrieben. Es hat im ganzen 150 Passagierfahrten ausgeführt, darunter 54 Aufstiege von Breslau aus, wohin es vom 20. Juni bis 15. August 1910 verliehen war. Das kleine Schiff hat einer großen Zahl deutscher Städte Besuche abgestattet und ist teils mit eigener Kraft dorthin gefahren, teils wurde es an Ort und Stelle fahrfertig gemacht. Vom 3. bis 5. Mai 1911 unternahm P. L. 5 Passagierfahrten in Amsterdam und fuhr am 5. Mai abends von dort nach dem Haag, wo es bis zum 7. Mai abends mehrere Aufstiege unternahm.

Im März 1911 war das Sportluftschiff von der Luftverkehrs-G. m. b. H., Berlin, angekauft worden. Es ist dann bei einem Besuch der Stadt Münden auf dem Landungsplatz, wahrscheinlich infolge von Unvorsichtigkeit, verbrannt.

P. L. 6. Dieses Luftschiff, welches lediglich dem Verkehr dienen sollte, wurde im Juni 1910 fertiggestellt. Von besonderen Leistungen desselben seien hervorgehoben: Die unter sehr ungünstigen Witterungsverhältnissen am 31. Juli 1910 angetretene Fahrt Bitterfeld-München, ferner unter den 38 daselbst ausgeführten Aufstiegen die Fahrt nach der Zugspitze und die Rückfahrt von München nach Berlin. Am 28. Oktober 1910 fuhr das Schiff von Berlin nach Kiel, von wo aus es bis zum 6. November 1910 Passagierfahrten und Städtebesuche in Schleswig-Holstein ausführte. In der Sylvesternacht desselben Jahres erschien das Schiff zum ersten Male mit seiner Licht-Reklame-Einrichtung über der Reichshauptstadt und gratulierte den Berlinern aus den Lüften zum neuen Jahre. Seitdem hat dieses im Besitz der jetzigen „Luftfahrtbetriebs-G. m. b. H." befindliche Schiff ohne wesentliche Unterbrechung ständig Passagier- und Reklamefahrten über Berlin ausgeführt. Im ganzen hat es bis zum 1. Juni 1912 330 Aufstiege unternommen. Es erhält jetzt eine neue Hülle und wird im Spätsommer nach Luzern gehen, wohin es für 2 Monate verliehen ist.

Fig. 10. Gondel des P. L. 11. (P. III.)

P. L. 7 ist ein im Auftrage der russischen Heeresverwaltung im Jahre 1910 in Bitterfeld erbautes Kriegsluftschiff. Von den 7 vorgeschriebenen und erledigten Abnahmefahrten seien erwähnt: eine 7½stündige Fahrt, während welcher mindestens 4 Stunden in 13—1500 m Höhe gefahren werden mußte, ferner eine 150-km-Dauerfahrt und eine Fahrt, bei der nach Anordnung der Abnahme-Kommission die Rückfahrt mit nur einem Motor zurückzulegen war. Es ist im Herbst 1911 von der russischen Militär-Verwaltung übernommen worden.

Der Bau des P. L. 8 wurde im Jahre 1910 in Angriff genommen. Es war beabsichtigt, mit diesem Schiffe und mit dem ebenfalls bis dahin fertigzustellenden Sportluftschiff P. L. 10 die auf der Weltausstellung in Brüssel ausgeschriebene Konkurrenz zu bestreiten. Nachdem dieser Wettbewerb aber aus Mangel an anderweitiger Beteiligung abgesagt worden war, wurde mit dem Weiterbau dieser beiden Luftschiffe einstweilen eingehalten. Der P. L. 8 ist jetzt als Ersatz für den P. L. 3 (P. II der Preuß. Heeresverw.) bestimmt und wird im Herbst dieses Jahres seine Probefahrten beginnen.

P. L. 9 wurde im Herbst 1910 als zweites Sportluftschiff fertiggestellt. Nach einer Reihe günstig verlaufener Probefahrten ist es im Juli 1911 als Ersatz

Fig. 11. P. L. 12, „Charlotte" in Wanne.

Fig. 12. Japanisches Militärluftschiff P. L. 13 wird in Bitterfeld zur ersten Probefahrt vor der japanischen Abnahme-Kommission herausgebracht.

des verbrannten P. L. 5 von der „Luftfahrt-Betriebs-G. m. b. H." erworben worden.

Von der Montierung des im übrigen fertiggestellten, für Brüssel bestimmt gewesenen P. L. 10 ist wegen anderer Neubauten und Zeitmangels vorläufig Abstand genommen worden.

P. L. 11 wurde im Jahre 1911 im Auftrage der Preuß. Heeresverwaltung erbaut, im Januar 1912 auf dem Luftwege nach Reinickendorf überführt und begann alsdann seine Abnahmefahrten, aus denen die folgenden hervorgehoben seien: am 19. Februar 1912 eine 16stündige Dauerfahrt, dabei 8 Stunden über 1000 m Höhe, ferner eine Höhenfahrt auf 1600 m, bei der diese Höhe in 16 Minuten erreicht wurde.

Das Schiff ist am 26. Februar von der Heeresverwaltung übernommen, als P III in Dienst gestellt und in der Nacht vom 8. zum 9. Juni 1912 nach Königsberg gefahren.

Fig. 13. P. L. 13, verpackt zur Fahrt nach Japan.

Das Luftschiff „Charlotte" (P. L. 12) ist lediglich für Passagierverkehr und für Luft-Reklame gebaut und befindet sich seit Ende Mai 1912 im Besitze der Rheinisch-Westfälischen Sport- und Flugplatz-G. m. b. H. Wanne, wo es seitdem in ständigem Fahrbetrieb steht.

P. L. 13 ist Anfang 1912 im Auftrage der japanischen Heeresverwaltung erbaut worden. Die Probefahrten begannen am 3. April 1912. Von den sich daran anschließenden Abnahmefahrten seien erwähnt: Eine 10stündige Dauerfahrt, bei welcher 1000 m Höhe zu erreichen waren, und eine Höhenfahrt in 1300 bis 1500 m Höhe.

Das Luftschiff ist von der Kommission abgenommen und befindet sich im Besitze der japanischen Heeresverwaltung mit dem Standort Tokorozawa.

Das Siemens-Schuckert-Luftschiff.

Das in den Jahren 1909—1911 erbaute Luftschiff stellt den größten Vertreter der unstarren und überhaupt aller Prall-Luftschiffe der Welt dar. Am 23. Januar 1911 unternahm es seine erste Probefahrt und bis zum 1. Juli 1912 insgesamt 73 Aufstiege, darunter eine 7 stündige Fahrt nach Gotha am 15. Dezember 1911 und tags darauf zurück. Das Luftschiff ist im Juli 1912 von der preußischen Heeresverwaltung angekauft worden.

Das Luftschiff Suchard.

Dieses Luftschiff, welches zwecks Überquerung des Atlantischen Ozeans von Teneriffa nach der Nordküste von Südamerika erbaut und dessen Gondel als seetüchtiges Motorboot ausgestaltet ist, ist im Frühjahr 1912 fertiggestellt, hat bisher eine kurze Probefahrt und eine zweite von 2 Stunden Dauer erledigt und soll nach Ausführung einiger baulicher Veränderungen im nächsten Jahre seine Reise von Teneriffa aus antreten.

Das Luftschiff Clouth.

Da die bei der Aufhängung der Gondel verwendeten leichten Holzstangen lediglich dazu dienen, eine gleichmäßige Belastung des Gurtes zu erzielen, reihen wir dieses Sportluftschiff unter die „unstarren" Luftschiffe ein.

Es ist im Jahre 1908 erbaut, hat 1909 von der Ila aus mehrere gute Aufstiege unternommen und am 20. Juni 1910 eine $4\frac{1}{2}$ stündige Fahrt von Cöln nach Brüssel ausgeführt.

Das Schiff ist 1911 in den Besitz der Luft-Fahrzeug-G. m. b. H. übergegangen und in Bitterfeld stationiert.

III. Halbstarre Luftschiffe.

Die Militärluftschiffe.

Die Preußische Heeresverwaltung entschloß sich im Jahre 1906 zum Bau eines Versuchsluftschiffes halbstarren Systems.

Dieses Versuchsluftschiff wurde nach einem Entwurfe des Majors Groß und Ingenieurs Basenach im Frühjahr 1907 fertiggestellt und unternahm am 7. Mai 1907 seinen ersten Aufstieg.

Am 23. Juli 1907 machte es bereits eine $3\frac{1}{2}$ stündige und am 28. Oktober 1907 eine 8 Stunden und 10 Minuten währende Dauerfahrt. Im ganzen führte dieses Schiff 67 Aufstiege aus.

Auf Grund der hierbei gewonnenen Erfahrungen schritt man noch im selben Jahr zum Bau des in bedeutend größeren Abmessungen gehaltenen M. I. Am 30. Juni 1908 erledigte dieses Schiff zwei Probefahrten, ferner am 11. September

1908 eine 13stündige Dauerfahrt. Am 1. Dezember 1909 wurde das Luftschiff nach Cöln transportiert und ist seither dort stationiert.

M. II ist als Schwesterschiff von M. I erbaut. Es machte am 26. April 1909 seine erste Probefahrt und am 4. August 1909 eine 16½stündige Dauerfahrt. Nach der Teilnahme an den Kaiser-Manövern wurde das Schiff am 21. Oktober 1909 nach Cöln transportiert, wo es an den Manövern der 3 Luftschiff-Systeme teilnahm. Nach deren Beendigung fuhr es nach Metz, wo es seither stationiert ist.

M. III wurde im Jahre 1909 fertiggestellt. Es begann seine Probefahrten am 31. Dezember 1909. Nach Schluß der Kaisermanöver 1911 geriet das Luftschiff auf seinem Landungsplatze infolge luftelektrischer Zündung in Brand und wurde bis auf die Gondel zerstört. Es ist jetzt wieder fertiggestellt und hat Ende August den Fahrbetrieb wieder aufgenommen.

M. IV, welches im Jahre 1910 erbaut wurde, erhielt versuchsweise 2 Gondeln. Im Februar 1911 begann es mit seinen Probefahrten. Es wird augenblicklich einem größeren Umbau unterzogen.

Luftschiff Ruthenberg I und II.

Der Ruthenberg I ist das kleinste, 1200 cbm fassende deutsche Luftschiff. Es bildet eigentlich einen besonderen Typ für sich, da sowohl der Stahlrohr-Gitterträger starr mit dem Gasträger, als auch die Gondel starr mit dem Gitterträger verbunden ist. Somit stellt es eigentlich ein starres Prallluftschiff dar. Es ist im Besitz des Herrn Hugo Haase in Hamburg, wird aber sicherem Vernehmen nach nicht wieder in Dienst gestellt.

Der Ruthenberg II ist 1700 cbm groß und entspricht in seiner Bauart ganz dem R. I. Wenn auch die verschiedentlich aufgetauchten Gerüchte über die erfolgte Zerstörung dieser Luftschiffe mindestens übertrieben sind, so kann andererseits von nennenswerten Erfolgen derselben nicht gesprochen werden.

Der Erbslöh.

Das Luftschiff der Rheinisch-Westfälischen-Motorluftschiff G. m. b. H., wurde im Jahre 1909 in Leichlingen erbaut. Am 13. Juli 1910 stürzte das Schiff aus beträchtlicher Höhe herab, wobei es völlig zerstört wurde. 5 brave Männer fanden dabei ihren Tod.

Genaue Angaben über Rauminhalt, Länge, größten Durchmesser des Tragkörpers, Motoren, Schrauben, höchste Eigengeschwindigkeit usw., soweit diese mit Sicherheit festgestellt sind, findet der Leser in den beigefügten Tabellen. Aus diesen sind die besonders im Berichtsjahre erzielten Fortschritte, hauptsächlich in bezug auf die Eigengeschwindigkeit und Fahrtdauer, leicht zu ersehen.

Über die M-Schiffe ist keine solche Tabelle beigefügt, da genaue Angaben hierüber der Heeresverwaltung nicht erwünscht sind.

Es befinden sich ferner im Bau:

1. Von Z-Schiffen: Ein Luftschiff für die Kaiserliche Marine.

2. Von P-Schiffen: Zwei Luftschiffe und eine Gondel für das Ausland und ein Luftschiff für die preußische Heeresverwaltung.

3. Ruthenberg III.

4. Endlich wird voraussichtlich das in München im Bau befindliche halbstarre Luftschiff Veeh I in diesem Jahre fertiggestellt werden.

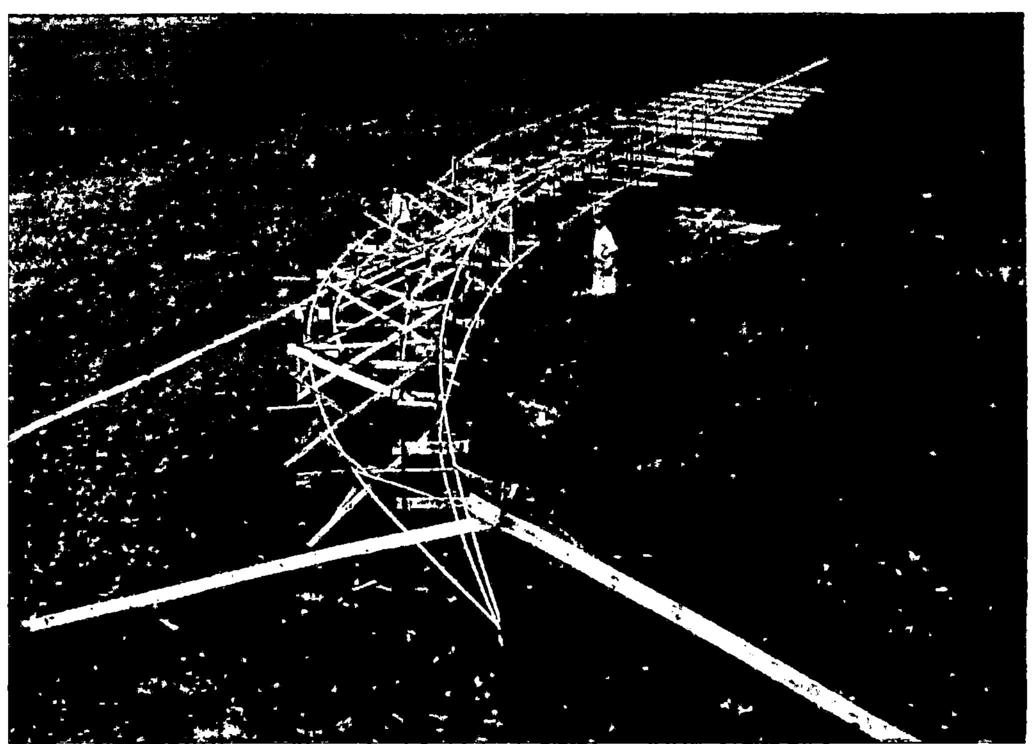

Fig. 14. Kielgerüst des Luftschiffes Veeh I.

Vergleichen wir nun die bisher in Deutschland erzielten Ergebnisse auf dem Gebiete der Luftschiffahrt und unsere Luftflotte mit der des Auslandes, so ergibt sich hieraus die sehr erfreuliche, uns mit gerechtem Stolz erfüllende Tatsache, daß dank der zähen, opferwilligen und schaffensfreudigen Arbeit unserer Luftschiff-Konstrukteure Deutschland in der Welt voran ist.

Wohl gab es eine Zeit, da die Ansicht vorherrschte, daß die Erschließung des Luftmeeres allein dem Flugzeuge vorbehalten sei, und daß das Luftschiff in Bälde von diesem gänzlich verdrängt werden würde; heute haben sich diese Anschauungen gewandelt.

Gewiß hat das Flugzeug wegen seiner hohen Geschwindigkeit zweifelsohne eine große Zukunft; aber einmal lehrt der Riesenprozentsatz an Märtyrern, welche — man kann fast sagen — täglich ihr Leben für diese Errungenschaft opfern, daß es vorläufig nur einer kleinen Zahl Auserwählter gelingt, erhebliche Dauerleistungen, wie solche die Luftschiffe erwiesen haben, zu zeitigen. Hieraus erhellt ohne weiteres, daß vorläufig für den Passagierverkehr das Luftschiff der größeren Zuverlässig-

keit und Betriebssicherheit halber vor dem Flugzeuge den Vorzug verdient. Der
wesentlichste Unterschied zwischen beiden aber, weshalb heute die meisten Kulturstaaten dem Luftschiffe in erhöhtem Maße ihre Aufmerksamkeit zuwenden, besteht
darin, daß das große Luftschiff — das kleine mußte dem Flugzeuge weichen —
vermittels seines weiten Aktionsradius, seiner Ausrüstung mit drahtloser Telegraphie
und seiner Geeignetheit als Angriffswaffe dazu bestimmt ist, im Kriege als Fern-
aufklärer eine sehr wichtige Rolle zu spielen, wie sie das Flugzeug, besonders, was
Dauerleistungen anbetrifft, in gleichem Maße auszufüllen nicht in der Lage ist.
Einen Anhalt hierfür bieten die im Tripolis-Feldzuge gesammelten Erfahrungen.

Fig. 15. Laufgang des Luftschiffes Veeh I.

Wenn wir hiermit der Auffassung entgegengetreten sind, daß das Luftschiff
wegen der verschiedenen ihm anhaftenden Mängel (Kostspieligkeit, Schwierigkeit
der Gasversorgung, großes Ziel usw.) vom zukünftigen Kriegsschauplatze abtreten
müsse, soll andererseits die große Bedeutung des Flugzeugs als Aufklärungswaffe
in keiner Weise geschmälert werden.

Werfen wir zum Schluß noch einen Blick in die Zukunft. Am 8. und 9. Juni
d. J. befanden sich 6 große deutsche Luftschiffe fast gleichzeitig auf Übungs- und
Passagierfahrten: Z. II, Z. III, P. III, Schwaben, Viktoria Luise und der Schütte-
Lanz. Gewiß ein sehr erfreuliches Zeichen unserer Zeit. Es ist ein Anfang gemacht,

ein bedeutsamer Anfang. Deutschland hat die besten Luftschiffe der Welt, und daß es keine Kleinigkeit ist, diesen Vorsprung einzuholen, zeigen die geringen Leistungen der meisten fremden Luftschiffe. Nutzen wir doch also diesen Vorsprung aus, schaffen wir uns schnell als Komplement zu unserer Flotte eine achtunggebietende Luftschiff-Flotte. Die Männer dazu haben wir, sämtliches Material dazu liefert die deutsche Industrie, Hallen, von denen es heute schon 27 in Deutschland gibt, und Häfen würden noch viele andere Städte bei einigem Entgegenkommen des Staates gern zur Verfügung stellen. So fehlt der Verwirklichung dieses Gedankens nur das eine: Die erforderlichen Mittel. Die Luftschiff-Industrie ist heutzutage in der Lage, sich aus eigener Kraft zu erhalten, sich weiter zu entwickeln und Ersprießliches zu leisten, wenn ihr ein genügendes Absatzgebiet erschlossen wird. Sie bedarf heute keiner Spenden und Preise mehr; aber sie braucht Aufträge.

Eine vortreffliche Unterstützung würde aber darin zu erblicken sein, wenn der Staat — auch im eigensten Interesse — an eine Versicherung der Luftschiffe „gegen Unfälle außerhalb der Halle" herantreten würde, ein Unternehmen, mit dem sich die Privat-Versicherung des großen Risikos wegen nicht befaßt.

Möchten die für Luftschiffe ausgeworfenen Mittel in Zukunft reichlicher fließen zu Nutz und Frommen des Vaterlandes.

Über Luftschiff- und Flugmotore.

Von

Dipl.-Ingenieur Otto Reuter-Aachen.

Eine Zusammenstellung der fahrfähigen Luftschiffe der anderen Staaten mit den wissenswertesten Angaben über Typ, Rauminhalt, Länge, Durchmesser, Motoren, Schrauben, Eigengeschwindigkeit, Eigentümer und Standort findet der Leser in der Tabelle Nr. 4.

Die Einteilung in starre, unstarre und halbstarre Luftschiffe ist beibehalten worden, hingegen sind die Prall-Luftschiffe, welche eine Langgondel besitzen, zu den „halbstarren" Luftschiffen gerechnet worden, weil die lange Gondel ja lediglich zur Versteifung der Hülle dienen soll.

Belgien.

In Belgien sind die beiden Luftschiffe Belgique III und Ville de Bruxelles im Betriebe. Ersteres ist durch fortwährende Änderungen und Verbesserungen aus Belgique I und II entstanden.

England.

England hat in diesem Jahre 322000 Lstr. für das Luftfahrtwesen in den Etat eingestellt. Der Löwenanteil kommt allerdings davon den Flugzeugen zugute. Von den englischen Luftschiffen wurden im Berichtsjahre das 20 000 cbm große starre Marineluftschiff „Mayfly" und das 10 000 cbm fassende Lebaudy-Luftschiff „Morning Post" zerstört. Es besitzt also augenblicklich nur den 7000 cbm fassenden Clément-Bayard, mit dessen Leistungen man sehr wenig zufrieden ist, weshalb er vorläufig ganz außer Dienst gestellt ist, und die kleinen Luftschiffe „Beta" und „Gamma". In der Ballonfabrik von Farnborough wird gegenwärtig an der Fertigstellung des Luftschiffs „Delta" gearbeitet. Es ist aber sehr wahrscheinlich, daß die großen Erfolge der deutschen Luftschiffe das Interesse der Engländer neuerdings in erhöhtem Maße auf dieses Gebiet lenken werden.

Frankreich.

Frankreich hat in den diesjährigen Etat für Luftfahrtzwecke die enorme Summe von 33 231 350 Franken eingestellt. Hiervon entfallen auf die Beschaffung und Erhaltung

<pre>
der Heeres-Luftschiffe . . . .   9 038 600 Franken,
der Flugzeuge . . . .   22 250 000   ,,
Mehrkosten für Personal . . . .   1 942 750   ,,
</pre>

Wenngleich Frankreich auch im Berichtsjahre sein Hauptaugenmerk auf die Ausgestaltung des Flugzeugwesens gerichtet hielt, um den anderen Ländern gegenüber gewonnenen Vorsprung aufrechtzuerhalten, hat es seine Luftschiff-Flotte in diesem Zeitraum doch von 9 auf 16 Schiffe erhöht; von diesen gehören 13 der Heeresverwaltung an. In den Mallet-Werken in Puteaux bei Paris geht außerdem das erste starre Luftschiff, System Spieß, seiner Vollendung entgegen. In seiner Bauart nähert es sich stark unseren Z-Schiffen. Da aber an Stelle von Aluminium für Spanten und Längsträger Holzrohre Verwendung finden, hofft man bei einem Rauminhalt von 12 000 cbm einen erheblich größeren Nutzauftrieb als bei den Z-Schiffen herauszubekommen. Von den 7 im Berichtsjahre fertiggestellten und von der Heeresverwaltung übernommenen Luftschiffen laufen Lieutenant Chauré und Eclaireur Conté 15 m. p. S., Adjutant Reau und Capitaine Ferber 15,5 m. p. S. Capitaine Marchal und Adjutant Vincenot erreichten die Geschwindigkeit von 15 m. p. S. nicht ganz, während Lieutenant Selle de Beauchamp nur 12,5 m. p. S. leistet. Der letztere und Capitaine Marchal haben Kielgerüst, die übrigen Langgondel.

Bis Ende 1913 will man die Luftschiff-Flotte auf 20 Schiffe vermehren, alsdann die älteren, langsameren durch schnellere Neubauten ersetzen, so daß die Heeresverwaltung dann ständig über 20 moderne Luftschiffe verfügen kann.

Italien.

Italien ist zurzeit das einzige Land, welches Kriegserfahrung mit Luftschiffen und Flugzeugen besitzt. Wenngleich ja die besonderen Eigentümlichkeiten des tripolitanischen Kriegsschauplatzes sichere Schlüsse bezüglich der Frage, ob das Luftschiff oder das Flugzeug in militärischer Hinsicht den Vorzug verdienen, nicht zulassen, so ist doch als bewiesen anzusehen, daß die beiden Luftschiffe P. II und P. III der Führung vortreffliche Dienste geleistet haben. Nachdem sie in Tripolis selbst entbehrlich geworden waren, sind sie per Schiff nach einer Insel im Ägäischen Meere verfrachtet worden, und kurze Zeit später erscheinen sie an der Küste der kleinasiatischen Türkei. Interessant ist, daß selbst die von den Gegnern der Luftschiffe so gern ins Treffen geführte Gasfrage den Oberbefehlshaber nicht bestimmen konnte, auf Mitwirkung der Luftschiffe zu verzichten.

Nicht zum geringsten Teil hieraus erklärt sich das wachsende Interesse der Heeresverwaltung für ihre Luftflotte.

Der 12 000 cbm große M. I ähnelt zwar in seiner Bauart den italienischen P-Schiffen, stellt aber an Rauminhalt, Motorenstärke usw. und wahrscheinlich auch, was Geschwindigkeit anbetrifft, einen gewaltigen Fortschritt dar. Es sind von diesem Typ sofort zwei weitere Schiffe in Auftrag gegeben worden.

Österreich-Ungarn.

Österreich-Ungarn besitzt 5 Luftschiffe, von denen 4 der Heeresverwaltung gehören. Von diesen erfüllt nach den aus der Presse ersichtlichen Nachrichten das Parseval-Luftschiff die gehegten Erwartungen am besten. Das Luftschiff

Stagl-Mannsbarth hat zwar eine recht erhebliche Eigengeschwindigkeit (17 m. p. S.) erreicht und eine Fahrt von 8 Stunden 15 Minuten erledigt; trotzdem konnte sich die Heeresverwaltung bisher nicht dazu entschließen, das Schiff anzukaufen. Im Juli d. J. ist der Heeresverwaltung ein vom Hauptmann Bömches konstruiertes unstarres Luftschiff zum Geschenk gemacht worden. Der Tragkörper ist in 2 Kammern eingeteilt. Die Eigengeschwindigkeit soll 12 m. p. S. betragen.

Rußland.

Rußland hat im Berichtsjahre 3 neue Luftschiffe angekauft, welche sämtlich der Heeresverwaltung angehören: Zodiac IX, Golob und Parseval (P. L. 7). Die Abnahme des letzteren, der seine vorgeschriebenen Abnahmefahrten und eine

Russisches Militärluftschiff (P L 7) wird in Salisi zum Aufstieg aus der Halle gebracht.

Reihe von Ausbildungsfahrten in Salisi bei Gatschina zu erledigen hatte, erfolgte im November 1911. Aus dem Ankauf eines zweiten Zodiac und dem Bau von 4 kleinen Schiffen russischer Konstruktion ersehen wir zunächst noch das Bestreben, die Lösung der Luftschiff-Frage im Gegensatz zu unserer Auffassung in einem kleinen Typ (2100—2800 cbm) zu finden. Von entscheidender Bedeutung hierfür ist wohl die augenblicklich noch für Rußland äußerst schwierige und kostspielige Gasbeschaffung gewesen. Letzteres wird zum kleinen Teil aus dem

Kaukasus, zum großen Teil aus Bitterfeld bezogen, wobei sich der Preis auf ca. 1,10 M. pro Kubikmeter stellt, während das durch die fahrbare Gasanlage erzeugte Gas auf ca. 3 M. pro Kubikmeter zu stehen kommt. Die Leistungen dieser kleinen Schiffe sind naturgemäß erheblich hinter den gehegten Erwartungen zurückgeblieben. Aus diesem Grunde hat das russische Kriegsministerium Anfang des Jahres bei der staatlichen Fabrik in Ischowsk ein 10 000 cbm fassendes Luftschiff in Auftrag gegeben, welches Ende Juli fertiggestellt ist und den Namen Albatros erhalten hat.

Spanien.

Spanien ist nach wie vor im Besitze nur eines Luftschiffes, des im Jahre 1909 bei den Astra-Werken erbauten España. Da man allgemein wegen seiner vielen Mängel von dem Typ der alten Surcouf-Schiffe abgekommen ist, kann es nicht wundernehmen, wenn von irgendwelchen Leistungen dieses veralteten Schiffes im Betriebsjahr nichts verlautet hat.

Niederlande.

Das kleine Sportluftschiff Duindigt, ein besonders kleiner Vertreter der Zodiac-Klasse, ist der Heeresverwaltung von dem Haager Sportsmann Herrn Jochems zum Geschenke gemacht worden. Es befindet sich in einer Halle bei Utrecht und dient als Schulschiff.

Japan.

Japan hat mit seinen beiden Yamada-Luftschiffen wenig Glück gehabt. Das eine ist bei einem Aufstiege verunglückt und völlig zerstört worden; über irgend welche weiteren Fahrten des Schwesterschiffes verlautete bisher nichts. Im April d. J. wurde von einer militärischen Kommission das Parseval-Luftschiff 13, nach Erledigung der kontraktlichen Abnahmefahrten in Bitterfeld, übernommen und Anfang Mai per Schiff nach Tokorozawa, seinem zukünftigen Heimatshafen, abgesandt.

Amerika.

Die Heeresverwaltung der Vereinigten Staaten besitzt nach wie vor nur das kleine Prall-Luftschiff Baldwin. In Privatbesitz befindet sich ein kleines Zodiac-Luftschiff.

Am 2. Juli d. J. ist das Luftschiff Akron des Ingenieurs Vaniman in Atlantic City aus ca. 800 m Höhe brennend abgestürzt, wobei die Besatzung ihren Tod fand.

Ebenso, wie in Deutschland, steht man im Auslande heute nicht mehr auf dem Standpunkt: Luftschiff oder Flugzeug, sondern: Luftschiff und Flugzeug, und es sprechen alle Anzeichen dafür, daß alle Kulturländer in Zukunft der Vervollkommnung der Luftschiffe in erhöhtem Maße ihr Interesse entgegenbringen werden.

Übersicht über die Luftschiffe anderer Länder.

Als Luftschiffmotor kann man einen solchen Motor bezeichnen, welcher geeignet ist, in ein Luftschiff eingebaut zu werden und diesem eine den an das Luftschiff gestellten Anforderungen entsprechende Leistung zu liefern. Ob der Begriff Motor hierbei den nackten Motor oder auch dessen Zubehörteile umfassen soll, ist eine Frage, die verschieden beantwortet werden kann; hier sei darunter alles das verstanden, was zur Maschinenanlage gehört, ausschließlich der Betriebsstoffe, deren Behälter und Leitungen, sowie der Organe, welche die Motorleistung von der Welle weiter leiten. Für den Einbau in ein Luftschiff ergeben sich etwas abweichende Bedingungen je nach der Bauart des Luftschiffes und des für die Maschinenanlage zur Verfügung stehenden Raumes, bzw. je nach den Anforderungen, welche an das Luftschiff gestellt werden. Diese Anforderungen, welche gleichzeitig auch für die Leistung der Motoren maßgebend sind, bestimmen sich naturgemäß für ein Luftschiff ebenso wie für ein Flugzeug aus der Beschaffenheit der Atmosphäre, in der sich das Schiff bewegen soll, und der Beschaffenheit und Entfernung der Landungsplätze. Daneben können willkürliche Anforderungen gestellt werden in bezug auf Höchstgeschwindigkeit, Steighöhe, Steiggeschwindigkeit, Tragfähigkeit, Ausrüstung, Betriebsstoffverbrauch (Gas, Brennstoff, Öl, Ballast), Geräuschlosigkeit, Demontierbarkeit und Transportfähigkeit in demontiertem Zustande bzw. Betriebsbereitschaft. Ebenso kann der Grad der Sicherheit willkürlich festgesetzt werden.

Bezüglich der Beschaffenheit der Atmosphäre sind in erster Linie maßgebend: Temperatur und Barometerstand, Luftfeuchtigkeit, Stärke der Horizontal- und Vertikal-Luftbewegungen und der Sonnenstrahlung.

Für die Landungsplätze ist wesentlich ihre Größe, ob Land oder Wasser, eventuell vorhandene Hilfsvorrichtungen bzw. Hilfspersonal, hauptsächlich ihre Entfernung, da hierdurch die unbedingt erforderliche Fahrtstrecke bestimmt wird.

Die bisher gebauten Luftschiffe sind nun fast ausschließlich in gemäßigtem Klima in Betrieb gestellt worden und haben ihre Verwendbarkeit in sehr heißen bzw. sehr kalten Gegenden bisher nicht praktisch erwiesen; es dürften sich dem auch sehr große Schwierigkeiten entgegenstellen.

Ebenso hat die Technik den Luftschiffkonstrukteuren bisher nur Benzinmotore als einigermaßen brauchbare Antriebsmaschinen zur Verfügung gestellt, und es soll die Betrachtung deshalb auf diese beschränkt werden.

Die bisher ausgeführten Luftschiffe haben gezeigt, daß in unserem Klima brauchbare Geschwindigkeiten von 18 bis 19 m/sec nur erzielbar sind, wenn die Motorleistung mindestens 300 PS beträgt. Da die einfache Luftkühlung bei Motoren über 120 mm Bohrung Schwierigkeiten macht, außerdem aber noch eine gewisse Feuersgefahr in sich birgt, sind luftgekühlte Motoren für ein Luftschiff nahezu ausgeschlossen. Bei wassergekühlten Motoren ist für die Leistung eines einzelnen

Zylinders eine gewisse Grenze gegeben, falls keine besonderen Mittel für die Kolben-
kühlung angewandt werden. Zylinderdurchmesser von 160 bis 170 mm machen
auch bei hoher Umlaufzahl keine besonderen Schwierigkeiten, bei größeren Abmessungen ergeben sich jedoch Nachteile infolge unzulässiger Erwärmung der
Kolbenböden. Die höchste Kolbengeschwindigkeit, welche mit Vorteil angewandt
werden kann, ist einerseits abhängig von dem Verhältnisse von Hub zu Zylinderdurchmesser, welches mit Rücksicht auf leichte Bauart nicht zu groß gewählt
werden darf, andererseits dadurch bestimmt, daß eine bestimmte Durchström-

Fig. 1. 150 PS Maybach Luftschiffmotor.

geschwindigkeit in den Ventilen und Kanälen nicht überschritten werden kann,
ohne daß ein ungünstiger Brennstoffverbrauch die Folge ist. Für eine gegebene
Größe des Kompressionsraumes ist bei zweckmäßiger Ausbildung desselben die
Größe der Ventilquerschnitte gewissermaßen bestimmt. Ausgeführte Luftschiff-
motoren haben aus vorstehend angegebenen Gründen eine Leistung von etwa
25 bis 30 PS pro Zylinder, es wird aber möglich sein, diese Leistung noch etwas
zu erhöhen.

Die Höhe der Betriebstourenzahl eines Motors ist lediglich abhängig von der
Größe des Hubes und der zweckmäßigen Kolbengeschwindigkeit und ist mit Rücksicht auf das Luftschiff keiner Beschränkung unterworfen. Da die Anordnung
es meist ausschließt, den Propeller direkt anzutreiben, können die zur Übertragung
nötigen Getriebe auch gleichzeitig zur Untersetzung der Tourenzahl dienen. Es
ist zwar nicht möglich, beliebig große Leistungen bei hohen Tourenzahlen durch
Zahnräder zu übertragen, jedoch wäre es noch möglich, mit genügender Sicherheit

bei 1200 bis 1400 Touren bis 400 PS von einem oder zwei Motoren auf einen Propeller zu übertragen.

Die Zylinderzahl eines Motors ist im wesentlichen durch die Rücksicht auf den erforderlichen ruhigen Gang gegeben; denn in großer Zylinderzahl liegt keine große Betriebssicherheit, da ein Motor fast immer außer Betrieb gesetzt werden muß oder wenigstens nur eine stark verminderte Leistung gibt, wenn auch nur ein Zylinder aussetzt. Ein vollkommener Massenausgleich erfordert nun, falls keine besonderen Ausgleichgewichte angewandt werden, bei stehender Zylinderanordnung mindestens sechs Zylinder; vier Zylinder genügen nur dann, wenn sie paarweise um 180⁰ versetzt angeordnet werden, wobei es natürlich gleichgültig ist, ob sie

Fig. 2.   100 PS NAG. Flugzeugmotor.

stehend und hängend bzw. liegend sind. Da die letztere Bauart aber große Nachteile hat, u. a. erheblich ungleichförmigeres Drehmoment, kommen als praktisch verwendbar nur Sechszylindermaschinen in Betracht. Normale Vierzylindermaschinen verursachen besonders bei kurzer Pleuelstangenlänge derartige Erschütterungen, daß eine erheblich stärkere Bauart der Luftschiffgondel oder des ganzen Luftschiffes notwendig wird, wenn nicht die Sicherheit beeinträchtigt werden soll. Dies bedeutet natürlich eine erhebliche Gewichtsvermehrung, abgesehen davon, daß die für die Mitfahrenden störenden Erschütterungen bestehen bleiben.

Für die weitere Ausbildung eines Luftschiffmotors ist zunächst wesentlich, ob er·in eine offene oder in eine geschlossene, eventuell schwimmfähige Gondel eingebaut werden soll. Im ersteren Falle kann der Kühler in der Nähe des Motors innerhalb der Gondel angeordnet werden, und das Motorgehäuse wird gleichzeitig durch den Luftstrom genügend gekühlt. Falls die Gondel aber geschlossen ist, muß zunächst der Kühler außerhalb angebracht werden, außerdem innerhalb der Gondel eine zur Kühlung des Motorgehäuses oder des Ölbehälters genügende Luftströmung erzeugt werden, oder es muß ein besonderer Ölkühler ebenfalls außerhalb der Gondel angebracht werden; hierfür ist eine Umlaufschmierung Voraussetzung.

Für den Raumbedarf des Motors sind nicht nur die eigentliche Maschine, sondern alle Vorrichtungen zur Bedienung, sowie der Bedienungsraum in Betracht zu ziehen. Es ist deshalb sehr wesentlich, ob der Motor nur von einer Seite oder von allen Seiten zugänglich sein muß, und wie er in Gang gesetzt werden kann. Eine Andrehkurbel erfordert verhältnismäßig viel Raum, welcher aber gleichzeitig als Aufenthaltsort für den Maschinisten dienen kann. Anlaßpumpen erfordern weniger Raum, jedoch benötigt diese Art des Anlassens im allgemeinen mehr Zeit als das einfache Andrehen. Zu den für das Anlassen nötigen Vorrichtungen ist bei einem Luftschiffmotor noch die Kupplung zu rechnen, wenn der Motor lediglich zum Propellerantriebe dient und von anderen Motoren unabhängig ist, denn diese hat dann nur den Zweck, ein sicheres Ingangsetzen und Anhalten der Propeller zu gewährleisten und die Übertragung der beim Anlaufen bzw. Stehenbleiben des Motors auftretenden Stöße oder Rückschläge auf Getriebe und Propeller zu vermeiden. Bei kleinen Motoren, welche stets mit Sicherheit von Hand angedreht werden können und infolge genügend großer Schwungräder keine Rückschläge geben, ist eine Kupplung ohne weiteres entbehrlich. Wenn allerdings zwei oder mehr Motoren auf ein gemeinsames Getriebe arbeiten müssen, oder wenn unabhängig vom Propellerantrieb Hilfsapparate anzutreiben sind, wird schon dadurch für jeden Motor eine Kupplung nötig. Könnte jedoch das Anlaufen und Anhalten ohne Kupplung geschehen, so würde diese Anordnung vermieden werden können und zweckmäßiger zum Antriebe der Hilfsmaschinen ein besonderer Motor verwandt.

Die Ausführung von kleinen Reparaturen, das Auswechseln von Zündkerzen und das Schmieren von Hand ist beim Luftschiffmotor meist während des Ganges möglich, wenn die entsprechenden Teile gut zugänglich angeordnet sind. Es muß aber als unbedingtes Erfordernis betrachtet werden, daß die Motoren so konstruiert werden, daß diese Arbeiten nicht nötig sind. Dafür kann eventuell ein erhebliches Mehrgewicht gestattet werden, da es dann möglich wird, das Bedienungspersonal zu verringern, vielleicht einen Maschinisten für mehrere Motoren zu verwenden und damit gleichzeitig Gewicht und Bedienungsraum zu sparen.

Wie aus dem früher Gesagten hervorgeht, wird ein zweckmäßig nach den bisherigen Erfahrungen konstruierter Luftschiffmotor eine Leistung von 150 bis 180 PS haben, und ein leistungsfähiges Luftschiff wird daher mindestens zwei solcher Motoren haben müssen. Dies ist außerdem mit Rücksicht auf Betriebssicherheit des Luftschiffes unbedingt erforderlich. Wenn ein Luftschiff dynamisch eine größere Höhe erreicht hat und mit erheblichem Übergewichte fährt, so muß es beim Aufhören des Vortriebes sofort soviel Ballast ausgeben, daß es in statisches Gleichgewicht kommt. Ist es dazu nicht in der Lage, so wird ein schnelles Fallen die Folge sein, da der große Stirnwiderstand nicht gestattet, etwa einen Gleitflug auszuführen. Daraus geht hervor, daß je nach der Größe des Übergewichtes bereits das Versagen eines Motors eine große Gefahr bedeuten kann. Aber auch wenn kein Übergewicht vorhanden ist, wird eine Freiballonlandung zum mindestens mit einem starren Luftschiff ohne große Beschädigung nicht möglich sein.

Die außer unbedingter Betriebssicherheit an einen Luftschiffmotor im Betrieb herantretenden Anforderungen sind etwa folgende: Er muß fähig sein, möglichst unbegrenzt mit voller Leistung und Tourenzahl zu arbeiten, wobei die beim schnellen Steigen und Niedergehen sowie zum Ausgleich etwa vorhandenen Übergewichtes oder Auftriebes nötig werdenden Schrägstellungen keinen Einfluß auf die Leistung ausüben dürfen. Der Schiffswiderstand nimmt in größerer Höhe bei horizontaler Fahrt proportional dem Luftdruck ab, so daß die Motortourenzahl bei Änderung der Höhe des Schiffes keiner Veränderung unterworfen ist, während die Leistung entsprechend dem geringeren Luftdruck abnimmt. Infolgedessen werden die Motoren im Betriebe meist erheblich geringer als auf dem Probierstand beansprucht, abgesehen davon, daß bei einem Schiffe, welches bei voller Motorleistung eine große Eigengeschwindigkeit entwickelt, in vielen Fällen mit verminderter Geschwindigkeit gefahren wird. Wenn allerdings die Anwendung der vollen Kraft erforderlich wird, so geschieht dies mit Rücksicht auf die Windverhältnisse meist in geringer Höhe. Außer Zuverlässigkeit im Dauerbetriebe muß aber von einem Luftschiffmotor auch verlangt werden, daß er bei geringer Tourenzahl und bei Leerlauf keinen Störungen unterworfen ist.

Einen wesentlichen Faktor für die Betriebssicherheit bildet die Zuführung des Brennstoffes zum Motor. Wenn ein normal üblicher Vergaser angewandt wird, ist es nötig, vor der Spritzdüse ein konstantes Benzinniveau zu haben, und dies erfordert bei allen bisher bekannten Konstruktionen einen regulierenden Schwimmer. Dieser kann direkt zur Regelung der Zuströmung zu dem vor der Düse befindlichen Gefäß dienen, oder er kann zur Regelung des Rücklaufes dienen, wenn das Gefäß nur mit einem Überlauf ausgestattet wird. Im ersteren Falle kann die Benzinzuführung vom Behälter durch natürliches Gefälle, Überdruck im Behälter oder eine Pumpe mit Rücklaufventil erfolgen. Bei der zweiten Anordnung ist unbedingt eine Pumpe erforderlich, welche aber auch gleichzeitig den Brennstoff aus dem Behälter ansaugen kann. Der Schwimmer hat dann lediglich die Aufgabe, das vom Vergaser zurückströmende Benzin der Pumpe wieder zuzuführen und kann daher für mehrere Vergaser, eventuell auch für mehrere Motoren benutzt werden. Falls der Schwimmer direkt das Flüssigkeitsniveau regulieren muß, ist für jeden Vergaser ein Schwimmer nötig, welcher, da die Ausführung von Ringschwimmern mit Schwierigkeiten verbunden ist, stets neben der Düse sitzen muß. Dies hat zur Folge, daß die austretende Benzinmenge durch Schrägstellung beeinflußt wird. Da jedoch seitliche Schräglagen bei einem Luftschiffe fast ausgeschlossen sind, können diese Schwimmer seitlich neben den Düsen angeordnet werden, ohne daß sich ein schädlicher Einfluß geltend macht.

Außer dem bereits Besprochenen käme als wesentliche Forderung an einen Luftschiffmotor Geräuschlosigkeit in Betracht. Bisher ist zwar diese Forderung noch nicht in dem Maße wie bei Automobilen gestellt worden, sie ist aber speziell für Militärschiffe von großer Bedeutung und kann mit den bekannten Mitteln erfüllt werden, wenn dafür ein geringer Kraftverlust und das zusätzliche Gewicht in Kauf genommen wird.

Daß bei Erfüllung aller Anforderungen das geringste Gewicht und der geringste Betriebsstoffverbrauch zu erstreben sind, braucht als selbstverständlich nicht weiter erörtert zu werden. Es möge nur darauf hingewiesen werden, daß dies zum großen Teil eine Frage wirtschaftlicher Natur ist, da das Gewicht bei Voraussetzung guter Konstruktion hauptsächlich davon abhängt, welche Kosten für Gewichtsersparnis aufgewandt werden können.

Fig. 3.　180 PS Maybach Luftschiffmotor.

Wenn man den Luftschiffmotor mit anderen Motoren vergleichen will, so dürfte er mit einem Bootsmotor am meisten Ähnlichkeit haben, wobei der Hauptunterschied darin besteht, daß an einen Luftschiffmotor etwa die gleichen Anforderungen, aber in bedeutend höherem Maße, gestellt werden müssen.

Dagegen dürfte es nicht gerechtfertigt sein, Luftschiff- und Flugmotoren als direkt verwandt zu bezeichnen, sondern ein richtig ausgebildeter Flugmotor wird sich mehr einem Automobilmotor nähern. Diese Behauptung kann vielleicht als unzutreffend bezeichnet werden, wenn man nur den bisherigen Stand der Flugtechnik in Betracht zieht, sie ist jedoch berechtigt, wenn man ein praktisch verwendbares Flugzeug dabei zugrunde legt. An ein solches wird man bei sinngemäßer Übertragung des in bezug auf Luftschiffe Gesagten etwa folgende Anforderungen stellen müssen: Das Flugzeug muß imstande sein, auch bei Windstille nach kurzem Anlauf aufzusteigen, es muß mit möglichst geringer Geschwindigkeit fliegen können, um beim Aufsteigen und Landen Beschädigungen infolge von Unebenheiten des Bodens zu vermeiden, es muß aber doch die Fluggeschwindigkeit möglichst hoch steigern können, da eine große Geschwindigkeit während der Fahrt nur Vorteile bringt und die Gefahren verringert. Es muß weiter schnell große Höhen erreichen können, fähig sein, längere Zeit in größeren Höhen zu fliegen, schnell niederzugehen und zu landen. Die übrigen Anforderungen an ein Flugzeug, welche keinen Zusammenhang mit dem Motor haben, können hier unberücksichtigt bleiben.

Fig. 4. 180 PS Maybach Luftschiffmotor.

Um an einem Beispiele den Einfluß der geforderten Leistungen auf den Motor zu untersuchen, seien einige Annahmen gemacht, deren Berechtigung für ein bestimmtes Flugzeug besonders geprüft werden müßte. Das Leergewicht des Apparates betrage 500 kg, die Belastung 300 kg, die Anlaufstrecke auf glattem Boden bei Windstille betrage 60 m, die geringste Fluggeschwindigkeit unter normalem Luftdrucke sei 60 km pro Stunde, die Höchstgeschwindigkeit bei gleicher Voraussetzung 120 km/st, die Steiggeschwindigkeit in der Nähe des Erdbodens sei 2 m/sec, die Steiggeschwindigkeit in größerer Höhe sei nicht bestimmt, jedoch sei eine größte Höhe von 5000 m erreichbar. Das Verhältnis von Vortrieb zu Auftrieb sei bei

60 km/st gleich 1 : 4, horizontaler Flug in geringer Höhe vorausgesetzt, nehme bei höherer Geschwindigkeit allmählich ab und erreiche bei 120 km/st seinen günstigsten Wert mit 1 : 6. Dieses Verhältnis und seine Änderung ist abhängig vom Formwiderstande des Apparates, welcher etwa mit dem Quadrat der Geschwindigkeit wächst, vom Reibungswiderstand, und von dem durch die Tragflächenneigung verursachten Widerstande, welcher bei gleichem Auftriebe mit Erhöhung der Geschwindigkeit abnimmt. Für den Propeller sei angenommen, daß das Verhältnis von Propellerzug zu aufgenommenem Drehmoment für alle Geschwindigkeiten und Züge gleich sei. Diese Annahme wird je nach Art des Propellers mehr oder weniger zutreffend sein. Der Slip des Propellers betrage bei normalem Barometerstande, 60 km Stundengeschwindigkeit und 200 kg Zug 40 %, bei 120 km/st und 133⅓ kg Zug 15 %, eine Vergrößerung des Zuges bei gleichbleibender Geschwindigkeit verursache eine proportionale Steigerung des Slips. Diese letzte Annahme enthält einen Fehler, welcher bei geringen Geschwindigkeiten ziemlich groß, bei hoher Geschwindigkeit aber gering ist: tatsächlich wird der Slip in geringerem Maße zunehmen, eine genaue Berücksichtigung erfordert aber umständliche Rechnungen. Die Leistung, welche vom Propeller aufgenommen wird, sei abgerundet angenommen gleich Steigung pro Sekunde mal Zug und 10 % Zuschlag für Verluste. Die Steigung des Propellers sei 1,6 m, ferner sei vorausgesetzt, daß bei gleichbleibender Bewegungsrichtung und Einstellung des Apparates der Widerstand und der Auftrieb proportional dem Quadrat der Geschwindigkeit und proportional dem spezifischen Gewichte der Luft seien.

Für das Anfahren bei Windstille sei angenommen, daß zwei Drittel der nutzbaren Vortriebsarbeit der Schraube zur Beschleunigung benutzt werde, das letzte Drittel zur Überwindung der anderen Widerstände. Die Erzeugung einer Geschwindigkeit von 60 km/st erfordert demnach bei einem Gewichte von 800 kg eine Arbeit von 16 500 mkg. Diese sollen auf einer Strecke von 60 m geleistet werden, erfordern also einen Propellerzug von 275 kg.

Die zu horizontalem Fluge bei normalem Luftdruck und 60 km Stundengeschwindigkeit erforderliche Schraubenzugkraft ist nach den gemachten Annahmen 200 kg. Soll das Flugzeug bei dieser Geschwindigkeit 2 m/sec steigen können, so wäre dazu eine Vergrößerung der Zugkraft auf 296 kg erforderlich. Steigt es dagegen um denselben Betrag bei einer Stundengeschwindigkeit von 120 km, so ist gegenüber horizontalem Fluge nur eine Zugkraftvermehrung von 133⅓ auf 181⅓ kg nötig.

Um in einer Höhe von 5000 m zu fliegen, wo die Luftdichtigkeit rund die Hälfte der normalen ist, wird nach den angegebenen Annahmen für horizontalen Flug bei 85 km Stundengeschwindigkeit die erforderliche Zugkraft 200 kg, bei 170 km 133⅓ kg betragen.

Entsprechend diesen Werten wird die Motorleistung sowie die Tourenzahl wechseln müssen und zwar ergibt sich folgendes: Bei dem für das Aufsteigen erforderlichen Zuge von 275 kg wird am Stande die Motortourenzahl etwa 1200 betragen, bei einer Leistung von 130 PS, bei 60 km/st und demselben Zug ist die Leistung 150 PS bei 1400 Touren. Für die Fahrt ergeben sich unter normalem Luftdrucke

bei 60 km/st und 200 kg Zug 82 PS bei 1050 Touren
,, 60 ,, ,, 296 ,, ,, 179 ,, ,, 1540 ,,
,, 120 ,, ,, 133⅓ ,, ,, 77 ,, ,, 1470 ,,
,, 120 ,, ,, 181⅓ ,, ,, 112 ,, ,, 1580 ,,

Für horizontalen Flug in 5000 m Höhe sind die entsprechenden Werte:

bei 85 km/st und 200 kg Zug 116 PS bei 1480 Touren
,, 170 ,, ,, 133⅓ ,, ,, 108 ,, ,, 2080 ,,

Ein Motor, welcher in 5000 m Höhe bei 2080 Touren 108 PS leistet, wird nun unter normalem Luftdrucke bei 1200 Touren etwa 150 PS leisten, bei 1540 Touren etwa 180 PS. Daraus geht hervor, daß die Motorstärke im angenommenen Falle durch die größte erreichbare Höhe bestimmt wird. Der durch diese nötig werdende Motor genügt in 5000 m Höhe nur noch bei der größten Geschwindigkeit von 170 km pro Stunde, er ist aber imstande, alle übrigen Bedingungen reichlich zu erfüllen. Er kann mit kürzerem Anlauf als 60 m aufsteigen, kann bei 120 km/st mehr als 2 m/sec steigen.

Die vorstehende Rechnung macht keinen Anspruch auf zahlenmäßige Genauigkeit, da der Einfachheit wegen vielfach rohe Annahmen gemacht wurden; sie soll nur zeigen, daß die Leistung und besonders die Tourenzahl eines Flugmotors sehr starken Schwankungen unterworfen sein können. Wenn der Flieger den Motor nicht reguliert, sondern stets auf Volleistung eingestellt läßt, wird sich die Tourenzahl zeitweise vielleicht noch mehr steigern.

Es dürfte hiermit erwiesen sein, daß ein Flugmotor mit Recht mit einem Automobilmotor verglichen werden kann. Wesentliche Unterschiede ergeben sich nur daraus, daß der Flugmotor zweckmäßig direkt mit dem Propeller gekuppelt wird und sich dann mit der Tourenzahl nach demselben zu richten hat. In bezug auf Zugänglichkeit und Kontrolle während der Fahrt müssen dieselben Anforderungen wie beim Automobil gestellt werden. In bezug auf Sicherheit, geringes Gewicht, geringen Brennstoffverbrauch und geringen Raumbedarf muß unbedingt mehr als von einem Wagenmotor verlangt werden. Das Anlassen müßte möglichst vom Flugzeug aus erfolgen können; dies ist besonders für Wasserflugzeuge von Bedeutung, unbedingt muß aber in jedem Falle das Anlassen durch die Besatzung des Flugzeuges ohne besondere Hilfskräfte möglich sein.

Die Leistung eines Flugmotors wird je nach den vom Flugzeug verlangten Leistungen und nach der Güte der Flugzeugkonstruktion von 50 bis 150 PS bei mittleren Tourenzahlen betragen müssen. Die Betriebstourenzahl wird im Gegensatz zu der der Luftschiffmotore, welche einen genau bestimmbaren Höchstwert nicht überschreiten kann, sehr starken Schwankungen unterworfen sein. Bei Verwendung von verstellbaren Propellern, wie sie für Parsevalluftschiffe ausgeführt werden, kann allerdings die Tourenzahl der Motoren beliebig gesteigert werden, um für kurze Zeit eine höhere Geschwindigkeit zu erzielen; andererseits könnte auch bei Anwendung eines verstellbaren Propellers bei Flugzeugen die ungewollte Änderung der Motortourenzahl bis zu einem gewissen Grade vermieden werden. Solange aber hauptsächlich starre Propeller verwandt werden, wird stets für einen Luftschiffmotor die annähernd konstante Tourenzahl bei gleichmäßiger Belastung charakteristisch sein, für einen Flugmotor dagegen stark veränderliche Tourenzahl und große Belastungsänderungen.

Ob sich als Flugmotoren ebenfalls wassergekühlte Motoren allgemein einführen werden, kann nicht ohne weiteres entschieden werden. Es muß aber zugegeben werden, daß die Verhältnisse für Luftkühlung unbedingt günstiger sind als beim Automobilmotor.   Die Entscheidung dürfte hauptsächlich davon abhängen, ob es gelingt, luftgekühlte Motore, als welche wohl hauptsächlich Rotationsmotore in Frage kommen, mit gleicher Betriebssicherheit und gleich günstigem Betriebsstoffverbrauch wie wassergekühlte Motore herzustellen.   Vielleicht wird hierüber die Konkurrenz um den Kaiserpreis eine gewisse Aufklärung bringen.

Flugzeug-Industrie.

Von
Hauptmann a. D. Dr. A. Hildebrandt-Berlin.

Aus dem Berichtsjahre ist in erster Linie hervorzuheben, daß bei verschiedenen Flugzeugfabriken zahlreiche Bestellungen der Militärverwaltung eingegangen sind. Man könnte hieraus auf einen großen Aufschwung der Industrie schließen, leider ist aber gerade das Gegenteil der Fall. Man muß direkt von einer Notlage der Flugzeugindustrie sprechen. Daß auch die Heeresverwaltung diese Ansicht teilt, geht aus einer Antwort hervor, die das Preußische Kriegsministerium dem Verein Deutscher Motor-Fahrzeug-Industrieller auf eine Anfrage am 6. Mai 1912 erteilt hat. Es heißt da:

„Dem Verein glaubt das Kriegsministerium im Interesse der Industrie nachstehendes ergebenst mitteilen zu müssen:

Bei der stetigen Zunahme der Zahl von Flugzeugfabriken erscheint die Befürchtung begründet, daß nur ein Teil der Fabriken unter den zurzeit vorliegenden Verhältnissen sich eine sichere Existenz verschaffen kann. Für die nächste Zukunft muß damit gerechnet werden, daß die Heeresverwaltung fast die einzige Abnehmerin auf dem Flugzeugmarkte sein wird. Zurzeit läßt sich nicht übersehen, ob das Interesse für das Flugwesen, wenn es weitere Kreise des Volkes ergreift, dazu führen wird, dem Flugzeug eine Verbreitung in unserem Sportleben zu schaffen. Nach den Vorgängen in Frankreich wird zunächst auf diesem Gebiete nur mit einer beschränkten Verwendung gerechnet werden müssen.

Deshalb erscheint es dem Kriegsministerium als im Interesse der vaterländischen Industrie liegend, daß eine weitere Bildung von Flugzeugfabriken zunächst nur dann eintritt, wenn es sich etwa um ganz besonders kapitalkräftige und großzügige Unternehmen handelt und nur durchaus erfolgsichere Typen gebaut werden.

Dem Verein stellt ferner das Kriegsministerium ergebenst anheim, in diesem Sinne in den nahestehenden Kreisen wirken zu wollen."

Die Bestellungen der Heeresverwaltung, deren Zahl sich der Öffentlichkeit aus begreiflichen Gründen entzieht, genügen nicht, einen bedeutenden Aufschwung herbeizuführen; die privaten Bestellungen sind außerordentlich selten und beziehen sich meist auf billigere Apparate, mit denen Piloten zu Schauflügen von Ort zu Ort ziehen.

Wenn man im nationalen Interesse ernstlich an eine Hebung der Flugzeugindustrie denken will, so ist es erforderlich, hohe Preise für Leistungen auszusetzen, so daß es sich für Flieger und Fabriken lohnt, eigens Apparate hierfür zu beschaffen.

Im verflossenen Jahre haben in Deutschland eine Reihe von Veranstaltungen stattgefunden, deren Ergebnisse aber gezeigt haben, wie sehr wir in der Flugzeugindustrie und demnach auch im Flugsport zurück waren. Vereinzelte glänzende

Leistungen, vereinzelte wohlgelungene Wettbewerbe können keineswegs über diese Tatsache hinwegtäuschen. Allerdings muß eines ohne weiteres zugegeben werden, nämlich daß unsere Flieger sehr wohl imstande sind, das Flugzeug ebensogut zu meistern wie die besten ausländischen Piloten, vorausgesetzt, daß sie die nötige Übung haben und über gut durchkonstruierte Drachen verfügen.

In Frankreich hat die Industrie einen enormen Aufschwung genommen, was sich am besten darin dokumentiert, daß die Papiere der größeren Gesellschaften einen Kursstand erreicht haben, wie ihn sonst nur gute Industriepapiere besitzen. Die Franzosen verfügen bei Abschluß dieses Berichtes über etwa 1000 Flugzeugführer, die Engländer über 300 und wir nur über 250. Zu erwähnen ist noch, daß namentlich auch in Österreich diese Industrie blüht, und daß die österreichischen Flieger hervorragende Resultate erzielt haben; es sei nur an den Flug des Oberleutnants v. Blaschke mit Leutnant Banfield erinnert, der am 29. Juni einen Höhenrekord mit 4360 m aufstellte. Die österreichische Industrie ist zweifellos jetzt schon besser daran als unsere deutsche. Es liegt dies darin, daß dort die kapitalkräftigen Kreise großes Vertrauen in die Zukunft des Flugdrachens setzen. Die Etrich-Eindecker erfreuen sich außerordentlicher Beliebtheit. Verschiedene österreichische Sportleute, wie Oberleutnant v. Blaschke und Rittmeister v. Umlauff, stellen allerdings den Lohner-Pfeil-Flieger, einen Doppeldecker, noch über den Etrich-Apparat. Aus England sickern die Nachrichten sehr spärlich; aber wir haben allen Grund, die dortige Industrie und die Leistungen der englischen Flieger nicht zu unterschätzen. Die größere Zahl der Flieger spricht schon dafür, daß dort mehr geflogen wird, als man bei uns glaubt. Man hat in England namentlich Filialen französischer Fabriken, von Blériot und Farman und anderen zugelassen; aber auch die englische Industrie ist sehr leistungsfähig geworden. Zu erwähnen ist besonders, daß dort ein Flugmotoren-Wettbewerb zum Abschluß gekommen ist, für den Mr. Patrick Y. Alexander, ein auch in Deutschland wohlbekannter Luft-Sportmann mit offenem Geldbeutel, einen Preis von 20 000 M. gestiftet hat. Das Ergebnis dieses Wettbewerbs ist in einer kleinen Broschüre niedergelegt. Das Gewicht des Green-Motors, der den Bedingungen bei 24stündigem Laufen und einem Stillsetzen von 10 Minuten genügte, betrug 6,96 engl. Pfund pro PS.

In Deutschland haben alle Fabriken im verflossenen Jahre mit Verlust fabriziert. Diejenigen Fabriken, die Überschüsse erzielt haben, verdankten dies in erster Linie großen Preisen, die ihre Piloten zu gewinnen vermochten. Da aber größere Preissummen nur beim Deutschen Rundflug und für den Flug München-Berlin zur Verfügung gestanden haben, kann man daraus ermessen, daß nur 2 bis 3 Fabriken nennenswerte Beträge gewinnen konnten.

Auf die Wettbewerbe soll hier einmal ganz allgemein etwas näher eingegangen werden [1]). Die Preise, die bei den einzelnen Veranstaltungen gegeben werden können, sind in Anbetracht der großen Unkosten außerordentlich gering, und nur der erste, vielleicht auch manchmal der zweite Sieger kann etwas verdienen oder wenigstens auf seine Unkosten kommen. Bei größeren Überlandflügen stellen sich die Unkosten, verursacht durch Bruchschaden, mitzuführendes Hilfspersonal,

---

[1]) Siehe auch Deutsche Luftfahrer Zeitschrift Nr. 13 vom 26. Juni 1912.

Begleitautomobile, unfreiwillige Landungen, Wagen- und Eisenbahntransporte, Versicherung u. a. auf etwa 1000 M. pro Tag. Das sind natürlich Ausgaben, die sich die deutsche Flugzeugindustrie, die gerade für Versuche noch sehr viel Geld ausgeben muß, nicht leisten kann. Der Laie wendet hier vielleicht ein, man solle doch diese Flugwettbewerbe so lange einstellen, bis wir eine kapitalkräftige Industrie besitzen. Das ist aber unerwünscht und liegt auch gar nicht im Interesse der Sache; denn nur bei Flugkonkurrenzen können die Fabriken ihre Apparate auf Leistungsfähigkeit prüfen.

Ansicht des neusten Wright-Flugzeugs.
(Type Berlin—Petersburg.)

Es muß allerdings zugegeben werden, daß augenblicklich in Deutschland die Flugveranstaltungen zu schnell aufeinander folgen, und es ist notwendig, daß hier unbedingt Wandel geschaffen wird. Die Fabriken sind nicht in der Lage, die Erfahrungen auszunutzen, die bei den einzelnen Konkurrenzen gemacht werden; denn ehe sie auf Grund dieser Erfahrungen um- oder neukonstruiert haben, beginnt bereits der neue Wettbewerb. Die Flieger reisen von einem Wettbewerb zum andern, so daß auch sie keine Ruhe finden. Dies ist unzweifelhaft ein unhaltbarer Zustand, der aber dadurch hervorgerufen wird, daß in den einzelnen Provinzen, bei einzelnen Vereinen wohl die Summen aufgebracht werden können, die zur Durchführung eines Flugwettbewerbes in der betreffenden Provinz erforderlich sind, daß aber begreiflicherweise die verschiedenen Städte und Vereine sich nicht so leicht dazu bereit erklären werden, Gelder zur Verfügung zu stellen für eine Konkurrenz, die in einer ganz anderen, entfernt liegenden Stadt stattfinden soll. Wenn man also nicht auf eine Menge Geld in jedem Jahre verzichten wollte, mußte man bislang das geringere Übel zu vieler Veranstaltungen mit in den Kauf nehmen, denn die Gelder für ein wirklich durchweg gutdotiertes Wettfliegen waren bislang nicht aufzubringen. Zweifellos wird zwar die Nationale Flugspende aus den ihr zur Verfügung stehenden Zinsen und Kapitalien in den kommenden Jahren Preise für Motoren und für besonders wertvoll erscheinende Veranstaltungen zur Verfügung stellen; aber auch der Staat muß an seine Pflicht erinnert werden, hier mit größeren Mitteln einzugreifen. Wenn wir die Opferwilligkeit sehen, mit der in Frankreich alle Parteien — selbst die Sozialdemokraten — bereit gewesen sind, erhebliche Summen — über 30 Millionen — für die Luftfahrt alljährlich zur Verfügung zu stellen, so muß man sich wundern, daß wir in Deutschland noch nicht einmal ein paar Millionen zur Verfügung erhalten. In Frankreich sind die ausgesetzten Preise ungleich höher als bei uns; auch für Probleme, die vorläufig noch aussichtslos erscheinen, gibt man dort schon jetzt größere Summen, weil man der Überzeugung ist, für die Zukunft vorzuarbeiten. Es sei nur an die hohen Preise erinnert, die von Privaten ausgesetzt sind für ein Flugzeug, das ohne Motor durch Menschenkraft getrieben über eine ganz kleine Strecke zu fliegen vermag.

Wir haben augenblicklich in Deutschland rund 20 Flugzeugfabriken. Eine Reihe von neuen Gründungen des vergangenen Jahres ist wieder von der Bildfläche verschwunden, manche andere ringen schwer um ihre Existenz. Von größter Bedeutung für die Fabriken sind natürlich immer die Wettbewerbe, weil bei ihnen sich die Gelegenheit bietet zum Ausprobieren neuer Typen. Die Heeresverwaltung stiftet fast immer für die Konkurrenzen Preise, weil die Wettflüge es ihr erübrigen, selbst Versuche anzustellen. Es ist dies außerordentlich dankenswert für die Industrie, aber auch vorteilhaft für die Heeresverwaltung. Diese erspart Zeit und Personal; ihre Praktiker werden anderen Aufgaben, wie der wichtigen Ausbildung neuer Schüler, nicht entzogen. Außerdem aber spart die Heeresverwaltung auch Geld, denn niemand fabriziert nachweislich so teuer wie das Heer selbst. Es sei daran erinnert, daß aus diesem Grunde auch die Geschützfabrikation schon vor längerer Zeit aufs äußerste eingeschränkt ist. Der Flugzeugindustrie fehlt auf diese Weise eine Konkurrenz, die sich sehr unangenehm fühlbar machen würde, da es ganz natürlich ist, daß die Heeresverwaltung, wenn sie selbst fabriziert, in erster Linie ihre eigenen Maschinen kauft.

Die Herbstflugwoche 1911, die vom 24. September bis 1. Oktober währte, fand bei sehr ungünstigem Wetter statt, trotzdem aber waren täglich unsere Flieger in der Luft zu sehen. Besonders hervorzuheben sind die Leistungen des am 15. November verunglückten Fliegers Pietschker, der einen Albatros-Eindecker flog, und des leider während der Flugwoche verunglückten Kapitäns Engelhard, der ein Wright-Flugzeug steuerte. Engelhard war der erste Schüler von Orville Wright. Einer der kühnsten Flieger, der an Tagen Flüge mit Sicherheit durchführte, an denen sich kein anderer Pilot herauswagte. Ein Mann von vornehmer Gesinnung, ist mit ihm dahingerafft. Sein Tod bedeutet für alle, die ihn näher kannten, einen Verlust; der deutsche Flugsport hat mit ihm einen seiner Besten verloren.

Über diese Flugwoche schreibt das amtliche Organ des Deutschen Luftfahrer-Verbandes, die „Deutsche Zeitschrift für Luftschiffahrt" (jetzt Deutsche Luftfahrer-Zeitschrift genannt) in Nr. 20 — 1911 — folgendes:

„Zwei Ereignisse gaben diesmal der Johannisthaler Flugwoche ein ganz besonderes Gepräge: Das erste war das erfolgreiche Auftreten von Fräulein Beese, die, obwohl sie sich an den windigen Tagen eine weise, nicht hoch genug anzuerkennende Beschränkung auferlegte, doch zeigte, daß sie ihren männlichen Kollegen gegenüber im Kampfe ihre Stelle ausfüllen wird. Das zweite, bei weitem bedeutungsvollere Ereignis war das Erscheinen Wittes, der sich selbst als erstklassiger Flieger auswies, der aber andrerseits durch die Beherrschung seines uralten, noch mit einem 24 PS N.-A.-G.-Wrightmotor ausgerüsteten Wrightflugzeuges ein Schlaglicht auf die technische Entwicklung der Maschinen warf. Die Leistungen, die er mit seinem Flugzeug erzielte, stehen denen, welche mit sogenannten modernen Maschinen erreicht wurden, **durchaus nicht nach, sondern übertreffen sie vielfach!**''

Das Jahr 1912 begann mit dem Deutschen Zuverlässigkeitsflug am Oberrhein, der insofern etwas vollkommen Neues bot, als er nur ausgeschrieben war für

Die durch den Wrightflieger Abramowitsch in der Frühjahrsflugwoche
gewonnenen Ehrenpreise.

aktive Offiziere auf Apparaten der Militärverwaltung, aktive und Reserve-Offiziere auf fremden Apparaten und endlich für Flieger auf eigenen Flugzeugen. Die Flugzeugindustrie, die inzwischen für die Heeresverwaltung eine Anzahl Offiziere als Führer auszubilden hatte, war nicht in der Lage gewesen, die nötigen Apparate fertigzustellen. Obwohl 20 Flieger genannt hatten, starteten schließlich nur noch 8, von denen allerdings die Hälfte, also eine noch nie bei einer Flugkonkurrenz erreichte Prozentzahl, alle Etappen des Fluges durchhielt, der von Straßburg über Metz, Saarbrücken, Saargemünd, wo nur die Meldung einer Erkundung abgeworfen werden mußte, Mainz, Darmstadt, Frankfurt a. M., Karlsruhe, Freiburg i. B.

Konstruktions-Einzel-

| Startnummer | Führer, Beobachter, Apparattyp, Fabrikant | Tragflächen | | | | Ganze Länge | Längsstabilität und Höhensteuer | Querstabilität | Seitensteuer |
| | | Spannweite | Tiefe der Flügel | Abstand zweier Flüg. | Tragfläche | | | | |
		m	m	m	m²	m	m²		m²
1	Oberleutnant Barends Oberleutnant Wilberg Etrich-Rumpler-Taube E. Rumpler-Berlin	13,7	2,85 am Rumpf	—	31	10,3	Elastische Verbiegung der hinteren Stabilisierungsfläche, Größe 5,7	Elastisches Aufbieg. der lappenförm. v. vorn herein nach oben gebogenen Flügelenden	Hinten 2 Stück übereinander, Größe 0,55
2	Leutnant Mahnke Leutnant Cörper Albatros-Doppeldeker Albatros-Werke	14,25 oben 11 unten	2	1,9	52	12	Dopp. Schwanzfläche obere regulierb. verbunden m. einfach. vorder. Höhensteuer, vorn 2,75 × 0,85, hinten 2,05 × 0,5	6 Hilfsklappen, oben 4, unten 2	3 faches Seitensteuer im Schwanz, je 1,2 × 0,54
3	Leutnant Engwer Leutnant Knofe Aviatik-Eindecker Aviatik-A.-G.	14	2,5 am Rumpf	—	30	9,5	2 dreieckige, feste Flächen, 1 einfache hinten liegende, um Scharniere drehbare Fläche, Größe 5,3	Verwindung der Tragflächen	2 feste Fläch., denen sich die beid. parallelogrammförmig. Seitensteuer anschließen, Größe 0,6
4	Leutnant Fisch Leutnant v. Beguelin Wright-Doppeldecker Flugmasch. Wright-Ges.	11,2	1,8	1,63	42	8,5	Einfaches, hinten liegendes Höhensteuer, Größe 4	Verwindung der Tragflächen oben und unten gemeinsam	Doppeltes Seitensteuer hinten, Größe 1,0
5	Rittm. Graf Wolfskeel Leutnant Hailer Euler-Doppeldecker Euler-Werke	10	1,4	1,5	25	6	Einfaches hinteres Höhensteuer	Hilfsklappen	Doppeltes Seitensteuer hinten
6	Oberleutnant Wirth Leutnant Steger Otto-Doppeldecker Otto-Werke-München	11 oben 7 unten	1,85	1,35	32	8,5	Doppelte Schwanzflächen, einfaches hinteres Höhensteuer	2 Hilfsklappen am oberen Tragdeck	Doppeltes Seitensteuer hinten, Größe 0,7
7	Oblt. Vogel von Falkenstein Leutnant Mühling Albatros-Doppeldecker Albatros-Werke Berlin	14,25 oben 11 unten	2	1,9	52	12	Dopp. Schwanzfläche, obere regulierbar verbunden mit vord. Höhenst. vorn 2,75 × 0,85, hinten 2,5 × 0,5	6 Hilfsklappen, oben 4, unten 2	3 faches Seitensteuer im Schwanz, je 1,2 × 0,54
9	Kammerger.-Ref. Casper Leutnant von Holtz Etrich-Rumpler-Taube E. Rumpler-Berlin	14,2	2,84 am Rumpf	—	32	10	Elastische Verbiegung der hinteren Stabilisierungsfläche, Größe 5,7	Elast. Aufbiegen der lappenförm., von vorn herein nach oben gebog. Flügelenden	hinten 2 Stück übereinander Größe 0,55
11	Oberlt. z. See Hartmann Hauptm. von Wobeser A. F. G. Doppeldecker Deutsche Flugzeug-W., Lindenthal-Leipzig	20 oben 16,4 unten	1,42	2,0	70	12,7	Dopp. Schwanzfläche, vord. Höhenst. 3,7 hinteres 1,14	4 Hilfsklappen an den Enden beider Tragdecks	Doppeltes Seitensteuer im Schwanz 2 × 0,78 m²
14	Oberingenieur Hirth Leutnant Schoeller Rumpler-Eindecker E. Rumpler-Berlin	12,5	2,4 am Rumpf	—	22	9,25	Hintere Stabilisierungsfläche, Höhensteuer in Scharnieren beweglich, Größe 3,85	Verwindung der Tragflächen (Blériot-Wright)	Hinten 2 Stück übereinander in Scharnieren beweglich, Größe 0,5

Anmerkung: Diese der Deutschen Luftfahrer Zeitschrift Nr. 12, 1912, entnommene Tabelle ist

heiten der Flugzeuge.

Mittel zur Lenkung	Motoren									Propeller						Gewicht des leer., dienstf. Apparates			Eigengeschwindigk.	Bemerkungen
	System	Leistung PS	Tourenzahl n	Zylinder-Anordnung	Zylinderzahl	Bohrung mm	Hub mm	Gewicht kg	Kühlung	Anzahl	Material-System	Flügelzahl	Durchmesser m	Steigung m	Tourenzahl n	kg	kg/m² Tragfläche	kg/PS	m/S	Be-merkungen
1 Schwinghebel für Höhensteuer., 1 Handrad für Quersteuerung, 2 Fußhebel für Seitensteuer und Fahrvorrichtung	Argus	100 (Zuerst 70 PS Mercedes)	1300	vertikal stehend	4	140	140	132	Wasser	1	Holz-Chauvière	2	2,5	1,65	1300	500	16,1	5	28	—
1 Fußhebel für Seitensteuer., 1 Handhebel für Höhensteuerung, 1 Handrad für Quersteuerung	Argus	100	1300	vertikal stehend	4	140	140	132	Wasser	1	Holz-Chauvière	2	2,6	1,46	1300	530	10,2	5,3	22,8	—
1 Schwinghebel für Höhensteuerung, 1 Handrad für Quersteuerung, 1 Fußhebel für Seitensteuerung	Aviatik	100	1250 bis 1300	vertikal stehend	4	140	140	152	Wasser	1	Holz-Garuda	2	2,5	1,65	1300	390	13	3,9	28	Alle Steuerleitungen doppelt
1 Handhebel für Höhensteuerung und Verwindung, 1 Handhebel für Seitensteuerung	N. A. G.	55	1600	vertikal stehend	4	135	160	162	Wasser	2	Holz-D.-Wright	2	2,6	2,9 bis 3	470	450	10,7	8,2	22,8	Unten zwei Cellonfenster für Landung
1 Handhebel für Höhen- und Quersteuerung, 1 Handhebel für Seitensteuerung	Gnome	65	1250 bis 1300	rotier. sternf.	7	130	120	88	Luft	1	Holz-Chauv.	2	2,8	1,8	1300	220	8,8	3,4	26	—
1 Handhebel für Höhensteuerung und Quersteuerung, 1 Fußhebel für Seitensteuerung	Argus	100	1300	vertikal stehend	4	140	140	132	Wasser	1	Holz-Chauv.	2	2,5	1,6	1300	290	9,1	2,9	32	Tragzell. aus Stahlrohr. h. d. Sturz vorzügl. überst.
1 Fußhebel für Seitensteuerung, 1 Handhebel für Höhensteuerung, 1 Handrad für Quersteuerung	Mercedes	70	1200	vertikal stehend	4	120	140	125	Wasser	1	Holz-Chauv.	2	2,6	1,4	1200	530	10,2	7,6	21	—
1 Schwinghebel für Höhensteuer., 1 Handrad für Quersteuerung, 1 Fußhebel (Kupplung) für Seitensteuerung u. Fahrvorrichtung	N. A. G.	100	1200	vertikal stehend	4	135	160	162	Wasser	1	Holz-Behrend	2	2,5	1,65	1200	500	15,6	5	25	—
1 Fußhebel für Seitensteuerung, 1 Handhebel mit 2 Handbügeln für Quersteuerung und Höhensteuerung	N. A. G.	100	1200	vertikal stehend	4	135	160	162	Wasser	1	Holz-Gar.Chauv.	2 2	2,6 2,8	1,46 1,4	1200	590	8,4	5,9	22	—
1 Schwinghebel für Höhensteuerung, 1 Handrad für Verwindung, 1 Fußhebel für Seitensteuerung	Mercedes	100	1200 bis 1300	vertikal stehend	6	120	140	200	Wasser	1	Holz-Garuda	2	2,5	1,65	1300	430	19,5	4,3	38,8	Keine Lenkbarkeit der Laufräder

zusammengestellt nach Angaben der Führer bzw. Fabriken und nach direkten Messungen.

nach Konstanz am Bodensee führte. Besonders bemerkenswert sind die Überquerungen der Vogesen und des Schwarzwaldes. Der Schwarzwald wurde in ausgezeichnetem Fluge von 4 Konkurrenten glatt überflogen, während die Vogesenüberquerung große Schwierigkeiten bereitete. Es lag dies daran, daß die Flieger über dem Kamm der Vogesen starke entgegenstehende Westwinde fanden, die zeitweise eine solche Stärke hatten, daß die Flugzeuge sogar an Terrain verloren. Die Führer hatten diese Schwierigkeit nicht vorausgesehen und deshalb meist nicht genügend Benzin mitgenommen; sie waren daher bis auf Hirth, der mit seinem neuen Rumpler-Eindecker in großer Höhe die Vogesen glatt überfliegen konnte, zu Zwischenlandungen gezwungen. Ganz besonders ist die Leistung des Leutnants Fisch hervorzuheben, der auf Wright-Doppeldecker mit dem schwächsten Motor der Konkurrenz, einem 55 PS N.-A.-G., obwohl ihm sein Führer einen vollkommen verkehrten Weg zeigte, doch nach manchem Hin und Her über den Donon bis in die Nähe von Metz gelangte; die hereinbrechende völlige Dunkelheit mit Nebel hatte ihn gezwungen, schließlich vor dem Ziele zu landen. Derselbe Offizier vollführte auch am letzten Tage einen glänzenden Flug von Freiburg i. B. die Rheinebene entlang über Schaffhausen nach Konstanz. Hier hat die Wright-Maschine wiederum gezeigt, daß sie tatsächlich sturmerprobt ist, denn im Rheintal hatten sich bei der großen Hitze starke vertikale Luftströmungen gebildet, die dem energischen Piloten viel zu schaffen machten. Dieser Flug wurde denn auch ganz besonders von Seiner Kgl. Hoheit dem Prinzen Heinrich und allen andern Beteiligten anerkannt.

Der Oberrheinische Zuverlässigkeitsflug soll im folgenden zu einigen technischen Betrachtungen verwertet werden.

Der Zuverlässigkeitsflug wurde über die ganze Strecke Straßburg, Metz, Saarbrücken, Mainz, Darmstadt, Frankfurt, Karlsruhe, Freiburg i. B., Konstanz von 4 Führern bestritten, nämlich von Oberingenieur Hirth mit einem Gesamt-Zeitaufwand von 5 Stunden 59 Minuten 23 Sekunden; von Rittmeister Graf Wolfskeel mit 22 Stunden 17 Minuten 49 Sekunden; von Oberleutnant Barends mit 32 Stunden 19 Minuten 33 Sekunden; von Leutnant Mahnke mit 34 Stunden 39 Minuten 36 Sekunden. Außerdem flogen mit: Lt. Fisch (2 Etappen ganz, eine Etappe zum Teil), Oberlt. Vogel v. Falckenstein (2 Etappen ganz), Oberlt. z. S. Hartmann (1 Etappe ganz, 1 zum Teil), Oberlt. Wirth (1 Etappe zum Teil). Es starteten und landeten sofort wieder auf dem Flugplatz: Referendar Caspar und Leutnant Engwer. Beim Flug zum Straßburger Start verunglückte Leutnant Pohl.

Das Preisgericht entschied, daß der Gesamtpreis für die beste Leistung, d. i. der Ehrenpreis des Prinzen Heinrich v. Preußen, an Oberingenieur Hirth fiel. Die übrigen Teilnehmer am ganzen Fluge wurden nicht klassifiziert, da deren Leistungen als ungefähr gleichwertig erachtet wurden.

Mit dieser Entscheidung kann man sich angesichts der oben angeführten Zahlen wohl zufrieden geben. Es bleibt daher nur noch einiges über die Flugzeuge zu sagen, die den ganzen Flug durchhielten.

Da stößt man auf einige scheinbare Widersprüche: Sieht man z. B. die zwei Maschinen mit den besten Gesamtleistungen, so hatte Hirth einen Eindecker von Rumpler in Berlin mit 22 Quadratmeter Tragfläche, einem 100pferdigen, 6zylindrigen, wassergekühlten Mercedes-Motor und mit Garuda-Propeller. Graf Wolfskeel hatte einen Doppeldecker von Euler in Frankfurt mit 25 qm Tragfläche, einem 65 PS luftgekühlten, 7zylindrigen Gnôme-Motor und mit Chauvière-Schraube.

Da der Rumpler-Eindecker leer 430 kg, der Euler-Doppeldecker 220 kg wiegt, beide Maschinen aber ungefähr gleiche Tragflächen haben, so überrascht der Unterschied in der Motorstärke. Fügt man aber zum Leergewicht in beiden Fällen das Gewicht von Führer und Beobachter, Benzin und Öl, im ganzen etwa 200 kg, so ergibt sich sofort für beide Maschinen ungefähr das gleiche Verhältnis der gesamten getragenen Last zur Motorstärke.

Weniger glatt liegt die Antwort auf die Frage, warum der Rumpler-Eindecker mit der kleinsten Tragfläche (22 qm) weit besser abgeschnitten hat, als der Albatros-Zweidecker mit der mehr als doppelt so großen Tragfläche (52 qm) bei gleicher Motorstärke. Das größere Gewicht der Albatros-Maschine (leer 530 kg) erklärt den Unterschied zum Teil. Außer dem noch weiteren, nur durch ein Eingehen auf die Konstruktion zu begründenden Unterschiede in der Leistung kommt aber hier auch das persönliche Moment des Führers zur Geltung. Schon die Taktik Hirths, daß er stets größere Höhen aufsuchte, wo die Luftströmungen weniger launenhaft als nahe der Erdoberfläche sind, und wo beim Antreffen eines „Luftlochs" der Apparat doch nicht gleich bis zum Boden durchfällt, sondern sich wieder aufrichten kann, sicherte ihm einen Vorsprung.

Dabei hatte das Hirthsche Flugzeug den schwersten Motor im Gewichte von 200 kg (100 PS Mercedes), während das von Leutnant Mahnke gesteuerte Albatros-Flugzeug ebenso wie die von Oberlt. Barends geführte Etrich-Rumpler-Taube 100 PS 4zylindrige Argus-Motoren im Gewichte von 132 kg besaßen. Der 65 PS Gnôme-Motor von Euler wog 88 kg.

Von weiteren Veranstaltungen dieses Jahres sind noch zu nennen der Flug Berlin-Wien, das Leipziger Offizier-Fliegen, der Nordmark-Flug und die Leipziger Flugwoche. Als Überlandflug soll besonders der Nordmark-Flug erwähnt werden, bei dem unter schwierigen Verhältnissen ebenfalls große Leistungen erzielt wurden. Im übrigen muß aber leider eingeräumt werden, daß die Industrie beispielsweise beim Flug Berlin-Wien nicht in der Lage gewesen ist, eine genügende Zahl eingeflogener Maschinen rechtzeitig für den Start zu stellen, so daß ein außerordentliches Mißverhältnis zwischen Zahl der Nennungen und wirklich gestarteten Fliegern festzustellen ist.

Wenn die Zahl der Sieger in Deutschland zum Teil sehr gering gewesen ist, so ist das natürlich sehr beklagenswert, aber auch die Franzosen haben gerade in diesem Jahre viele schlechte Resultate erzielt. Es sei nur daran erinnert, daß 35 Nennungen am Tage des Beginns des Grand-Prix des Aéro Club de France bestehen geblieben waren, und daß nur ein einziger, Garros, alle Etappen des Fluges einwandfrei bewältigt hat.

In der Johannisthaler Flugwoche, die vom 24. bis 31. Mai stattfand, wurde bewiesen, daß ein Teil unserer Flugzeuge sehr wohl den Vergleich mit fremdländischen Fabrikaten auszuhalten vermag. Wieder kann hier das Wright-Flugzeug genannt werden, dessen Führer, Abramowitch, bei einem Wetter sich in die Luft wagte, bei dem niemand sonst an einen Aufstieg auch nur dachte. Sein Flugzeug stammte vom August des vorigen Jahres, und es war seitdem in ununterbrochenem Gebrauch. Auch der 55 PS N.-A.-G.-Motor war fast 1 Jahr alt; dabei vermochte Abramowitch mit 2 Personen und Betriebsstoff für 3 Stunden eine kontrollierte Höhe von 1500 m zu erreichen. Dreimal gewann er in den 8 Tagen den Frühpreis allein, zweimal war er an diesem Preise beteiligt. Verschiedene Fachleute sind der Ansicht, daß diese und die andern Erfolge, die der Wrightflieger während der Flugwoche erzielt hat, auf den Zweischraubenantrieb zurückzuführen sind, dessen Gefahren, wie durch 2 Flüge von Abramowitch und Sedlmayr, denen eine Kette riß, bewiesen ist, keineswegs größer sind als beim Einschraubenantrieb.

Die Schnelligkeit der deutschen Flugzeuge hat im Berichtsjahre ebenfalls zugenommen. Der Hauptgrund hierfür liegt in der außerordentlichen Verstärkung der Motorkraft. Sehr wesentlich ist es aber auch, daß man überall sehr auf die Verringerung des Luftwiderstandes bedacht war. Die Formen des Bootes wurden günstiger gestaltet, die Zahl der Spanndrähte durch geeignete Konstruktion verringert und vielfach Kabel an Stelle der einfachen Drähte eingeführt.

Die Schnelligkeit ist ein zweischneidiges Schwert. Richtig ist es, daß schnelle Flugzeuge natürlich sehr viel leichter Böen überwinden als langsame; aber die Landungen schneller Flugzeuge sind bedeutend gefährlicher als die Landung langsamer und schwerer. Die Doppeldecker können daher viel sicherer zur Landung gebracht werden als die schnellen Eindecker. Diese rollen oft noch viele 100 m weiter, und vor allen Dingen überschlagen sie sich sehr leicht. Sehr richtig ist es, was der Chef der Österreichischen Verkehrstruppen-Brigade, Feldmarschall-Leutnant Schleyer, in der Neuen Freien Presse, Wien, sagt:

„Was die Franzosen vor uns voraushaben, das ist in erster Linie die große Schnelligkeit ihrer Apparate und namentlich ihre konstruktive Durchbildung; speziell in letzterer Hinsicht könnte unsere Industrie noch recht viel lernen. Es fragt sich nun, ob man der großen Geschwindigkeit vom militärischen Standpunkt aus einen besonderen Wert beilegen soll. Die Flugmaschine muß gegenwärtig hauptsächlich als ein ganz vorzügliches Mittel der Aufklärung angesehen werden. Als Kampfmittel kommt sie nur insofern in Betracht, als sie dem Motorballon ein recht gefährlicher Gegner werden kann. Ob nun dieses Mittel der Aufklärung in 1 Stunde 80 oder 120 Kilometer zurücklegt, ist, wenn man sich konkrete Verhältnisse vergegenwärtigt, wirklich ganz gleichgültig. Nehmen wir an, es stünden sich 2 Armeen in den in Betracht kommenden Aufmarschräumen derart gegenüber, daß ihre Teten etwa 200 Kilometer voneinander entfernt sind, dann wird der Flieger mit 120 Kilometern Geschwindigkeit per Stunde den Weg von Tete zu Tete und zurück, das sind 400 km, in 400 : 120 = ca. 3½ Stunden zurücklegen. Die Flugmaschine mit nur 80 Kilometern Geschwindigkeit braucht für den gleichen Weg 400 : 80 = 5 Stunden. Es ergibt sich also eine Differenz von 1 Stunde 40 Minuten. Kann es nun für die höhere Führung und ihre Entschlüsse wirklich von Belang sein, ob sie das, was 200 Kilometer vor ihrer Tete sich ereignet, um 9 Uhr 20 Minuten oder um 11 Uhr vormittags erfährt? Bis beide Teile — gleichzeitiger Vormarsch vorausgesetzt — aufeinanderstoßen, vergehen ja doch 5 bis 6 Tage, und können 1 Stunde 40 Min. bei 5 bis 6 Tagen eine Rolle spielen?

Apparate, die mit 120 Kilometern Stundengeschwindigkeit fliegen, sind für die Ausbildung unbrauchbar, außer man nimmt recht zahlreiche Todesstürze leichtfertig mit in den Kauf. Und dazu muß uns denn doch das Leben unserer braven Offiziere zu wertvoll sein. Wir haben der Erreichung so großer Geschwindigkeiten von Haus aus nicht jenen Wert beigelegt wie die Franzosen, weil wir eine bessere Stabilität des Apparates nicht in der Erhöhung der Geschwindigkeit allein suchten. Wir hatten dies auch gar nicht notwendig, weil unser Etrich-Apparat — dank seiner Eigenschaft, fast automatisch stabil zu sein — auch ohne besondere Erhöhung seiner Eigengeschwindigkeit die so wichtige Sicherheit beim Fluge aufwies. Große Eigengeschwindigkeiten der Flugmaschinen haben den großen Nachteil der schwierigeren Führung, und namentlich erfordert das Landungsmanöver — insbesondere abseits vom Flugfelde — eine hervorragende Geschicklichkeit des Piloten."

Diesen Ausführungen kann man im wesentlichen nur beistimmen.

Eine Frage wird noch viel in der Öffentlichkeit erörtert, nämlich die, ob dem Ein- oder dem Zweidecker die Zukunft gehört. In einer von zwei aktiven deutschen Offizieren geschriebenen Broschüre wurde schon behauptet, daß der Eindecker den Doppeldecker vollkommen verdrängt habe. Dies ist keineswegs der Fall, wie aus den Leistungen der verschiedenen Doppeldecker, der Albatros-Werke, der Deutschen Flugzeugwerke, des Lohner-Pfeil-Fliegers und endlich besonders auch des Wright-Flugzeuges hervorgeht. Es werden wohl bis auf weiteres beide Typen nebeneinander bestehen bleiben. Die Belastung der Tragflächen wird zweifellos in Zukunft noch größer werden als bisher. Vor allen Dingen wird sich dies bei der Verwendung von Flugzeugen in den Kolonien herausstellen. In Frankreich, England, Belgien und Italien hat man die Frage, Flugdrachen in den Kolonien zu verwenden, eingehend studiert, und diese Länder besitzen bereits eine mehr oder minder große Zahl von Piloten und Flugzeugen in ihren Kolonien. In Deutschland ist diese Frage noch sehr vernachlässigt. Zuerst angeschnitten wurde sie offiziell durch eine Denkschrift, die ein alter Afrikaner, Hauptmann Dr. Weiß, der Telegraphen-Assistent W. Lenk und Verfasser dieses der Behörde im Januar 1911 eingereicht haben. Die Wright-Gesellschaft hatte für diese Denkschrift die nötigen Berechnungen angestellt, aus denen hervorging, daß eine Flugroute von rund 1500 km Länge, für die 4 Flugzeuge zur Verfügung stehen, nur die Summe von 241 600 M. erfordern würde. In diese Summe sind einbegriffen Gehalt zweier Piloten einschließlich Hin- und Rückfahrt nach Deutsch-Ostafrika, Gehalt für 2 Monteure, 6 Hilfsmonteure (Eingeborene), Kosten für 6 Schuppen, Werkzeuge, Betriebsstoffe, Reservematerial, Stationen für drahtlose Telegraphie an allen Etappenorten, kurz alles, was der gesamte Betrieb einschließlich der Amortisation der auf 3 Jahre berechneten Einrichtungen an Aufwendungen erfordert.

Die technische Kommission des kolonialwirtschaftlichen Komitees hat auf Grund dieser Denkschrift einige Beschlüsse gefaßt, die darauf hinzielen, die Frage ernstlich zu studieren; sie hat auch einen Betrag von 4000 M. zur Verfügung gestellt für einen für die Kolonien auszubildenden Flieger-Offizier.   Es ist zweifellos, daß gerade in den Kolonien, wo es an gangbaren Wegen fehlt, wo im Jahre die zweimal oder gar, wie in einigen Gebieten Deutsch-Ostafrikas, die dreimal eintretende Regenzeit große Überschwemmungen verursacht, wodurch weite Strecken ungangbar gemacht werden, das Flugzeug berufen ist, den Verkehr, der lange Zeit glatt unmöglich ist, auf dem Luftwege aufrecht zu erhalten.

Die Schwierigkeiten, die sich der Durchführung von Flugstraßen in den Kolonien bieten, werden nicht unterschätzt.   Sicher ist aber, daß sie nicht unüberwindbar sind.   Wichtig ist es natürlich, durch drahtlose Telegraphie mit den einzelnen Stationen in Verbindung bleiben zu können.   Einige deutsche Fabriken haben denn auch schon Versuche mit Funkentelegraphie vom Flugzeug aus gemacht. Es seien nur erwähnt in Deutschland die Albatros-Werke und die Wright-Gesellschaft, welch letztere bei der ALA in Berlin eine Maschine mit funkentelegraphischen Einrichtungen ausgestellt hatte.

In den Kolonien wird man die Flugzeuge auch noch dazu verwenden können, photographische Aufnahmen des Geländes zu machen, um nach diesen Karten anzufertigen.   Die Vermessung der Kolonien in der üblichen Weise, wie es in der Heimat geschieht, würde bei der Ausdehnung der Kolonien etwa 300 Jahre dauern Mit Hilfe der Photogrammetrie würde man vielleicht in längstens 15 Jahren damit fertig sein können.   Methoden gibt es bereits genug, die Photographien mit hinreichender Genauigkeit auszumessen und in Karten umzuwandeln; namentlich die Stereo-Photographie ist besonders geeignet für diese Zwecke.

Hauptmann Orel in Wien, der bekannt ist durch seine stereophotogrammetrischen Arbeiten, hat jetzt einen Apparat erdacht, der die Ausmessungen sehr erleichtert.   Besonders ist hier aber der Apparat des verstorbenen Hauptmanns Scheimpflug in Wien zu erwähnen, dessen Arbeiten nach seinem Tode durch seinen Bruder, in Verbindung mit geeigneten Fachleuten, fortgesetzt werden.

Man sieht also, daß sich der Entwicklung der Flugzeugindustrie sehr viele Möglichkeiten bieten.   Außerordentlich vielseitig sind die Aufgaben, die man den Flugzeugen zuweisen kann.   Trotzdem entwickelt sich diese Industrie nicht in dem Maße, wie man es von einer technischen Errungenschaft annehmen könnte, die in so kurzer Zeit sich zu einer so außerordentlichen Höhe emporgeschwungen hat. Nicht zu leugnen ist die Gefährlichkeit, die dem Flugsport immer noch anhaftet; aber es ist zweifellos anzunehmen, daß die Sicherheit zum mindesten auf denselben Grad gebracht werden kann wie bei der Seeschiffahrt.

Abgeschlossen 1. Juli 1912.

Bericht über die Tätigkeit der Göttinger Modellversuchsanstalt.

Von

Professor Dr. L. **Prandtl**-Göttingen.

A. Versuchstätigkeit.

1. Zu den bisher von der Anstalt gepflegten Arbeitsgebieten ist neu hinzugekommen die Prüfung von Schraubenmodellen. Die Modelle können Durchmesser bis etwa 60 cm haben, die minutliche Umdrehungszahl kann in den Grenzen von 300 bis 1400 verändert werden. Die normale Nabenbohrung ist 16 mm.

Die Einrichtung ist im Prinzip aus Fig. 1 zu ersehen. Das zu prüfende Schraubenmodell S ist mittels der Lager L_1 und L_2 in der Längsrichtung verschieblich aufge-

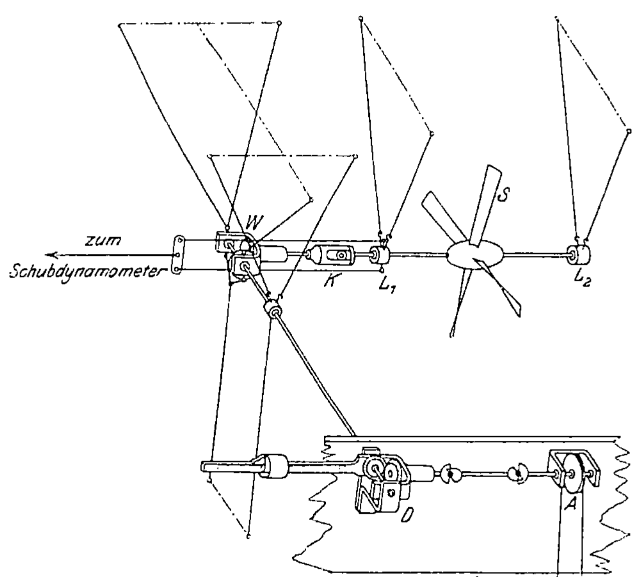

Fig. 1. Schraubenprüfeinrichtung.

hängt. Es wird von dem Winkeltrieb W durch die Vermittlung der längsverschieblichen Kuppelung K angetrieben. Der Schub wird mittels einer Laufgewichtswage mit Winkelhebel gemessen, deren Bauart und Aufstellung ganz ähnlich wie bei der Einrichtung zur Luftwiderstandsmessung ist. Das Drehmoment wird in dem Kegelrad-Dynamometer D gemessen; die Messung erfolgt in der Weise, daß das Laufgewicht, dessen Führung an dem drehbar gelagerten Rahmen des Dynamometers befestigt ist, so weit verschoben wird, bis der Rahmen nicht mehr nach oben oder unten ausschlägt. Um dem Rahmen volle Beweglichkeit zu geben, ist zwischen ihn und die Antriebscheibe A eine Kardanwelle eingeschaltet. Es sei noch erwähnt, daß der Elektromotor, der zum Antriebe der Schraubenversuchseinrichtung dient, eine automatische Reglung besitzt, die mittels elektrischer Kontakte von

Fig. 2. Propellerantrieb und Wage für Schubmessung.

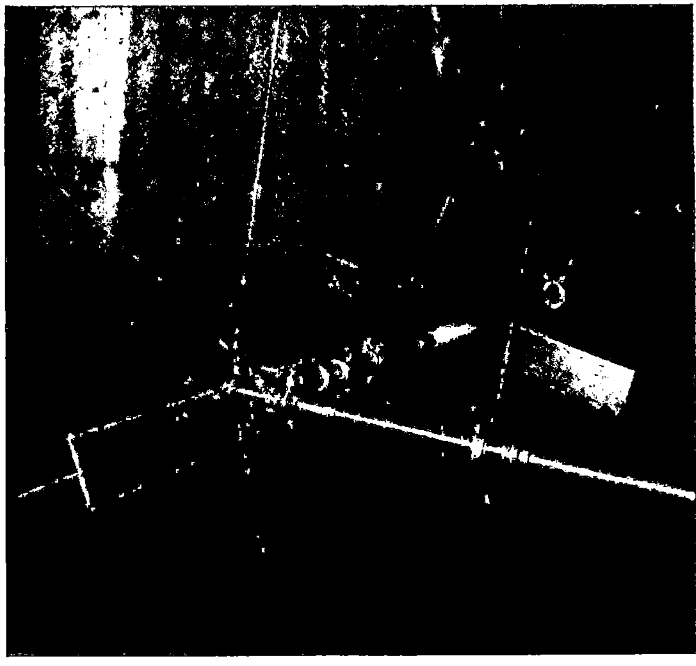

Fig. 3. Propellermodell im Kanal.

einem Tachometer aus gesteuert wird. Eine Ansicht des Antriebs gibt Fig. 2, eine Ansicht der im Kanal befindlichen Teile Fig. 3.

Mit dieser Versuchseinrichtung ist bis jetzt eine große Versuchsreihe. von Schrauben von möglichst einfacher geometrischer Form durchgeführt worden. Da hierbei beabsichtigt war, die Ergebnisse mit den Föpplschen Messungen an ebenen und gewölbten rechteckigen Platten zu vergleichen und so gewisse Einblicke in die Wirkungsweise der Luftschrauben zu bekommen, wurden rechteckige Flügelformen gewählt, die denen der Föpplschen Platten möglichst nachgebildet waren. Die Flügel wurden in 3 Breiten (30, 45 und 60 mm) ausgeführt, dabei

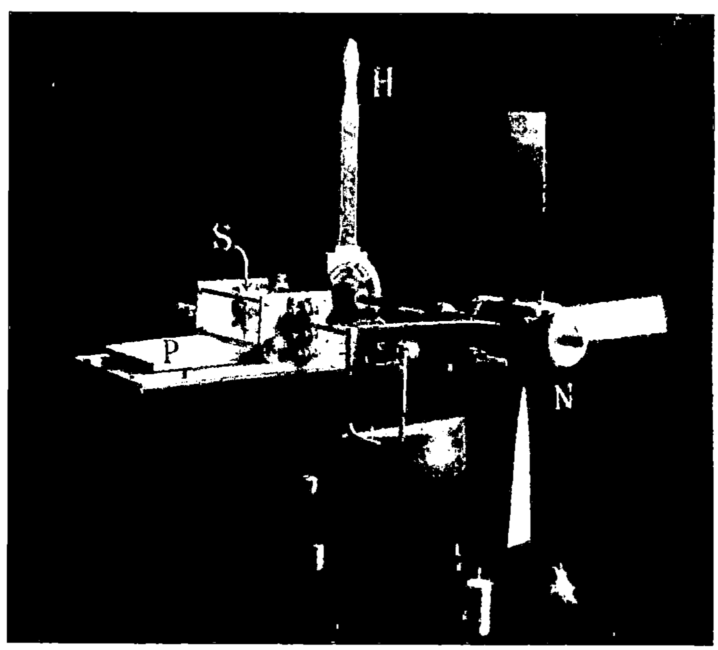

Fig. 4. Aufnahmeapparat für Propellermodelle.

wurden, entsprechend den ebenen Platten bei Föppl, reine Schraubenflächen und, entsprechend den gewölbten Platten, Flächen hergestellt, die sich auf der ganzen Flügellänge mit gleichem Wölbungspfeil über der Schraubenfläche erhoben. Um je 2, 3 oder 4 dieser Flügel zu einem Propeller vereinigen, und sie unter verschiedenen Winkeln gegen die Schraubenachse einstellen zu können, wurden zwei Universalnaben gebaut, eine mit 3, eine mit 4 Befestigungsstellen; die Flügel konnten dabei in 11 je um einen Grad gegeneinander verdrehten Stellungen befestigt werden. Die Universalnabe ist in Fig. 4 zu sehen (mit N bezeichnet).

Um die Gestalt der nach Schablonen aus Kupferblech getriebenen Schraubenflügel nachprüfen zu können, wurde ein Aufmeßapparat gebaut, der gestattet, die Flügelform auf mechanische Weise auf eine ebene Papierplatte umzuzeichnen. Der Propeller wird (vgl. Fig. 4) auf die mit dem Handhebel H drehbare Achse des Apparates gestellt. Zwei auswechselbare Fühlstifte legen sich durch die Wirkung kleiner Gewichte gegen die Vorder- oder Hinterfläche des Propellers. Mit der

Achse des Handhebels ist durch Zahnräder und Zahnstange ein Schlitten verbunden, der die Papierfläche P trägt und der sich beim Verdrehen des Hebels proportional dem Drehwinkel verschiebt. Mit dem Fühlstift F ist der Schreibstift S verbunden. Wenn der Propeller gedreht wird, dann verschiebt sich der Schreibstift parallel und die Papierfläche senkrecht zur Propellerachse, und es entsteht eine Kurve, aus der das Profil des Propellers in dem Radius entnommen werden kann, in dem sich der Fühlstift befindet. Indem man den Schreibmechanismus radial verschiebt und die verschiedenen Profile aufnimmt, bekommt man eine Umzeichnung des

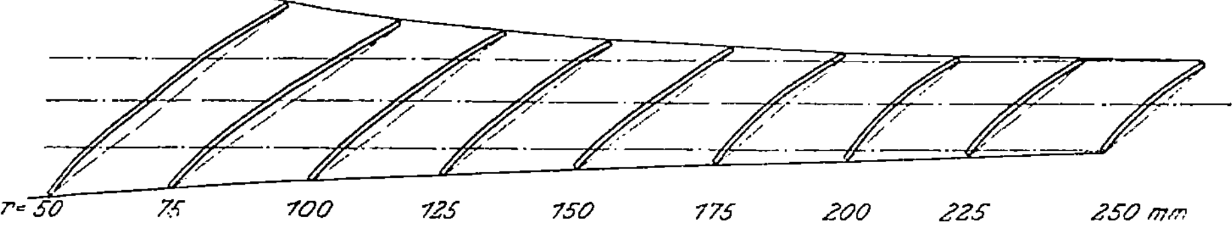

Fig. 5. Abbild eines Schraubenflügels von konstanter Breite und konstanter Wölbung.

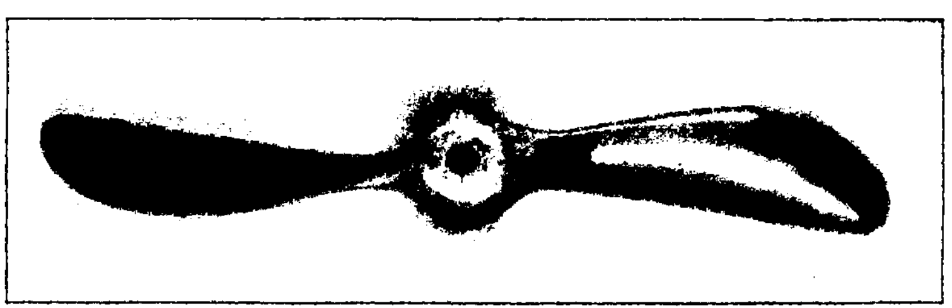

Fig. 6. Propellermodell mit Anbohrungen für die Druckmessung.

ganzen Schraubenflügels auf die Papierebene. Die Umzeichnung ist der Art, daß eine reine Schraubenfläche durch eine Schar paralleler Linien dargestellt wird. Man kann deshalb die Abweichung eines Schraubenflügels von der reinen Schraubengestalt sehr leicht aus der Zeichnung entnehmen. Fig. 5 ist ein mit dem Apparat aufgenommenes Diagramm; es bezieht sich auf einen schwachgewölbten Flügel von 45 mm Breite. Die ausgezogenen Linien stellen die Schnitte in verschiedenen Radien dar, die gestrichelten parallelen Linien die Schraubenfläche, auf der der Flügel aufgebaut ist; die strichpunktierten Linien entsprechen den Radien der Fläche.

Die beschriebenen Schraubenversuche sind vollständig durchgeführt; da jede Zusammenstellung von Schraubenflügeln in 4 Winkelstellungen durchgemessen wurde, sind, weil es 2, 3 und 4flügelige Schrauben von 3 verschiedenen Breiten waren, und zwar eine Serie von Schraubenflächen und eine von gewölbten Flächen, im ganzen 72 Schrauben durchgemessen worden. Die rechnerische Durcharbeitung des Materials konnte bis jetzt leider nicht fertig gestellt werden, da der Beobachter, Herr Béjeuhr, bald nach Abschluß der Versuche aus dem Dienste der Versuchsanstalt austrat. Die Bearbeitung ist mir indessen für die nächste Zeit zugesagt worden.

2. Eine andere Art von Propellerversuchen wurde mit Hilfe von galvanoplastisch hergestellten hohlen Propellermodellen ausgeführt. Es wurden vor allem

Druckverteilungsmessungen nach Art der im vorigen Jahrbuch beschriebenen Messungen an Ballonkörpern durchgeführt. Ein Flügel des Propellermodells erhielt zu dem Zweck in einer Reihe von Querschnitten eine Anzahl feiner Löcher, von denen beim Versuch immer alle bis auf eines verklebt waren (siehe Fig. 6).

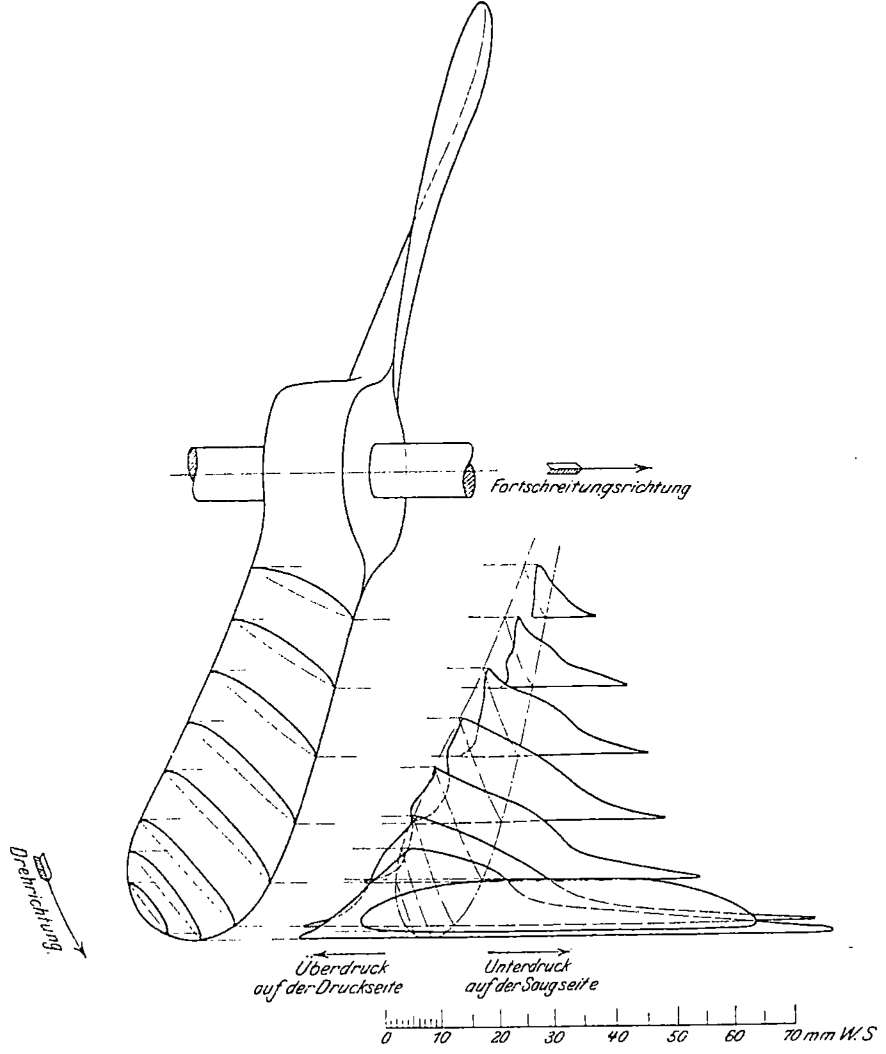

Fig. 7. Druckverteilung an einem Luftschraubenmodell.

Der Druck wurde aus dem Innern des Propellermodells mit einer Stopfbüchse abgeleitet und in einem Mikromanometer gemessen; von diesen Werten mußte noch die Zentrifugalkraft der Luft im Propellerinnern in Abzug gebracht werden. Aus der so erhaltenen Druckverteilung, die für einen der beobachteten Zustände in Fig. 7 dargestellt ist, lassen sich Schub und Drehmoment der Schraube, soweit sie aus Druckwirkung bestehen, errechnen. Die Differenz zwischen diesen und den am Dynamometer gemessenen Größen ergibt die Reibungswirkung. Die dargestellte Druckverteilung bezieht sich auf einen Standversuch an einem Modell von 408 mm Durchmesser bei einer Tourenzahl von 1200 pro Minute.

Um die Strömung durch den Propeller zu untersuchen, wurden einerseits Versuche mit Zuleitung von Rauch gemacht, andererseits wurde die Strömungsrichtung unmittelbar am Propeller dadurch beobachtet, daß man aus Löchern eines hohlen kupfernen Propellerflügels Schwefelwasserstoff austreten ließ. Die charakteristischen Zeichnungen, die sich hierbei auf der Vorder- und Rückseite des Propellers ergeben, sind aus Fig. 8 zu ersehen.

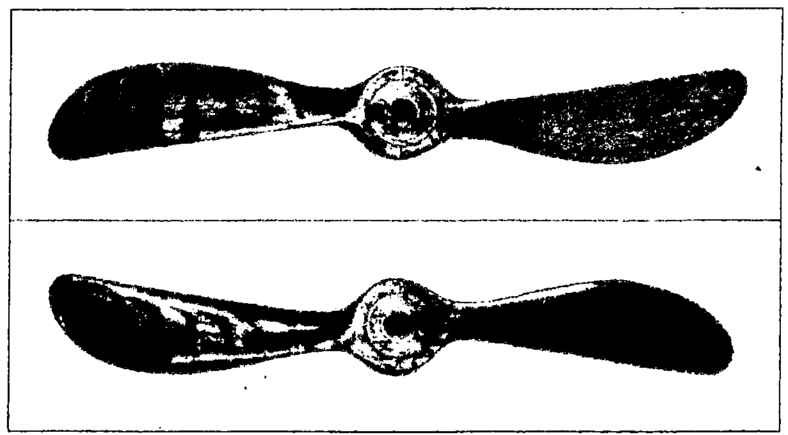

Fig. 8. Schraubenmodell mit angeätzten Strömungsfiguren. Oben Druckseite, unten Langseite.

3. In Fortsetzung der früheren Versuche über ebene und gewölbte Platten wurde die Beeinflussung von zwei hintereinander angeordneten Flächen — einer Tragfläche und dem hinter ihr befindlichen Höhensteuer — studiert. Die Theorie ergibt, daß hinter der Tragfläche ein absteigender Luftstrom, entsprechend dem erzeugten Auftrieb, vorhanden ist. Die Auftriebsmessungen an dem Höhensteuer zeigten gute Übereinstimmung mit der Theorie. Weiter sind Messungen über die Luftkräfte an Doppeldeckern ausgeführt worden unter Veränderung des gegenseitigen Abstandes der Flächen; auch die Wirkung einer Verschiebung der oberen Platte nach vorn oder nach hinten wurde untersucht. Die Messungen sind indes noch nicht vollständig abgeschlossen.

Weiter wurde — auf Wunsch von Herrn Professor von Parseval — der Einfluß der Bodennähe auf Auftrieb und Widerstand der Tragflächen untersucht und auch mit den Ergebnissen der hydrodynamischen Theorie verglichen. Theorie und Versuch stimmen befriedigend zusammen, es zeigt sich insbesondere, daß der Einfluß, solange der Abstand vom Boden noch groß gegen die kleinere Abmessung der Tragfläche ist, nur verhältnismäßig unbedeutend ist.

4. An weiteren Messungen ist zu erwähnen eine größere Versuchsreihe, die im Auftrag des Luftschiffbaus Zeppelin durchgeführt worden ist. Es handelte sich um Ermittlung der Auftrieb- und Widerstandskräfte bei Schrägstellung des Ballonkörpers und um Untersuchung der Wirkung von Stabilisierungsflächen.

Ferner wurden im Zusammenhange mit Arbeiten des Instituts für angewandte Mechanik, die vom Verein deutscher Ingenieure unterstützt werden, in der Versuchsanstalt Eichungen von einer Reihe von Geschwindigkeitsmessern durchgeführt und im Zusammenhange damit die Geschwindigkeitsmesser der Versuchsanstalt auf dem Rundlaufapparat neu geeicht.

Ein weiterer Geschwindigkeitsmesser wurde für Siemens & Halske geeicht. Einige Anemometereichungen in fremdem Auftrag sind in Vorbereitung.

B. Personalien.

Die von Mitteln der Motorluftschiff-Studiengesellschaft honorierte Beobachterstelle hatte bis zum 1. November Herr Ing. Paul Béjeuhr inne. Zu diesem Zeitpunkte trat an seiner Stelle Herr Dipl.-Ing. G. Fuhrmann wieder in den Dienst der Versuchsanstalt, nachdem er inzwischen sein Militärdienstjahr abgeleistet hatte. Die von der Göttinger Vereinigung unterhaltene Beobachterstelle, die bis zum 1. Juni 1911 Herr Dr.-Ing. O. Föppl inne hatte, wurde zu diesem Zeitpunkt Herrn cand. math. H. Renner übertragen. Leider wurde uns dieser junge Mitarbeiter, der zu den besten Hoffnungen berechtigte, durch einen tötlich verlaufenen Radunfall am 13. Juli 1911 entrissen. Wir werden ihm ein dauerndes Andenken bewahren. Als sein Nachfolger trat am 1. Sept. 1911 Herr Dipl.-Ing. A. Betz in den Dienst der Versuchsanstalt. Die Besetzung der Mechanikerstellen war die gleiche wie im Vorjahre.

C. Verzeichnis der im Berichtsjahr erschienenen Publikationen.

L. Prandtl, Ergebnisse und Ziele der Göttinger Modellversuchsanstalt. (Vorgetragen am 4. November 1911 in der Versammlung von Vertretern der Flugwissenschaft zu Göttingen.) Zeitschrift für Flugtechnik und Motorluftschiffahrt 1912, S. 33. = Verhandlungen der Versammlung von Vertretern der Flugwissenschaft zu Göttingen. München und Berlin 1912.

O. Föppl, Windkräfte an ebenen und gewölbten Platten. Drahtwiderstand. Zeitschrift für Flugtechnik und Motorluftschiffahrt 1912, S. 65.

O. Föppl, Ergebnisse der aerodynamischen Versuchsanstalt von Eiffel, verglichen mit den Göttinger Resultaten. Zeitschrift für Flugtechnik und Motorluftschiffahrt 1912.

Mitteilungen der Göttinger Modellversuchsanstalt. Zeitschrift für Flugtechnik und Motorluftschiffahrt 1911, S. 165 u. 182.

G. Fuhrmann, Widerstands- und Druckmessungen an Ballonmodellen.

O. Föppl, Auftrieb und Widerstand eines Höhensteuers, das hinter der Tragfläche angeordnet ist.

Theoretische und experimentelle Untersuchungen an Ballonmodellen.

Von

Dipl.-Ingenieur Georg Fuhrmann-Göttingen

A. Theoretischer Teil.

I. Allgemeines über Flüssigkeitswiderstand.

Wenn sich ein Körper in einer Flüssigkeit bewegt, die ihn allseitig umgibt, so hat er einen von der Geschwindigkeit abhängigen Bewegungswiderstand zu überwinden, dessen Ursachen zweierlei Art sind. Einerseits zwingt der Körper bei seiner Bewegung die Flüssigkeitsteilchen zum Ausweichen und muß daher an diese Kräfte übertragen, die umgekehrt seine Bewegung zu hemmen suchen; andererseits treten beim Entlangströmen der Flüssigkeit an der Körperwandung Reibungskräfte auf, die ebenfalls auf den Körper eine verzögernde Wirkung ausüben. Der erste Teil des Widerstandes stellt die Resultierende der von der Flüssigkeit auf den Körper ausgeübten Normalkräfte dar, man bezeichnet ihn als den Formwiderstand; den zweiten Teil des Widerstandes, der die Resultierende der Tangentialkräfte bildet, nennt man den Reibungswiderstand.

Wenn man einen Körper mit möglichster Geschwindigkeit durch eine Flüssigkeit bewegen will, so handelt es sich darum, ihm eine solche Form zu geben, daß der gesamte Widerstand möglichst gering wird; um so geringer wird dann der Energieverbrauch bei der Bewegung. Diese Aufgabe spielt eine große Rolle bei der Konstruktion von Luftschiffen und Flugmaschinen, ferner auch von Unterseebooten und Torpedos.

Die theoretische Hydrodynamik lehrt, daß die Bewegung eines Körpers in einer reibungs- und wirbelfreien Flüssigkeit ohne Widerstand vor sich geht; die Reibungskräfte fallen ohne weiteres fort und die Normaldrücke, die die Flüssigkeit auf die Elemente der Körperoberfläche ausübt, ergeben keine bewegungshemmende Resultierende, sondern heben sich in der Gesamtheit gegenseitig auf. Von diesem idealen Fall ist die wirkliche Bewegung weit entfernt, man kann aber den Widerstand eines Körpers durch passende Formgebung bis zu einem gewissen Grade herabdrücken, und zwar wird dabei im wesentlichen der Formwiderstand vermindert werden, da der Reibungswiderstand in der Hauptsache durch die Größe der Körperoberfläche bedingt ist. Der Formwiderstand wird dann ein Minimum sein, wenn die Verteilung der von der Flüssigkeit auf die Körperoberfläche ausgeübten Drücke der für die ideale Flüssigkeit geltenden möglichst nahe kommt, denn letztere liefert den Formwiderstand Null.

Der Widerstand eines Körpers bei der Bewegung in einer Flüssigkeit wächst im allgemeinen etwa mit der zweiten Potenz der Geschwindigkeit, und zwar besonders dann, wenn der Widerstand groß ist; ist aber der Gesamtwiderstand klein, so daß als Ursache des Widerstandes die Reibung in den Vordergrund tritt, so ist bekannt, daß der Widerstand langsamer als das Quadrat der Geschwindigkeit wächst[1]).

Im folgenden soll die Strömung um solche Körper untersucht werden, deren Widerstand von vornherein als klein anzunehmen ist. Die Form der Körper soll etwa den im Luftschiffbau üblichen Formen nachgebildet werden, und zwar soll sie so angenommen werden, daß eine Berechnung der Strömung und insbesondere der Druckverteilung für die ideale Flüssigkeit möglich ist. Diese Körper sollen dann in einem künstlichen Luftstrom untersucht werden, um zu prüfen, wie weit die wirkliche Strömung der berechneten nahe kommt, es soll eine Trennung der beiden Teile des Widerstandes versucht und die Abhängigkeit des Widerstandes von der Geschwindigkeit untersucht werden.

II. Hydrodynamische Grundlagen.

Eine stationäre Flüssigkeitsströmung läßt sich dadurch beschreiben, daß man für jeden Punkt des Raumes die drei Strömungskomponenten u, v, w angibt; dadurch ist die resultierende Geschwindigkeit V nach Größe und Richtung definiert. Wir können nun in der Strömung Linien so ziehen, daß sie für jeden Punkt des Raumes die Richtung der dort herrschenden Geschwindigkeit angeben. Diese Linien nennt man Stromlinien. Bei einer stationären Strömung stellen sie gleichzeitig die Bahnen der Flüssigkeitsteilchen dar. Handelt es sich um die wirbelfreie Strömung einer inkompressiblen, reibungsfreien Flüssigkeit, so lassen sich die Geschwindigkeitskomponenten als partielle Differentialquotienten eines Potentials Φ nach den betreffenden Richtungen darstellen:

$$u = \frac{\partial \Phi}{\partial x}, \qquad v = \frac{\partial \Phi}{\partial y}, \qquad w = \frac{\partial \Phi}{\partial z}$$

Aus der Kontinuitätsbedingung, daß pro Zeiteinheit in ein Raumelement dieselbe Flüssigkeitsmenge einströmen muß, wie andererseits aus demselben austritt, ergibt sich dann für Φ die bekannte Laplacesche Differentialgleichung:

$$\frac{\partial^2 \Phi}{\partial x^2} + \frac{\partial^2 \Phi}{\partial y^2} + \frac{\partial^2 \Phi}{\partial z^2} = 0$$

Zwischen dem Flüssigkeitsdruck p an irgend einer Stelle und der dort herrschenden Geschwindigkeit V besteht, wenn man von Schwerkräften absieht, für die stationäre Strömung die als Bernoullische Gleichung bekannte Beziehung:

$$p + \frac{\rho V^2}{2} = \text{const}$$

Im Fall der ebenen (zweidimensionalen) Strömung, die wir zunächst betrachten wollen, vereinfacht sich die Laplacesche Gleichung zu:

$$\frac{\partial^2 \Phi}{\partial x^2} + \frac{\partial^2 \Phi}{\partial y^2} = 0$$

---

[1]) Lanchester, Aerodynamik (deutsch von C. und A. Runge), Bd. I, S. 43 u. 53.

Wir wollen nun mit Ψ die Flüssigkeitsmenge bezeichnen, die pro Zeiteinheit in einer Schicht von der Dicke Eins eine Linie s durchströmt; es ist also $\Psi = \int\limits_a^b v_n\, ds$, wobei v_n die Geschwindigkeitskomponente senkrecht zu ds ist (Fig. 1). Ψ sei positiv gerechnet, wenn man, von a nach b blickend, die Flüssigkeit von links nach rechts strömen sieht. Denken wir uns ds als Element einer Stromlinie, so ist in diesem Falle v_n gleich Null, also $d\Psi = 0$, mithin $\Psi = $ const. Die Linien $\Psi = $ const stellen also die Stromlinien dar. Die Funktion Ψ bezeichnet man als Stromfunktion, sie muß ebenfalls der Laplaceschen Gleichung genügen, für sie gilt also auch:

$$\frac{\partial^2 \Psi}{\partial x^2} + \frac{\partial^2 \Psi}{\partial y^2} = 0$$

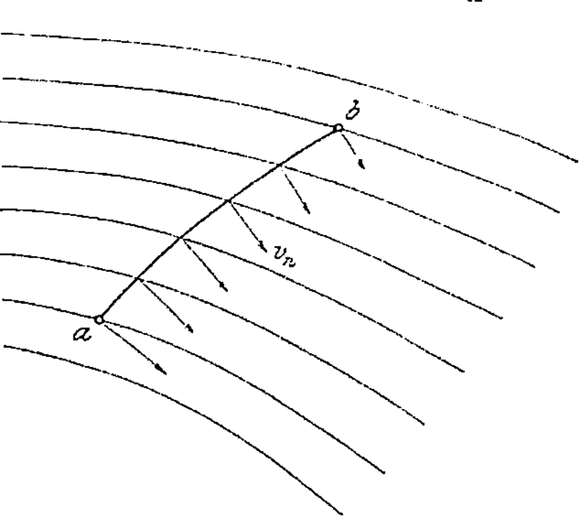

Fig. 1. Ebene Strömung durch eine Linie a b.

Auch aus der Stromfunktion lassen sich die Geschwindigkeitskomponenten ableiten, es ist nämlich:

$$u = \frac{\partial \Psi}{\partial y}, \quad v = -\frac{\partial \Psi}{\partial x}.$$

Zeichnen wir die Linien gleichen Potentials ($\Phi = $ const) und die Stromlinien ($\Psi = $ const), so sind die beiden Kurvenscharen, wie bekannt, orthogonal.

Wir wollen nun zu einem andern zweidimensionalen Problem übergehen, wo die Strömung symmetrisch zu einer Achse verläuft; diese Achse wollen wir als X-Achse annehmen, und y sei die senkrechte Entfernung eines Punktes von der Achse. Es sei also $u = \dfrac{\partial \Phi}{\partial x}$ die Geschwindigkeitskomponente parallel der X-Achse, $v = \dfrac{\partial \Phi}{\partial y}$ die radiale Komponente, dann haben u bzw. v für alle Punkte, welche in einer zur X-Achse senkrechten Ebene liegend gleichen Abstand von ihr haben, die gleichen Werte. Auf ein Volumelement angewandt, welches durch Rotation eines Flächenelementes dx . dy um die X-Achse entsteht, liefert die Kontinuitätsbedingung für Φ die Differentialgleichung:

$$\frac{\partial \Phi}{\partial x^2} + \frac{\partial^2 \Phi}{\partial y^2} + \frac{1}{y}\frac{\partial \Phi}{\partial y} = 0.$$

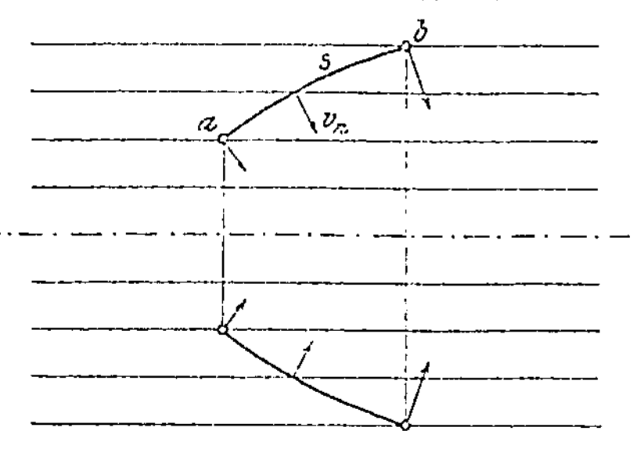

Fig. 2. Strömung durch eine Rotationsfläche.

Bei dieser axial-symmetrischen Strömung existiert ein Analogon zu der Stromfunktion der ebenen zweidimensionalen Strömung. Wir wollen nach Stokes mit $2\pi\Psi$ den Fluß durch eine Fläche bezeichnen, die durch Rotation einer Kurve s um die X-Achse entsteht. Die Gleichung $\Psi = $ const stellt dann die Rotationsflächen dar, längs deren die Strömung verläuft (Fig. 2). Für die Stromfunktion gilt jetzt aber nicht mehr dieselbe Differentialgleichung wie für das Potential Φ, sondern Ψ muß der Bedingung gehorchen:

$$\frac{\partial^2\Psi}{\partial x^2} + \frac{\partial^2\Psi}{\partial y^2} - \frac{1}{y}\frac{\partial\Psi}{\partial y} = 0,$$

und aus Ψ ergeben sich die Geschwindigkeitskomponenten nach den Gleichungen:

$$u = \frac{1}{y}\frac{\partial\Psi}{\partial y}, \qquad v = -\frac{1}{y}\frac{\partial\Psi}{\partial x}.$$

Im folgenden sollen nun Strömungen um solche Rotationskörper behandelt werden, die Ähnlichkeit mit den Tragkörpern von Luftschiffen haben. Zur Lösung dieses Problems müssen also die Funktionen Φ und Ψ so bestimmt werden, daß sie erstens den obigen Differentialgleichungen und zweitens den gegebenen Randbedingungen genügen, d. h. es muß im Unendlichen die Strömung parallel der X-Achse erfolgen, und es muß außerdem die Oberfläche des Körpers selbst eine Stromfläche sein. Da es bei gegebenen Körpern kein analytisches Verfahren zur Ermittlung von Φ und Ψ gibt, so wollen wir hier einen anderen Weg einschlagen, der bereits früher von Rankine betreten ist, um die Strömung zunächst um geschlossene Kurven, dann aber auch um Rotationskörper zu ermitteln.

Rankine[1]) ersetzt den betreffenden Körper durch ein System von Quellen und Senken. Als Quelle bezeichnet man einen Punkt des Raumes, von dem aus die

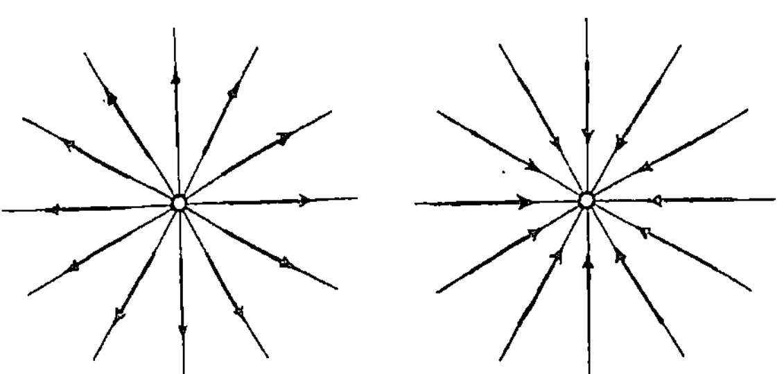

Fig. 3. Quelle und Senke.

Flüssigkeit nach allen Seiten radial auseinanderfließt, als Senke einen solchen, wo die Flüssigkeit, von allen Seiten radial zusammenströmend, verschwindet (s. Fig. 3) Das System der Quellen und Senken muß so angenommen werden, daß die gesamte von den Quellen pro Zeiteinheit gelieferte Flüssigkeitsmenge gerade von den Senken wieder aufgenommen wird. Kombiniert man dies System mit einer geradlinigen gleichförmigen Strömung, so ergibt sich folgendes. Die von den Quellen und Senken erzeugte Strömung wird durch die Hinzufügung der geradlinigen Strömung vollständig innerhalb einer geschlossenen Rotationsfläche zusammengedrängt, um diese geht die äußere Strömung wie um einen festen Körper herum. Man kann sich deshalb, ohne an der äußeren Strömung etwas zu ändern, die innere Strömung durch einen festen Körper ersetzt denken; es bietet sich so ein Mittel, die Strömung um einen Rotationskörper analytisch zu behandeln. Allerdings kann man die Form des Körpers nicht von vornherein annehmen, diese ergibt sich erst aus der Kombination der Quellenströmung mit der geradlinigen. Je nach dem Verhältnis der Intensitäten

---

[1]) W. J. M. Rankine, On Plane Water Lines in Two Dimensions. Philosophical Transactions 1864. S. 369.

W. J. M. Rankine, On the Mathematical Theory of Stream Lines, especially Those with Four Foci and upwards. Philosophical Transactions 1871. S. 267.

der beiden Strömungssysteme erhält man eine Reihe von Formen von verschiedenem Streckungsverhältnis, denn je intensiver die äußere Strömung im Vergleich zu der des Quellensystems ist, desto mehr wird die innere Strömung zusammengedrängt und um so schlanker wird der das innere System enthaltende Rotationskörper. Rankine benutzt nur punktförmige Quellen bzw. Kombinationen von solchen und symmetrisch dazu angeordnete Senken, erhält also nur symmetrische Strömungen. Dies Verfahren soll jetzt erweitert werden, indem außer der punktförmigen Quelle auch Quellsysteme, deren Intensität längs einer Strecke kontinuierlich verteilt ist, benutzt werden sollen, um mit deren Hilfe die theoretische Strömung um luftschiffförmige Körper zu ermitteln.

Die von der punktförmigen Quelle gelieferte Strömung verläuft radial nach allen Seiten, die Stromlinien sind gerade Linien. Die Kontinuitätsbedingung fordert, daß pro Zeiteinheit durch alle der Quelle umschriebenen Kugeln das gleiche Flüssigkeitsvolumen strömt, die radiale Geschwindigkeit muß also umgekehrt proportional dem Quadrat des Abstandes abnehmen. Dieser Bedingung wird genügt, wenn wir für das Potential den Ansatz machen:

$$\Phi = -\frac{c}{r} = -\frac{c}{\sqrt{x^2+y^2}}\,;$$

denn dann wird die Geschwindigkeit in radialer Richtung: $V_r = \dfrac{\partial \Phi}{\partial r} = \dfrac{c}{r^2}$

Die gesamte pro Zeiteinheit von der Quelle gelieferte Flüssigkeitsmenge oder die „Ergiebigkeit" der Quelle ist dann gleich $4\,\pi\,c$. Auf die Achse bezogen, sind die Komponenten der Strömung (s. Fig. 4):

$$u = \frac{c\cdot x}{r^3}, \qquad v = \frac{c\cdot y}{r^3},$$

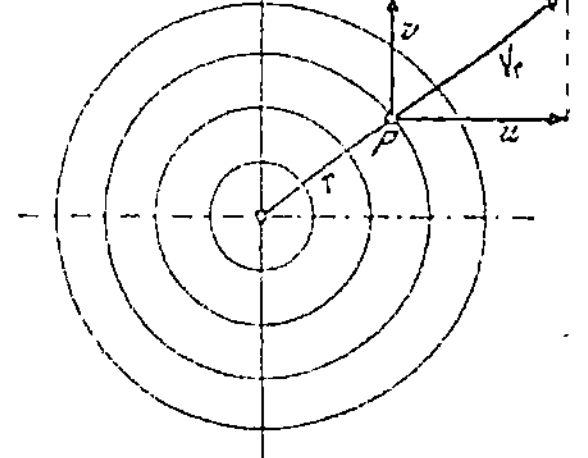

Fig. 4. Strömungskomponenten.

wenn wir den Quellpunkt als Koordinatenanfangspunkt nehmen. Geben wir dem Potential das positive Vorzeichen, so liefert es die entgegengesetzte Strömung, also eine solche, die von allen Seiten radial zusammenströmend in einer Senke verschwindet.

Wir wollen nun zunächst die einfache punktförmige Quelle mit einer gleichförmigen geradlinigen Strömung kombinieren, um an diesem einfachsten Beispiele das später anzuwendende Verfahren zu erläutern. Da zunächst noch keine Senke verwendet wird, so erhalten wir nicht die Strömung um einen geschlossenen Körper, sondern um einen „Halbkörper", der sich in Richtung der positiven X-Achse ins Unendliche erstreckt. Für die geradlinige Strömung lautet das Potential:

$$\Phi = a\,x,$$

dies liefert $u = a$, $v = 0$ für sämtliche Werte von x und y. Für die kombinierte Strömung lautet infolgedessen das Potential:

$$\Phi = \Phi_1 + \Phi_2 = a\,x - \frac{c}{r},$$

und die Strömungskomponenten sind:

$$u = \frac{\partial \Phi}{\partial x} = a + \frac{c\,x}{r^3}$$

$$v = \frac{\partial \Phi}{\partial y} = \frac{c\,y}{r^3}.$$

Die Form der Rotationsfläche, welche die innere Strömung umschließt, läßt sich folgendermaßen ermitteln:

Legen wir (s. Fig. 5) senkrecht zur Achse einen beliebigen Querschnitt, so begrenzt dieser mit dem links von ihm gelegenen Teile der Rotationsfläche einen geschlossenen Raum. Da die Rotationsfläche selbst eine Stromfläche ist, so kann aus ihr keine Flüssigkeit austreten, und der Fluß durch den Querschnitt muß deshalb gerade gleich der Ergiebigkeit der Quelle oder, wenn statt der punktförmigen Quelle ein beliebiges Quellensystem vorhanden ist, gleich der Ergiebigkeit des Teiles des Quellsystems sein, der sich in dem abgeschlossenen Raume befindet. Bei der punktförmigen Quelle ist deshalb für positive Werte von x der Fluß durch den Querschnitt stets gleich der Ergiebigkeit der Quelle, für negative Werte ist er dagegen Null, da der abgeschlossene Raum keine Quelle enthält. Demnach ist für $x > 0$:

$$2\pi\Psi = \int_0^y 2\pi\,y\,dy\,u = 4\pi c$$

oder:

$$\int_0^{y^2} u\,d(y^2) = 4c$$

und entsprechend für $x < 0$:

$$\int_0^{y^2} u\,d(y^2) = 0.$$

Setzt man den Wert von u ein, so bekommt man:

$$a\int d(y^2) + c\,x\int \frac{d(y^2)}{(x^2+y^2)^{3/2}} = 4c \text{ für } x > 0$$

oder

$$a\,y^2 - \frac{2\,c\,x}{r} + 2\,c = 4\,c$$

$$\frac{a}{c}\,x^2 - \frac{2\,x}{r} = 2.$$

Setzt man für y^2 hier $(r^2 - x^2)$ ein, so erhält man eine quadratische Gleichung für x, deren Lösung für $x > 0$ lautet:

$$x = r - \frac{2\,c}{a\,r}.$$

Dieselbe Beziehung ergibt sich auch für $x < 0$, nur ist dann $\left|\dfrac{2\,c}{a\,r}\right| > r$. Man kann somit für jeden Wert von r den entsprechenden Wert von x (und auch von y) berechnen und so die Erzeugende der einhüllenden Fläche punktweise konstruieren.

Diese Fläche nähert sich mit zunehmendem x asymptotisch einem Zylinder an, dessen Radius y_1 sich aus der Beziehnug ermitteln läßt, daß für $x = \infty$ u gleich a wird.

Da die den Zylinder durchströmende Flüssigkeitsmenge pro Zeiteinheit wieder gleich der Ergiebigkeit der Quelle ist, so muß sein:

$$y_1{}^2 \, \pi \, a = 4 \, \pi \, c.$$

Hieraus:

$$y_1 = 2 \sqrt{\frac{c}{a}}.$$

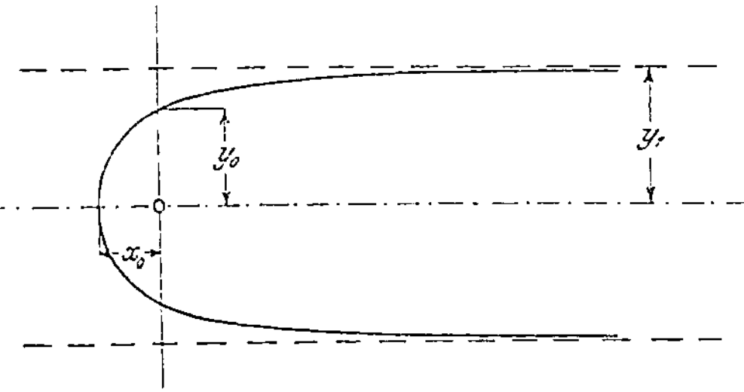

Fig. 5. Strömung um den Halbkörper.

Im Scheitel der Fläche ($x = x_0$) muß u gleich Null sein, also:

$$a - \frac{c}{x_0{}^2} = 0.$$

Dies liefert:

$$|x_0| = + \sqrt{\frac{c}{a}} = \frac{y_1}{2}.$$

Für $x = 0$ wird $y_0 = r_0$, also bekommt man:

$$0 = y_0 - \frac{2 \, c}{a \, y_0}$$

$$y_0 = \sqrt{\frac{2 \, c}{a}} = |x_0| \sqrt{2}.$$

Die Gleichung der Kurve läßt sich auch auf die Form bingen:

$$x = \frac{2 \, y^2 - y_1{}^2}{2 \sqrt{y_1{}^2 - y^2}};$$

hieraus findet man den Krümmungsradius im Scheitel zu $\frac{4}{3} |x_0|$.

Dieselbe Aufgabe ist von Dr. H. Blasius[1]) unter Anwendung von Polarkoordinaten (r, ϑ) behandelt worden, er bekommt die Gleichung der Kurve in der sehr einfachen Form:

$$r = \sqrt{\frac{c}{a}} \cdot \frac{1}{\cos \frac{\vartheta}{2}}$$

Das Verhältnis $\frac{c}{a}$ ist maßgebend für die Abmessungen der erzeugten Rotationsfläche, für verschiedene Werte von $\frac{c}{a}$ ergeben sich geometrisch ähnliche Flächen.

Hat man für ein bestimmtes $\frac{c}{a}$ die Meridiankurve punktweise ermittelt, so kann man auch den Druckverlauf längs derselben finden, indem man für die vorher ge-

---

[1]) „Über verschiedene Formen Pitotscher Röhren". Zentralblatt der Bauverwaltung 1909, S. 549.

fundenen Punkte die Werte von u und v und daraus V berechnet; dann ergibt sich
der Druckverlauf aus der Gleichung:

$$p + \frac{\rho\,V^2}{2} = \text{const} = p_0 + \frac{\rho\,a^2}{2}.$$

wobei p_0 der Druck in der ungestörten Flüssigkeit ist.

Die Geschwindigkeitshöhe $\frac{\rho\,V^2}{2}$ soll im folgenden mit h bezeichnet werden, die
der ungestörten Flüssigkeit mit h_0; dann beträgt, wenn p_0 gleich Null gesetzt wird,
der Überdruck p gegenüber der ungestörten Strömung:

$$p = h_0 - h.$$

Wir wollen diesen auf die Geschwindigkeitshöhe h_0 der ungestörten Strömung beziehen; denn für einen gegebenen Körper (also für ein bestimmtes $\frac{c}{a}$) ist er für einen
gegebenen Punkt ihr proportional, da V proportional a ist. Wir benutzen also einfach
als Maß für den Druckunterschied die Geschwindigkeitshöhe der ungestörten
Strömung.

Wir bekommen also:

$$\frac{p}{h_0} = 1 - \frac{h}{h_0} = 1 - \left(\frac{V}{a}\right)^2,$$

Da nun:

$$u = a + \frac{c\,x}{r^3}, \quad v = \frac{c\,y}{r^3},$$

so wird

$$\left(\frac{V}{a}\right)^2 = 1 + 2\,\frac{c}{a}\cdot\frac{x}{r^3} + \left(\frac{c}{a}\right)^2\cdot\frac{x^2}{r^6} + \left(\frac{c}{a}\right)^2\cdot\frac{y^2}{r^6}$$

und mithin

$$\frac{p}{h_0} = -\left(2\,\frac{c}{a}\cdot\frac{x}{r^3} + \left(\frac{c}{a}\right)^2\cdot\frac{1}{r^4}\right).$$

Führt man hier noch $x = r - \frac{2\,c}{a\,r}$ ein, so erhält man

$$\frac{p}{h_0} = -2\,\frac{c}{a}\cdot\frac{1}{r^2} + 3\left(\frac{c}{a}\right)^2\cdot\frac{1}{r^4}.$$

In dieser Form ist die Berechnung am einfachsten, da wir ja auch bei der Berechnung
der Meridiankurve von r ausgegangen sind.

Den Druck Null bekommt man an der Stelle der Oberfläche, wo V gleich a ist.
Für diesen Punkt ergibt sich:

$$r = \sqrt{\frac{3}{2}\cdot\frac{c}{a}} = |x_0|\,\sqrt{\frac{3}{2}}$$

und der betreffende Wert von x beträgt

$$x_0\cdot\left(\sqrt{\frac{3}{2}} - 2\,\sqrt{\frac{2}{3}}\right) = \frac{x_0}{\sqrt{6}}.$$

Für $x = 0$ ist $r_0 = y_0 = \sqrt{2\dfrac{c}{a}}$; durch Einsetzen dieses Wertes erhält man:

$$\frac{p}{h_0} = -\frac{1}{4}.$$

Der Wert von r für das Minimum von $\dfrac{p}{h_0}$ ergibt sich durch Differentiation zu:

$$r = |x_0|\,\sqrt{3}.$$

Der entsprechende Wert von x ist:

$$x = -\frac{x_0}{\sqrt{3}},$$

und das Minimum des Druckes selbst beträgt, wie man durch Einsetzen der Werte von x und r leicht findet,

$$\left(\frac{p}{h_0}\right)_{min} = -\frac{1}{3}.$$

In Tabelle I sind für ein Verhältnis $\dfrac{c}{a} = 4\,\mathrm{cm}^2$ aus den beliebig angenommenen Werten von r die Abszissen und Ordinaten der Meridiankurve ermittelt, ebenso wurde daraus $\dfrac{p}{h_0}$ berechnet. Nach dieser Tabelle wurde Fig 6a (in der Wiedergabe verkleinert), gezeichnet; in dieser Figur ist auch der berechnete Verlauf des Druckes von der X-Achse als Nullinie aus aufgetragen.

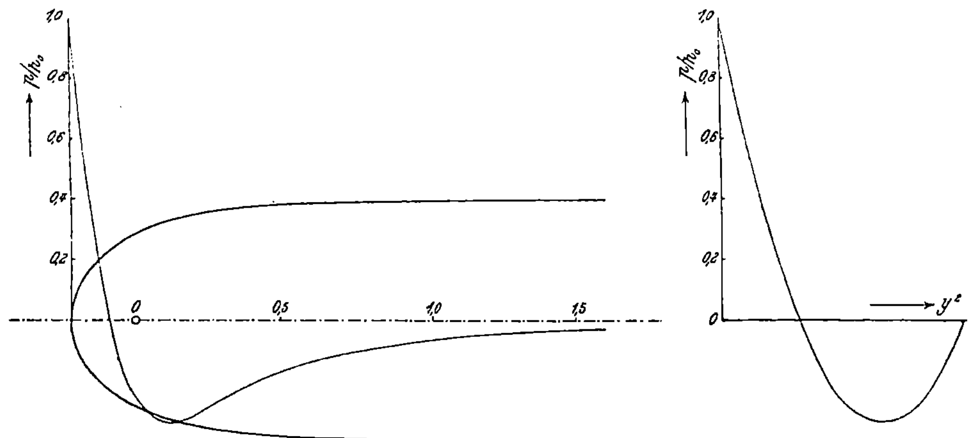

Fig. 6a und b. Druckverteilung am Halbkörper und Integration derselben.

Der Druckverlauf ist folgender. Am Scheitel des Körpers, wo die Geschwindigkeit gleich Null ist, herrscht ein Überdruck gleich der vollen Geschwindigkeitshöhe, von hier aus nimmt die Geschwindigkeit zu und der Druck entsprechend ab. Der Überdruck Null herrscht an der Stelle, wo V gleich a ist $\left(x = -\dfrac{x_0}{\sqrt{6}}\right)$. Von dort aus beginnend, ist längs des ganzen Körpers Unterdruck vorhanden, der sich im Unendlichen asymptotisch auf Null vermindert. Der Widerstand, den der Körper in der

Flüssigkeit erfährt, ist, wie sich mit Hilfe des Impulssatzes zeigen ließe, gleich Null. Dies Resultat läßt sich aber auch dadurch erhalten, daß man die Integration der berechneten Drücke über die Oberfläche ausführt. Die Drücke sind alle normal zur Oberfläche gerichtet, der Widerstand würde sich als Resultierende der axialen Komponenten der Drücke ergeben.

Es ist nämlich

$$W = \int_0^{y_1} 2\,\pi\,y\,ds\,p\,\cos\alpha.$$

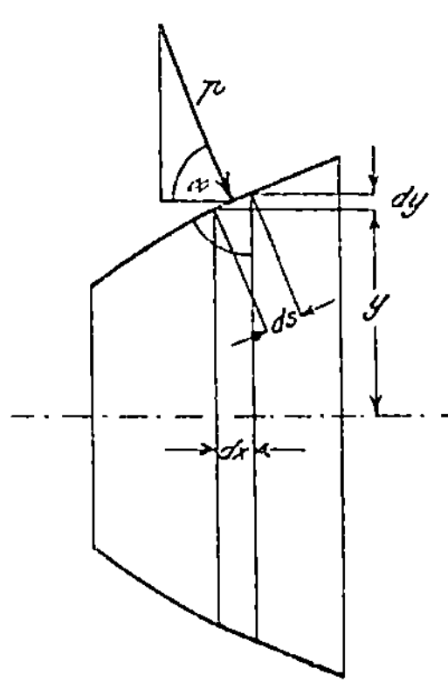

Fig. 7. Ermittlung des Widerstandes.

wobei α der Winkel zwischen der Normale zu ds und der Achse ist (s. Fig. 7). Da nun ds cos α = dy, so wird:

$$W = 2\,\pi \int_0^{y_1} p\,y\,dy$$

$$= \pi \int_0^{y_1^2} p\,d(y^2).$$

Man braucht also nur p als Funktion von y^2 aufzutragen, dann ist die Ermittlung des Widerstandes auf eine Quadratur zurückgeführt, W kann mittels Planimeters bestimmt werden. Wir wollen auch den Gesamtwiderstand auf die Geschwindigkeitshöhe der ungestörten Strömung beziehen, wir tragen also die vorher berechneten Werte von $\frac{p}{h_0}$ als Funktion von y^2 auf und erhalten so $\frac{W}{h_0}$ durch Planimetrieren des Diagrammes in Fig. 6b. Man kann aber auch rechnerisch den Zusammenhang zwischen $\frac{p}{h_0}$ und y^2 ermitteln und die Integration analytisch ausführen.

Es ist:

$$\frac{p}{h_0} = -\frac{2}{r^2}\cdot\frac{c}{a} + \frac{3}{r^4}\left(\frac{c}{a}\right)^2.$$

Da nun nach früherem $\frac{c}{a} = \frac{y_1^2}{4}$ (s. S. 7) und, wenn man r^2 durch $x^2 + y^2$ ersetzt und hier für x den auf Seite 7 angegebenen Wert

$$x = \frac{2\,y^2 - y_1^2}{2\,\sqrt{y_1^2 - y^2}}$$

einführt, sich die Beziehung ergibt:

$$r^2 = \frac{y_1^4}{4\,(y_1^2 - y^2)},$$

so bekommt man durch Einsetzen dieser Größen:

$$\frac{p}{h_0} = -2\,\frac{(y_1^2 - y^2)}{y_1^2} + 3\,\frac{(y_1^2 - y^2)^2}{y_1^4}.$$

Durch Zusammenfassen der entsprechenden Glieder erhält man:

$$\frac{p}{h_0} = 1 - 4\left(\frac{y}{y_1}\right)^2 + 3\left(\frac{y}{y_1}\right)^4$$

$$= 1 + 3\left(\left(\frac{y}{y_1}\right)^4 - \frac{4}{3}\left(\frac{y}{y_1}\right)^2\right).$$

Indem man in der Klammer $\frac{4}{9}$ addiert und dafür von dem ganzen Ausdruck $\frac{4}{3}$ in Abzug bringt, erhält man in der Klammer ein vollständiges Quadrat und es ergibt sich das Endresultat:

$$\frac{p}{h_0} = -\frac{1}{3} + 3\left(\left(\frac{y}{y_1}\right)^2 - \frac{2}{3}\right)^2.$$

Diese Gleichung sagt aus, daß der Druck als Funktion von y^2 durch eine Parabel mit senkrechter Achse dargestellt wird, deren Scheitel die Ordinate $-\frac{1}{3}$ hat, und deren Achse die Abszissenachse bei dem Werte $y^2 = \frac{2}{3} y_1^2$ schneidet; die Ordinate der Parabel hat für $y = 0$ den Wert 1 und für $y = y_1$ den Wert Null. Diese Parabel ist in Fig. 6b gezeichnet, sie ergibt sich natürlich auch direkt durch Auftragen der früher berechneten Werte von $\frac{p}{h_0}$.

Die Integration liefert:

$$\frac{W}{h_0} = \pi \int_0^{y_1^2} \frac{p}{h_0}\, d(y^2)$$

$$= \int \left(1 - 4\left(\frac{y}{y_1}\right)^2 + 3\left(\frac{y}{y_1}\right)^4\right) d(y^2)$$

$$= \left[y^2 - 2\frac{y^4}{y_1^2} + \frac{y^6}{y_1^4}\right]_0^{y_1} = 0.$$

Es erfährt also auch ein solcher Halbkörper in der idealen Flüssigkeit keinen Widerstand; ein Resultat, das für den endlichen Körper ja bekannt ist.

Sobald es sich um kompliziertere Quellenanordnungen handelt, ist eine analytische Lösung der Gleichung $\Psi = $ const, aus der die Form des von der inneren Strömung gebildeten Rotationskörpers ermittelt werden muß, nicht mehr möglich oder doch höchst umständlich. Es bleibt dann nur eine graphische Lösung der Aufgabe übrig; das anzuwendende Verfahren soll an dem schon behandelten Beispiele der einfachen punktförmigen Quelle erläutert werden, die Übertragung auf andere Quellenanordnungen und die Hinzunahme von Senken bringt in das Verfahren selbst keine weiteren Komplikationen.

Für die Querschnitte der Fläche, die die innere Strömung umschließt, gilt:

$$\frac{\Psi}{c} = 2 \text{ für } x > 0$$

$$= 0 \text{ für } x < 0.$$

Ψ läßt sich in zwei Teile zerlegen, von denen der eine von der gleichförmigen, der andere von der Quellenströmung herrührt; wir setzen also $\Psi = \Psi_0 + \Psi_1$.

Für die gleichförmige Strömung ist der Fluß durch eine Kreisfläche vom Radius y:

$$2 \pi \, \Psi_0 = \pi \, a \, y^2$$

$$\frac{\Psi_0}{c} = \frac{a}{2\,c}\,y^2.$$

Für die Quellenströmung beträgt der Fluß durch dieselbe Fläche:

$$2 \pi \, \Psi_1 = \int_0^y 2 \pi \, y \, dy \cdot u = \pi \, c \, x \int_0^y \frac{d(y^2)}{(x^2 + y^2)^{3/2}}$$

$$\frac{\Psi_1}{c} = 1 - \frac{x}{\sqrt{x^2 + y^2}} = 1 - \frac{x}{r}.$$

Für die Oberfläche gilt nun die Beziehung:

$$\frac{a}{2\,c}\,y^2 + \frac{\Psi_1}{c} = 2 \ \text{für} \ x > 0$$

$$= 0 \ \text{für} \ x < 0.$$

Wenn man jetzt für eine Reihe von x-Werten $\frac{\Psi_1}{c}$ als Funktion von y berechnet, so läßt sich graphisch leicht dasjenige y ermitteln, das obige Gleichung befriedigt. Um diese Bestimmung für beliebige Werte von x ausführen zu können, berechnen wir numerisch den Ausdruck: $\frac{\Psi_1}{c} = 1 - \frac{x}{r}$ für einige Werte von y als Funktion von x und erhalten so das auf Seite 18 dargestellte Diagramm Fig. 13, welches wir als das Ψ-Diagramm bezeichnen wollen. Für y sind die Werte 0,1, 0,2 .... bis 1,4 gewählt, und die Rechnung wurde ausgeführt für x = 0,05, 0,1, 0,25, 0,5, 0 75, 1,0, 1,5, 2,0, 2,5 und 3,0; sie vereinfacht sich dadurch, daß für $\frac{y}{x}$ = const auch $\frac{\Psi_1}{c}$ = const. Die berechneten Werte von $\frac{\Psi_1}{c}$ sind in Tabelle II enthalten; für die Auftragung im Diagramm wurde, ebenso bei den noch folgenden Zeichnungen, als Längeneinheit eine Strecke von 10 cm gewählt. Die Linien des Diagrammes gelten für y = 0,1, 0,2 .... bis 1,4, die strichpunktierte Linie für y = ∞.

In einem zweiten Diagramm tragen wir jetzt y als Abszisse auf und ziehen im Abstand 2 zur Abszissenachse eine Parallele. Von dieser aus trägt man für je einen Wert von x $\frac{\Psi_1}{c}$ als Funktion von y auf (aus dem Ψ-Diagramm mittels Zirkels abgegriffen). So entsteht das Diagramm Fig. 8. Für die negativen Werte von x muß $\frac{\Psi_1}{c}$ von der Abszissenachse aus nach oben aufgetragen werden mit Rücksicht darauf, daß für x < 0 die rechte Seite der zu lösenden Gleichung zu Null wird. Außerdem zeichnet man in das Diagramm die Parabel hinein, die der Gleichung $\frac{\Psi_0}{c} = \frac{a}{2\,c}\,y^2$ entspricht. Die Schnittpunkte der Parabel mit den Linien des Diagrammes genügen jetzt für positive Werte von x der Gleichung: $\frac{\Psi_0}{c} + \frac{\Psi_1}{c} = 2$ und für negative Werte von x der Gleichung $\dfrac{\Psi_0}{c} + \dfrac{\Psi_1}{c} = 0$; sie liefern also zu den den einzelnen Kurven entsprechenden Werten von x die zugehörigen Werte von y, so daß man jetzt die gesuchte Meridiankurve punktweise konstruieren kann. Den Scheitelpunkt der Kurve, den das Diagramm nicht liefert, kann man aus der Beziehung ermitteln, daß dort u

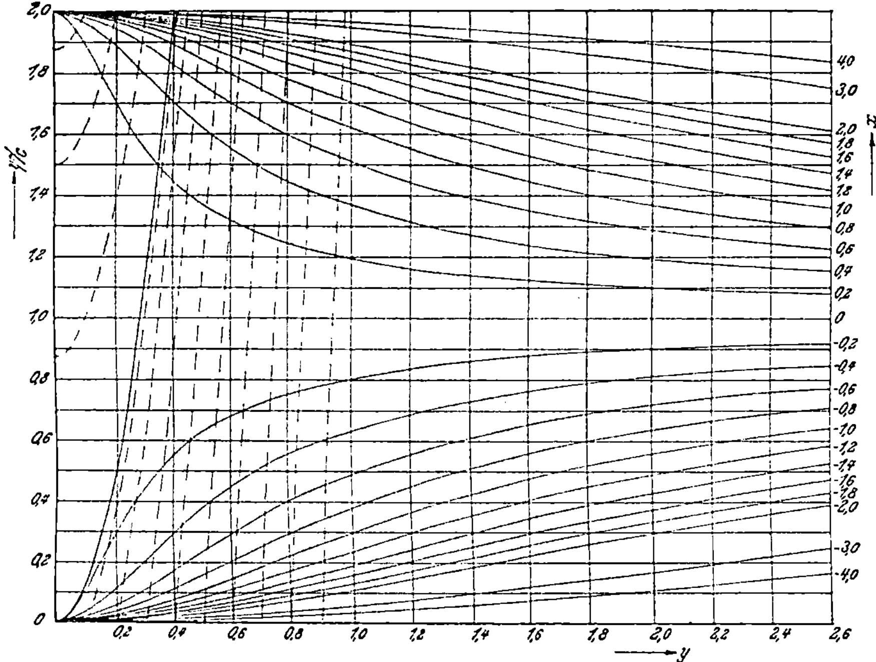

Fig. 8. Kombinationsdiagramm.

gleich Null sein muß. Bezeichnet man den von der Quellenströmung gelieferten Anteil von u mit u_1, so ist für den Scheitelpunkt $u + a = 0$ oder $-\dfrac{u_1}{c} = \dfrac{a}{c}$. Trägt man also $-\dfrac{u_1}{c} = \dfrac{1}{x^2}$ für $x < o$ als Funktion von x auf (der Verlauf ist ebenfalls in dem Diagramm Fig. 13 eingetragen) und schneidet die Kurve durch eine Parallele im Abstande $\dfrac{a}{c}$ zur Abszissenachse, so liefert der Schnittpunkt die Abszisse des Scheitelpunktes.

Diese graphische Konstruktion der Meridiankurve hat gegenüber der analytischen Behandlung folgende Vorteile:

Variiert man die Intensität a der äußeren Strömung, so ändert sich in der der Konstruktion zugrunde liegenden Gleichung nur das Glied $\dfrac{a}{2c} y^2$. Man kann also, wenn man die Werte von $\dfrac{\Psi_1}{c}$ einmal berechnet hat, das Quellensystem mit jeder beliebigen äußeren Strömung kombinieren, indem man nur die entsprechende Parabel in das Diagramm einzeichnet.

Verschiebt man die Parabel nach oben oder unten, so ergibt die Summe $\dfrac{\Psi_0}{c} + \dfrac{\Psi_1}{c}$ nicht mehr 2, sondern eine andere Konstante, d. h. die Schnitte der Parabel (im Diagramm strichpunktiert) mit den Diagrammlinien liefern dann die Ordinaten einer Stromlinie, die, je nachdem die Parabel nach oben oder unten verschoben ist, innerhalb oder außerhalb der einhüllenden Flächen verläuft.

Läßt man die Intensität der äußeren Strömung gleich Null werden, so geht die Parabel in eine Gerade über, die mit der Abszissenachse zusammenfällt. Verschiebt man diese Gerade parallel mit sich selbst, so bekommt man dadurch die Stromlinien, die der Quellenströmung allein entsprechen. In dem einfachen Falle der punktförmigen Quelle ergeben sich natürlich gerade Linien durch den Nullpunkt. Das Stromliniensystem der Quelle allein könnte man auch mit Hilfe des Ψ-Diagramms erhalten, eine Parallele zur Abszissenachse würde einer Linie $\dfrac{\Psi_1}{c}$ = const entsprechen. Für die Zeichnung ist es aber bequemer, beide Strömungssysteme mit Hilfe desselben Diagrammes zu konstruieren. Man legt dann das Diagramm zweckmäßig so, daß seine Ordinatenachse in die Verlängerung der

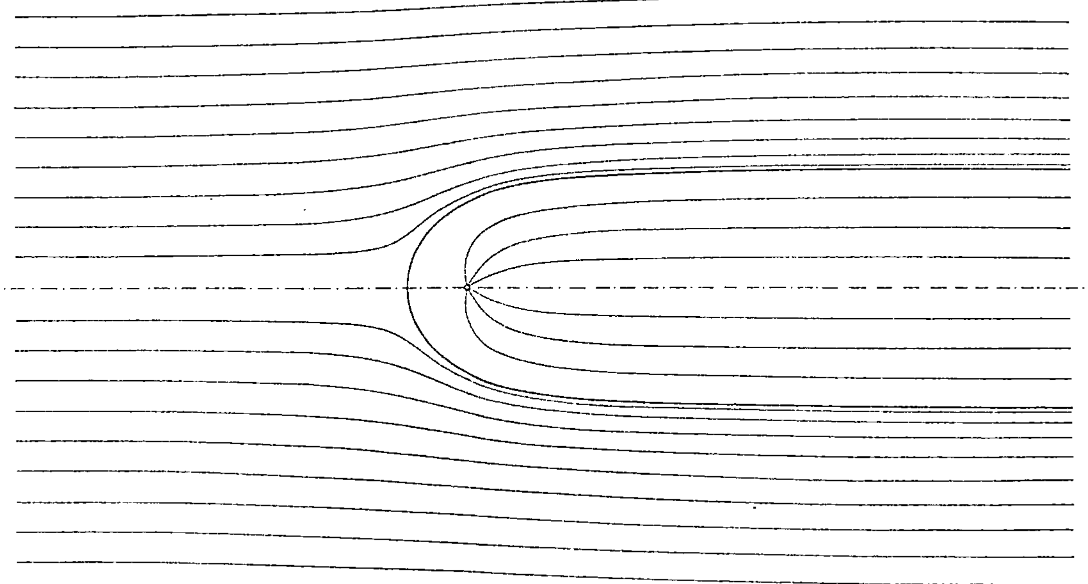

Fig. 9. Halbkörper mit Stromlinien.

X-Achse der Zeichnung fällt, um die y-Werte einfach übertragen zu können. Die Parabel zeichnet man am besten nicht, wie es in Fig. 8 geschehen ist, in das Diagramm hinein, sondern auf darübergelegtes Pauspapier, damit die Verschiebung einfach auszuführen ist. Nach dieser Methode ist in Fig. 9 die Meridiankurve und das Stromliniensystem gezeichnet, und zwar ist die Verschiebung der Parabel so ausgeführt, daß die äußeren Stromlinien für $x = -\infty$ äquidistant sind; die inneren haben denselben Abstand für $x = +\infty$.

Nach folgender Überlegung läßt sich nun auch die Geschwindigkeits- und Druckverteilung längs der Meridiankurve sowie in der ganzen Strömung innerhalb und außerhalb derselben ermitteln.

Die Geschwindigkeit längs der Oberfläche des Körpers ist die Resultierende der durch das Quellensystem allein erzeugten Geschwindigkeit und der der gleichförmigen Strömung. Letztere kennen wir nach Größe und Richtung, die resultierende Geschwindigkeit nur der Richtung nach, ebenso die Geschwindigkeit der Quellenströmung (beide als Tangenten an die betreffenden Stromlinien). Aus dem Geschwindigkeitsdreieck läßt sich somit auch die Größe der resultierenden Geschwindigkeit V ermitteln, und mit Hilfe von V ergibt sich der Druck aus der Druckgleichung.

Um zum Beispiel längs der Meridiankurve Geschwindigkeits- und Druckverteilung zu finden, zeichnet man die Kurve in das Stromliniensystem der Quelle hinein (das in diesem Fall aus radialen Linien besteht), und zeichnet nun an den Schnittpunkten mit den Stromlinien die Geschwindigkeitsdreiecke. Zweckmäßig verfährt man dabei folgendermaßen. Man legt auf die Zeichnung ein Blatt Pauspapier und zeichnet auf diesem die Tangenten an die Stromlinien in den Schnittpunkten der letzteren mit der Begrenzungskurve. Verschiebt man nun das Pauspapier parallel zur X-Achse um den Betrag, der die Größe a der gleichförmigen Geschwindigkeit darstellt, und zieht

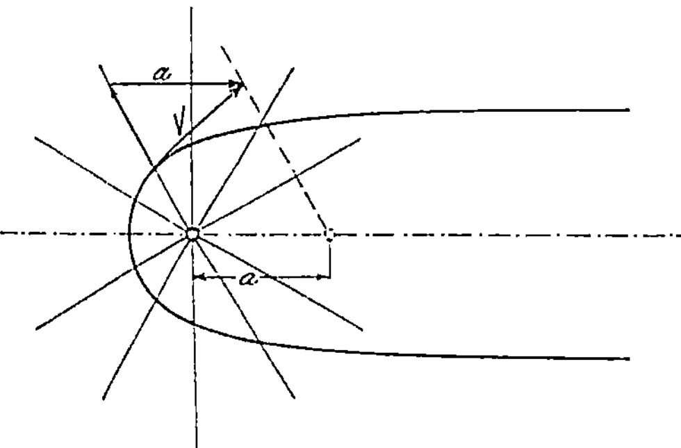

Fig. 10. Ermittlung der Größe von V.

auf dem Pauspapier in den Schnittpunkten der Stromlinien mit der Begrenzungskurve die Tangenten an die letztere, so wird auf diesen die Geschwindigkeit V der Größe nach abgeschnitten (vgl. Fig. 10). Diese Konstruktion gilt natürlich ebenso für beliebige Punkte außerhalb oder innerhalb der Begrenzungskurve.

Nach dieser Konstruktion wurde ebenfalls für die früher angenommenen Verhältnisse der Druckverlauf längs der Oberfläche ermittelt, es ergab sich eine gute Übereinstimmung mit der Rechnung.

III. Berechnung der Modelle und der theoretischen Strömungen.

Nach den angegebenen Methoden soll nun für einige Kombinationen von Quellen und Senken die Potentialströmung ermittelt werden; wie weit die wirkliche Strömung der berechneten nahekommt, soll durch Messung der Druckverteilung im künstlichen Luftstrom an ausgeführten Modellen untersucht werden. Die Systeme von Quellen und Senken sollen so angenommen werden, daß die erzeugten Formen mit den praktisch üblichen Luftschiff-Formen Ähnlichkeit haben. Außer der punktförmigen Quelle sollen noch einige andere Quellformen benutzt werden, für welche Strömungspotential und Stromfunktion zunächst berechnet werden müssen.

Wir wollen uns zunächst eine Strecke von der Länge 1 kontinuierlich mit Elementarquellen konstanter Ergiebigkeit besetzt denken. Damit wir diese Quelle nachher mit der punktförmigen kombinieren können, muß ihre Ergiebigkeit ebenfalls gleich $4\,\pi\,c$ sein, die Ergiebigkeit pro Längeneinheit ist also $\dfrac{4\,\pi\,c}{1}$.

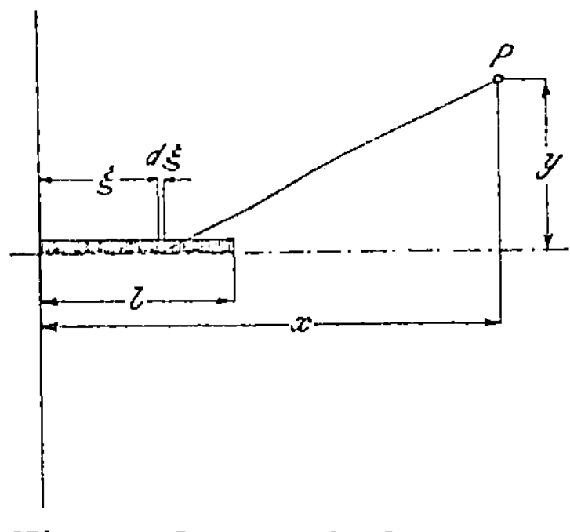

Fig. 11. Quellstrecke konstanter Ergiebigkeit.

Ein Element der Quellstrecke, das den Abstand ξ vom Nullpunkt hat (siehe Fig. 11), liefert im Punkte P zu dem Potential den Beitrag

$$d\Phi = \frac{c}{1}\cdot\frac{d\xi}{r}.$$

Das gesamte Potential im Punkte P ist also:

$$\Phi = \frac{c}{1}\int_0^1 \frac{d\xi}{\sqrt{(x-\xi)^2 + y^2}}$$

$$= c\,\ln\frac{x - 1 + \sqrt{(x-1)^2 + y^2}}{x + \sqrt{x^2 + y^2}}.$$

Die Stromfunktion Ψ berechnen wir ebenfalls durch Integration über die Elementarquellen. Dies gibt:

$$\frac{\Psi_1}{c} = \frac{1}{1}\int_0^1\left(1 - \frac{x - \xi}{\sqrt{(x-\xi)^2 + y^2}}\right)d\xi$$

$$= 1 - \frac{1}{1}\int_0^1 \frac{(x-\xi)\,d\xi}{((x-\xi)^2 + y^2)^{3/2}}$$

$$= 1 + \left(\frac{r_2}{1} - \frac{r}{1}\right),$$

wenn wir die Abstände des Punktes P von den Enden der Quellstrecke mit r_1 und r_2 bezeichnen.

Die Flächen $\dfrac{\Psi_1}{c} = $ const sind konfokale Rotationshyperboloide, deren Brennpunkte die Endpunkte der Quellstrecke sind.

Die Koordinaten der Punkte, für die man die Stromfunktion berechnen will, bezieht man zweckmäßig auf die Länge der Quellstrecke als Einheit, da der Ausdruck für $\dfrac{\Psi_1}{c}$ nur eine Funktion von $\dfrac{r_1}{1}$ und $\dfrac{r_2}{1}$ ist. Nach obiger Formel wurde nun $\dfrac{\Psi_1}{c}$ für die in Tabelle III angegebenen Werte von x und y berechnet; danach ergab sich das Diagramm Fig. 14 (auf S. 18); im Original war als Längeneinheit, also als Länge der Quellstrecke, 10 cm gewählt.

Zur Ermittlung des Scheitels der entstehenden Flächen brauchen wir noch den Wert von $- u/c$ auf der Achse.

Bei der punktförmigen Quelle ist dieser Wert: $-\dfrac{u}{c} = \dfrac{1}{x^2}$. Wir bekommen jetzt also:

$$-\frac{u}{c} = -\frac{c}{l}\int_0^l \frac{d\xi}{(x-\xi)^2} = \frac{c}{l}\left[\frac{1}{(x-\xi)^2}\right]_0^l$$

$$= \frac{l}{l}\left(\frac{1}{x} - \frac{1}{x-l}\right).$$

Wählen wir wieder 1 als Längeneinheit, so wird:

$$-\frac{u}{c} = \frac{1}{l^2}\cdot\frac{1}{x\,(x-1)},$$

Der hiernach berechnete Verlauf von $-\dfrac{u}{c}$ auf der Achse (außerhalb der Quelle) ist ebenfalls in Fig. 14 eingezeichnet.

Als eine weitere Quellform wollen wir jetzt eine Quelle annehmen, die wieder längs einer Strecke 1 verteilt ist, aber so, daß die Intensität dem Abstande vom Anfangspunkte der Strecke proportional ist.

Die Intensität der Elementarquelle sei $d\cdot\xi\cdot d\xi$, dann ist die Gesamtergiebigkeit der Quelle:

$$4\,\pi\,d\int_0^l \xi\,d\xi = 4\,\pi\,d\,\frac{l^2}{2}.$$

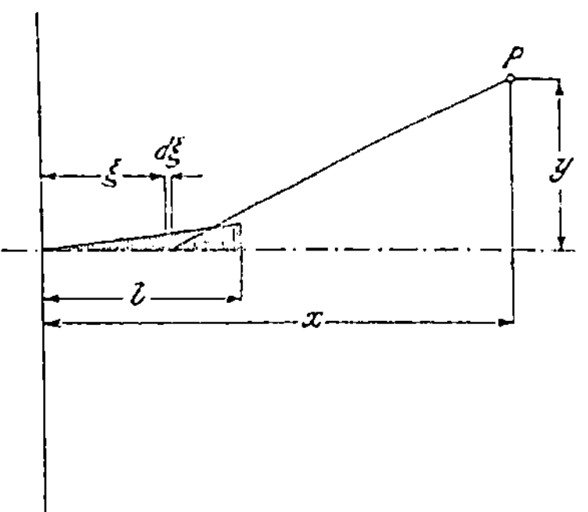

Fig. 12. Quellstrecke mit linear zunehmender Ergiebigkeit.

Damit dies wieder gleich der Ergiebigkeit der punktförmigen Quelle ist, muß sein: $d = \dfrac{2\,c}{l^2}$. Man kann also die Ergiebigkeit der Elementarquelle auch schreiben: $\dfrac{2\,c}{l^2}\,\xi\,d\xi$. Damit wird das Potential im Punkte P (Fig. 12):

$$\Phi = \frac{2\,c}{l^2}\int_0^l \frac{\xi\,d\xi}{\sqrt{(x-\xi)^2 + y^2}}$$

Setzt man $(x-\xi)$ gleich u, so erhält man:

$$\Phi = \frac{2\,c}{l^2}\int_x^{x-l} \frac{(u-x)\,du}{\sqrt{u^2 + y^2}}.$$

und durch Ausführung der Integration:

$$\Phi = \frac{2\,c}{l^2}\left(r_2 - r_1 - x\ln\frac{x-l+\sqrt{(x-l)^2+y^2}}{x+\sqrt{x^2+y^2}}\right)$$

oder für 1 als Längeneinheit

$$\Phi = \frac{2\,c}{l}\left(r_2 - r_2 - x\ln\frac{x-1+\sqrt{(x-1)^2+y^2}}{x+\sqrt{x^2+y^2}}\right)$$

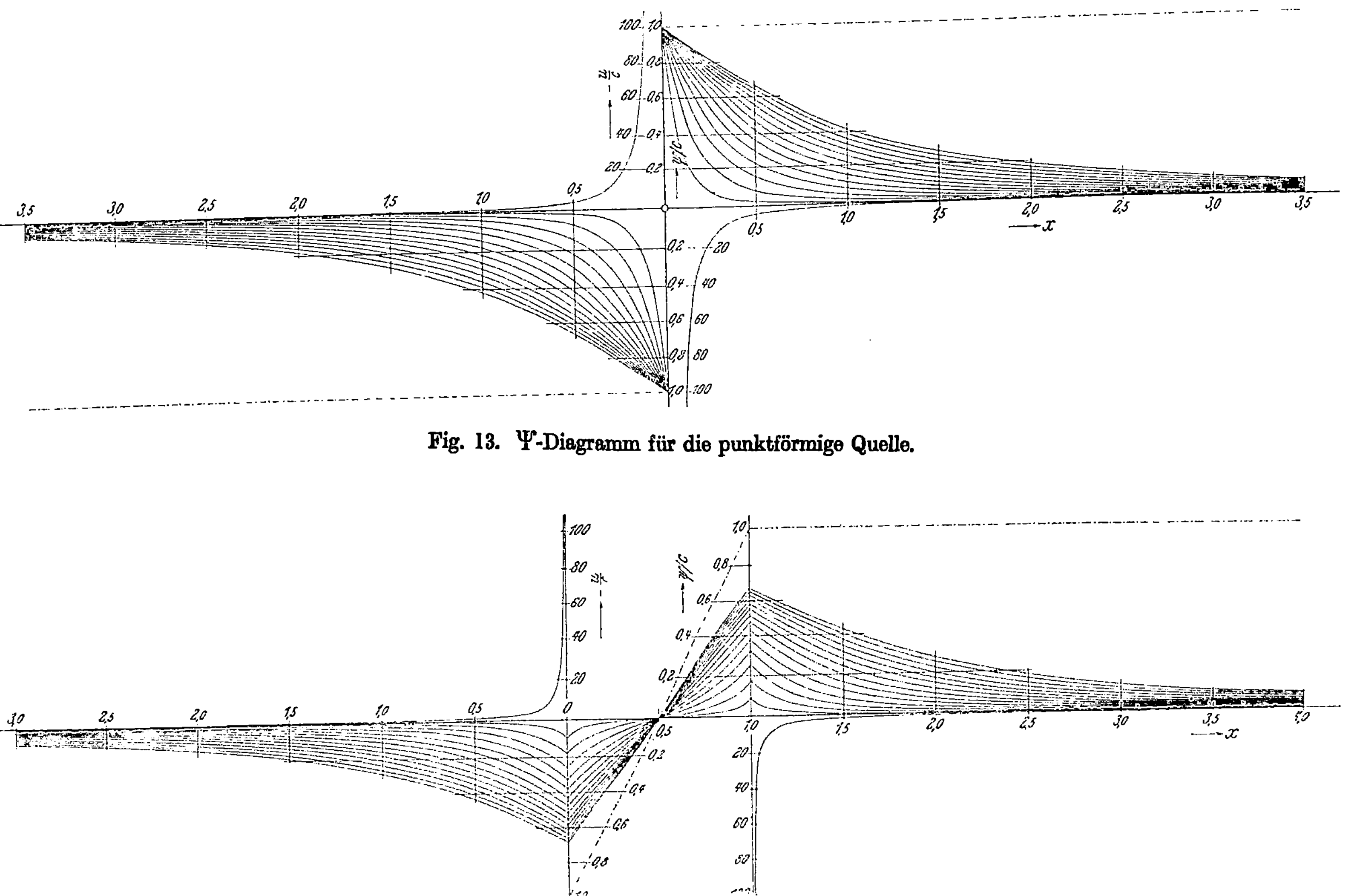

Fig. 13. Ψ-Diagramm für die punktförmige Quelle.

Fig. 14. Ψ-Diagramm für die Quellstrecke mit konstanter Ergiebigkeit.

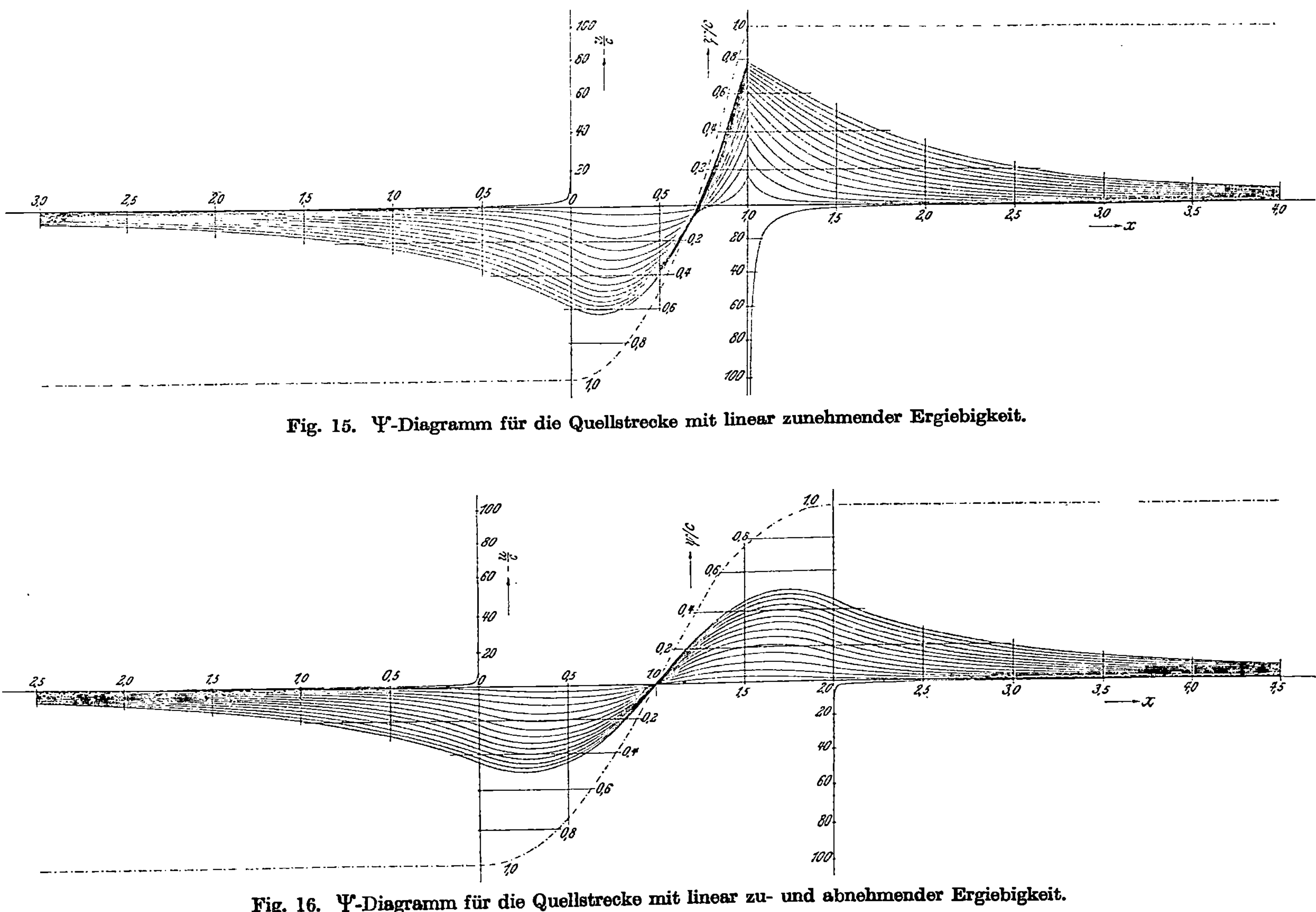

Fig. 15. Ψ-Diagramm für die Quellstrecke mit linear zunehmender Ergiebigkeit.
Fig. 16. Ψ-Diagramm für die Quellstrecke mit linear zu- und abnehmender Ergiebigkeit.

Für die Stromfunktion gilt:

$$\frac{\Psi}{c} = \frac{2}{l^2} \int_0^1 \left(1 - \frac{x - \xi}{\sqrt{(x - \xi)^2 + y^2}}\right)\xi\,d\xi$$

$$= 1 - \frac{2}{l^2} \int_0^1 \frac{(x - \xi)\,\xi\,d\xi}{\sqrt{(x - \xi)^2 + y^2}},$$

Setzt man wieder $(x - \xi)$ gleich u, so ergibt sich:

$$\frac{\Psi}{c} = 1 + \frac{2c}{l^2} \int_x^{x-l} \frac{u\,(x - u)\,du}{\sqrt{u^2 + y^2}}$$

$$= 1 + \frac{2cx}{l^2}(\sqrt{(x - l)^2 + y^2} - \sqrt{x^2 + y^2}) - \frac{2c}{l^2} \int_x^{x-l} \frac{u^2\,du}{\sqrt{u^2 + y^2}}$$

Das letztere Integral ergibt durch partielle Integration:

$$\int \frac{u^2\,du}{\sqrt{u^2 + y^2}} = \left[u\sqrt{u^2 + y^2} - \frac{u}{2}\sqrt{u^2 + y^2} - \frac{y^2}{2}\ln(u + \sqrt{u^2 + y^2})\right]_x^{x-l},$$

so daß man nach Einsetzung der Grenzen als Ergebnis bekommt:

$$\frac{\Psi}{c} = 1 + \frac{2}{l^2}\left\{x\sqrt{(x - l)^2 + y^2} - x\sqrt{x^2 + y^2} - \frac{x - l}{2}\sqrt{(x - l)^2 + y^2}\right.$$

$$\left. + \frac{x}{2}\sqrt{x^2 + y^2} + \frac{y^2}{2}\ln\frac{x - l + \sqrt{(x - l)^2 + y^2}}{x + \sqrt{x^2 + y^2}}\right\}.$$

Durch passendes Zusammenfassen der einzelnen Glieder und nachdem man wieder alle Koordinaten auf 1 als Einheit bezogen hat, erhält man:

$$\frac{\Psi}{c} = 1 + (x + 1)\sqrt{(x - 1)^2 + y^2} - x\sqrt{x^2 + y^2} + \frac{y^2}{2}\ln\frac{x - 1 + \sqrt{(x - 1)^2 + y^2}}{x + \sqrt{x^2 + y^2}}$$

Die numerische Auswertung dieser Formel ergibt das Diagramm Fig. 15, die berechneten Werte sind in Tabelle IV enthalten.

Für diese Quelle muß nun auch der Verlauf von $-\dfrac{u}{c}$ längs der Achse berechnet werden.

Es ist:

$$-\frac{u}{c} = \frac{2}{l^2} \int_0^1 \frac{\xi\,d\xi}{\sqrt{(x - \xi)^2 + y^2}};$$

$(x - \xi)$ gleich z gesetzt, ergibt:

$$-\frac{u}{c} = -\frac{2}{l^2} \int_x^{1-x} \frac{(z - x)\,dz}{z^2}$$

$$= -\frac{2}{l^2}\left[\ln z + \frac{x}{z}\right]_x^{1-x}$$

$$= -\frac{2}{l^2}\left(\ln\frac{x - 1}{x} + \frac{1}{x - 1}\right).$$

Die Auswertung erfolgte wieder unter der Annahme, daß 1 gleich 1; der berechnete Verlauf ist in Fig. 15 eingetragen.

Diese Quellenanordnung wurde noch in einem anderen Maßstabe benutzt, indem die Quelle auf die Hälfte ihrer Länge zusammengedrängt wurde. Da die Gesamtergiebigkeit der Quelle dieselbe bleiben soll, so bleiben die Ordinaten des Ψ-Diagrammes dieselben, es ändert sich nur der Maßstab der x und y. Ebenso ändert sich in dem u-Diagramm der Maßstab entsprechend.

Um von der zuerst berechneten Quellenform, bei der die Intensität linear anstieg, auch das Spiegelbild inbezug auf die Mitte der Quellstrecke benutzen zu können, braucht man das Diagramm, das für die spätere Kombination mit einer Senke doch auf Pauspapier durchgezeichnet werden mußte, nur herumzuwenden, dann hat man ohne weiteres das Ψ-Diagramm für das Spiegelbild der Quelle.

Durch Kombination dieses Spiegelbildes mit der ursprünglichen Quelle wurde nun noch eine weitere Quellform abgeleitet, bei der die Intensität zuerst linear anstieg und dann wieder linear auf Null abfiel. Zu diesem Zwecke wurde das auf Pauspapier durchgezeichnete Diagramm, mit der Rückseite nach oben, so an das ursprüngliche angelegt, daß die Summe der Ordinaten einfach abzugreifen war. Bei dieser Addition würde natürlich eine Quelle von der doppelten Ergiebigkeit entstanden sein, deshalb wurde zum Abgreifen ein Reduktionszirkel benutzt, der die abgegriffenen Werte gleich im halben Maßstab aufzutragen gestattete; auf diese Weise entstand das Diagramm Fig. 16. Diese Quelle besitzt die Länge 2, sie wurde auch noch auf die Länge 1 reduziert benutzt.

Von den berechneten Quellformen wurde nun je eine als Quelle mit einer anderen als Senke kombiniert, und zwar ließ man stets den Anfangspunkt der Senke mit dem Endpunkte der Quelle zusammenfallen. Man hätte auch Quelle und Senke beliebig weit auseinanderrücken können, dann hätten die bei Superposition der gleichförmigen Strömung entstehenden Körper ein mehr oder weniger zylindrisches Mittelstück bekommen.

Es wurden folgende sechs Kombinationen ausgeführt:

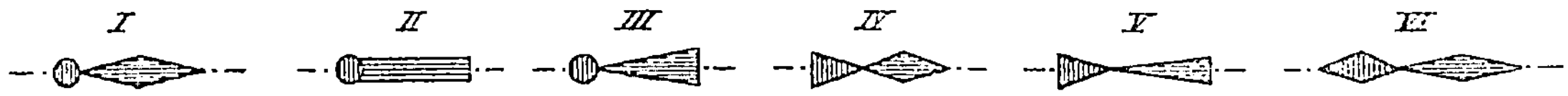

Die Figuren stellen schematisch die Verteilung der Intensität dar; senkrechte Schraffierung bedeutet Quelle, wagerechte Senke. Um nun die $\dfrac{\Psi}{c}$-Werte für die Kombination zu erhalten, mußte immer die Summe der Ψ-Werte für Quelle und Senke gebildet werden oder, wenn man für die Senke das Diagramm für die entsprechende Quelle benutzt, die Differenz, die dem Wert $\dfrac{\Psi_1}{c} + \dfrac{\Psi_2}{c}$ entspricht. Für die Senke wurde immer ein auf Pauspapier gezeichnetes Diagramm benutzt und dieses so auf das Diagramm für die Quelle gelegt, daß die Differenz der Ordinaten mit dem Zirkel abgegriffen und in das Diagramm eingetragen werden konnte, das zur Kombination mit der gleichförmigen Strömung dient (vgl. S. 12). Für die verschiedenen Werte von x wurden in dem Kombinationsdiagramm die abgegriffenen Werte von $\left(\dfrac{\Psi_1}{c} + \dfrac{\Psi_2}{c}\right)$ als Funktion von y von der Linie aus aufgetragen,

die für das betreffende x der rechten Seite der Gleichung: $\dfrac{a}{2\,c}\,y^2 + \dfrac{\Psi}{c} = \text{const}$

entspricht. Diese Konstante ändert ihren Wert, wie es früher für die punktförmige Quelle auseinandergesetzt ist, je nachdem der betreffende Querschnitt die Quellen- oder Senkenstrecke oder keine von beiden trifft. Bezeichnet man die Intensitätsverteilung der Quellenstrecke mit $f_1(\xi)$, die der Senkenstrecke mit $f_2(\xi)$, die Länge der Quellenstrecke mit l_1 und die der Senkenstrecke mit l_2, so ist

für

$$x \begin{array}{c} <0 \\ >l_1+l_2 \end{array} : \frac{\Psi_0}{c} + \frac{\Psi_1 + \Psi_2}{c} = 0,$$

für

$$x \begin{array}{c} >0 \\ <l_1 \end{array} : \frac{\Psi_0}{c} + \frac{\Psi_1 + \Psi_2}{c} = 2\,\frac{\displaystyle\int_0^x f_1(\xi)\,d\xi}{\displaystyle\int_0^{l_1} f_1(\xi)\,d\xi}$$

und für

$$x \begin{array}{c} >l_1 \\ <l_1+l_2 \end{array} : \frac{\Psi_0}{c} + \frac{\Psi_1 + \Psi_2}{c} = 2\,\frac{\displaystyle\int_x^{l_1+l_2} f_2(\xi)\,d\xi}{\displaystyle\int_{l_1}^{l_1+l_2} f_2(\xi)\,d\xi}.$$

Der Zahlenwert der beiden im Nenner stehenden Integrale ist natürlich der gleiche, da die Ergiebigkeit von Quelle und Senke die gleiche ist. Unter Berücksichtigung dieses Umstandes sind die Diagramme Fig. 17 bis 22 gezeichnet. Die Nummer des Diagramms gibt die Kombination von Quelle und Senke an, für die es gilt. Jedes Diagramm enthält zwei Kurvenscharen, von denen die eine für $x/l < 1$ und die andere für $x/l < 1$ gilt.

Zeichnet man nun in eins der Diagramme die dem Glied $\dfrac{\Psi_0}{c}$ entsprechende Parabel hinein, so bekommt man, wie früher angegeben ist, die Ordinaten der Meridiankurve der Rotationsfläche, die die innere Strömung umschließt, und zwar liefern verschiedene Parabeln Rotationsflächen von etwa gleicher Länge, aber verschiedenem Durchmesser. Derartige Rotationsflächen sollten nun für die späteren Messungen aus Metall ausgeführt werden, und zwar sollten sie alle gleiches Volumen und gleiche Oberfläche erhalten. Wenn man sich die Wahl der Längeneinheit noch vorbehält, so ist durch die Annahme der Parabel $\dfrac{a}{2\,c}\,y^2$ in dem Diagramm das Verhältnis $\dfrac{\text{Inhalt}}{\text{Oberfläche}^{2/3}}$ bestimmt (es ist nötig, den Zusammenhang zwischen Inhalt und Oberfläche durch eine dimensionslose Größe auszudrücken, um von der Größe der Längeneinheit unabhängig zu sein). Wenn man also ein Modell von bestimmtem Volumen und bestimmter Oberfläche berechnen will, so muß man in das Diagramm diejenige Parabel einzeichnen, die das gewünschte

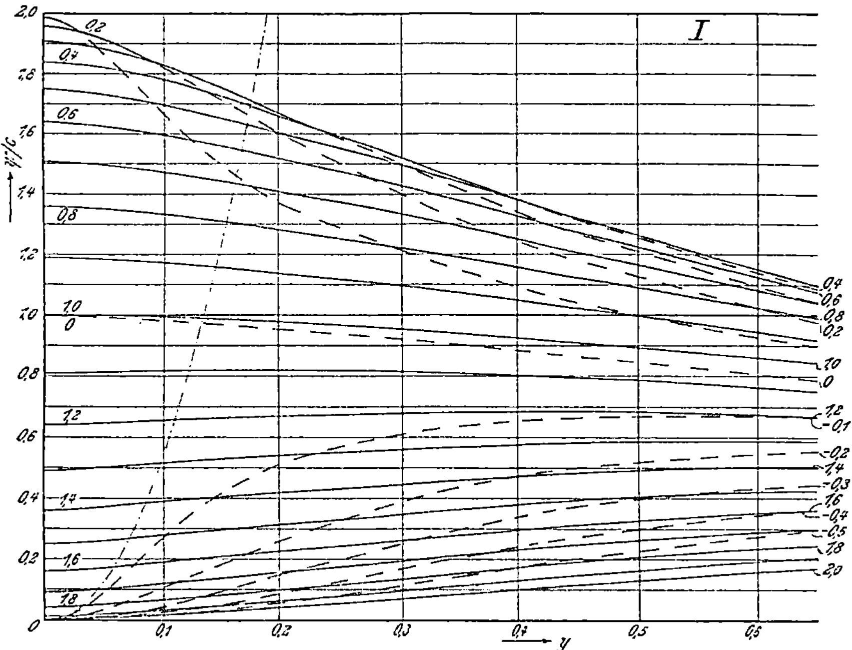

Fig. 17. Kombinationsdiagramm I.

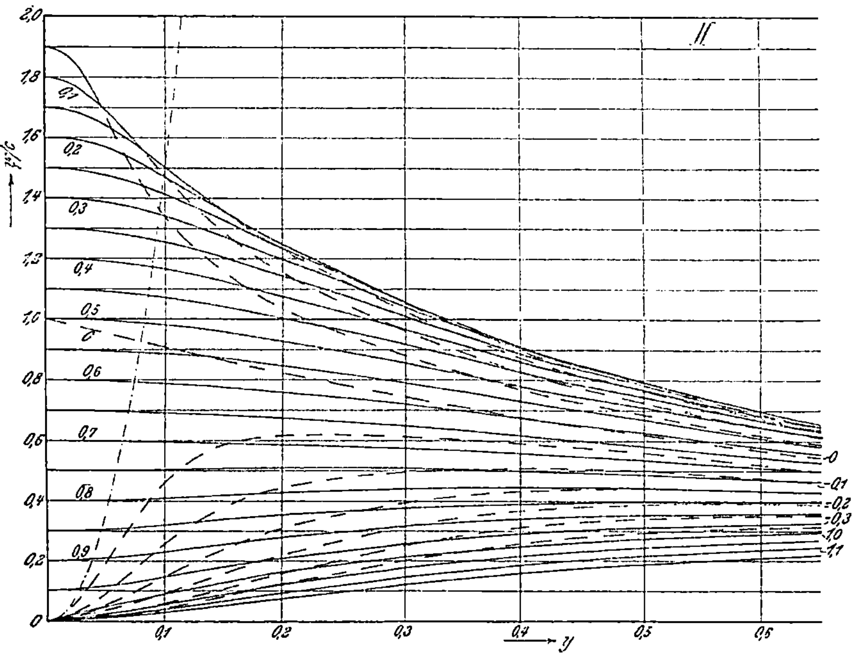

Fig. 18. Kombinationsdiagramm II.

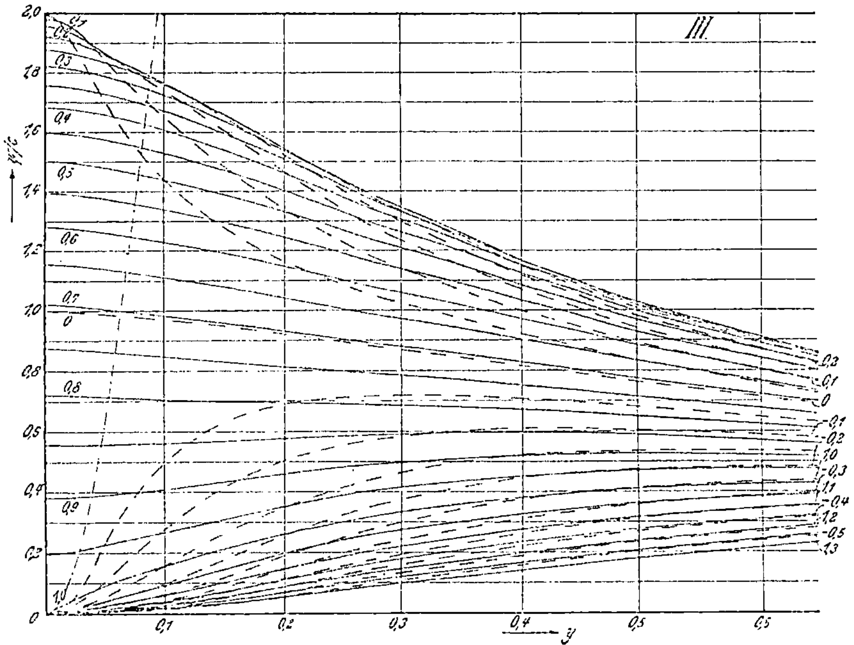

Fig. 19. Kombinationsdiagramm III.

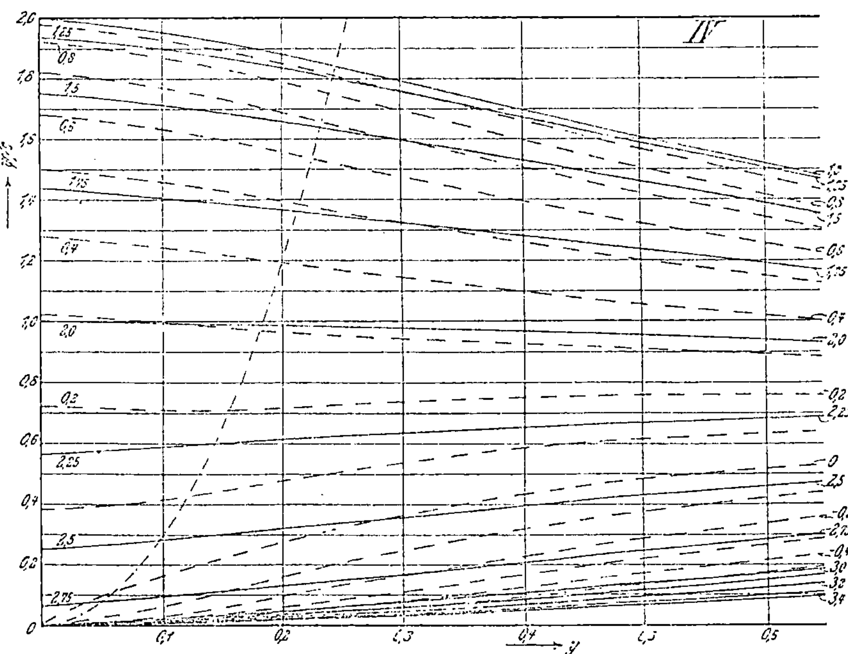

Fig. 20. Kombinationsdiagramm IV.

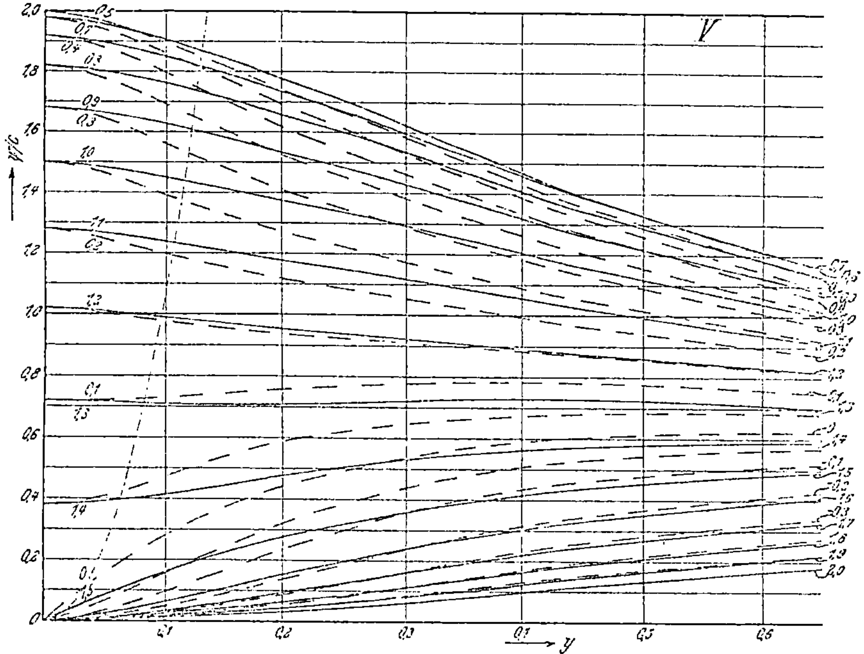

Fig. 21.　Kombinationsdiagramm V.

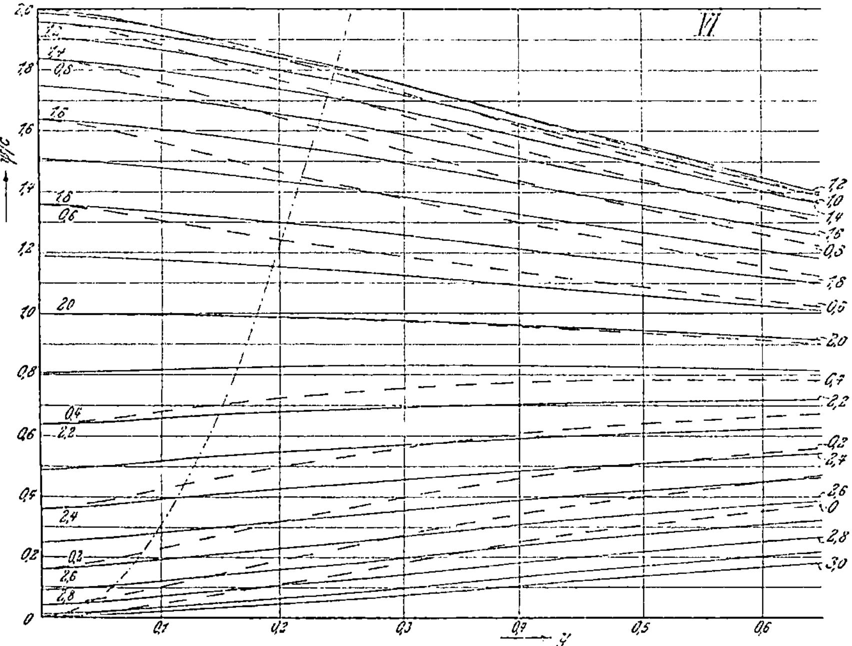

Fig. 22.　Kombinationsdiagramm VI.

$\dfrac{J}{0^{7/2}}$ liefert, damit ist die Form des Modells bestimmt, aber noch nicht seine Größe; diese ergibt sich, indem man durch passende Wahl von l das Modell ähnlich vergrößert, so daß es das verlangte Volumen bekommt.

Die Berechnung von Volumen und Oberfläche der Modelle geschah auf folgende Weise:

Der Volumeninhalt eines Modells ist:

$$J = \int y^2 \pi \, dx = \pi \int y^2 \, dx$$

Man braucht also nur die Quadrate der Ordinaten als Funktion von x aufzutragen, dann ist das Volumen gleich dem π-fachen Flächeninhalte der entstehenden Kurve (Fig. 23).

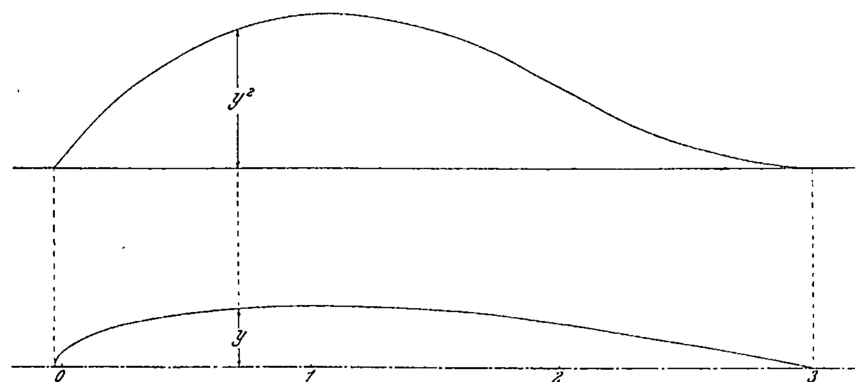

Fig. 23. Ermittlung des Volumens.

Die Oberfläche ergibt sich ähnlich:

$$O = \int 2 \pi y \, ds = 2 \pi \int y \, \frac{ds}{dx} \, dx.$$

Die Oberfläche ist demnach gleich dem 2π-fachen Flächeninhalte der Kurve, die man durch Auftragen der im Verhältnis $\dfrac{ds}{dx}$ vergrößerten Ordinaten erhält. Die Modellkurven wurden stets auf Millimeterpapier aufgetragen. Zur Bestimmung von $\dfrac{ds}{dx}$ legte man einen Maßstab tangential an die Kurve; wenn dann durch zwei um 1 dm entfernte Ordinaten des Millimeterpapiers auf dem Maßstab eine Strecke von n dm abgeschnitten wurde, so ist $\dfrac{ds}{dx}$ gleich n. Dies Verfahren versagt natürlich in der Nähe des Scheitels der Kurven, wo $y \dfrac{ds}{dx}$ den Wert $0 \cdot \infty$ annimmt; der Wert dieses Ausdrucks läßt sich aber durch folgenden Kunstgriff bestimmen. Denkt man sich die Modelloberfläche im Scheitelpunkt als Kugelkappe, so beträgt bei einer Höhe h die Oberfläche $2 \rho \pi h$, d. h. die Ordinate der zu planimetrierenden Fläche im Scheitelpunkt ist gleich dem Krümmungsradius im Scheitel, den man genügend genau mit dem Zirkel bestimmen kann (vgl. Fig. 24).

Das erste Modell, das berechnet wurde, entsprach der Kombination IV. Um eine passende „Schlankheit" desselben zu erhalten, wurde für die gleichförmige Strömung $\frac{a}{2\,c}$ gleich 30 gewählt. Zeichnet man die entsprechende Parabel in das Diagramm Fig. 20 hinein, so ergibt sich für das Modell die Meridiankurve, die bereits in Fig. 23 und 24 benutzt ist. Der Scheitelpunkt des Modells wurde besonders aus der Beziehung ermittelt, daß dort u Null sein muß, d. h. es muß dort die Summe

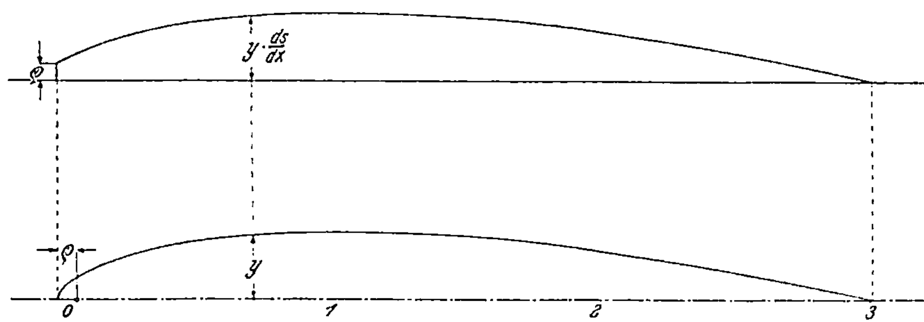

Fig. 24. Ermittlung der Oberfläche.

der von Quelle und Senke erzeugten Geschwindigkeiten gleich — a sein. Es wurden also die beiden Geschwindigkeitsdiagramme Fig. 15 und 16 so aneinandergelegt, daß die Summe der Ordinaten abgegriffen werden konnte, und nun der Wert von x gesucht, für den $-\frac{u}{c}$ gleich $+\frac{a}{c}$ war. Die Ermittlung von Volumen und Oberfläche durch Planimetrieren der Flächen Fig. 23 und 24 ergab:

$$\frac{J}{l^3} = 0{,}3318, \qquad \frac{O}{l^2} = 3{,}320,$$

also

$$\frac{J}{O^{\sqrt[3]{\,}}} = 0{,}05478\,.$$

Für die Ausführung wurde nun mit Rücksicht auf die Herstellung der Modelle und auf die Versuchseinrichtungen für 1 eine Länge von 38 cm gewählt, damit ergibt sich für das ausgeführte Modell bei einer Gesamtlänge von 1145 mm ein Volumen von 0,0182 cbm und eine Oberfläche von 0,479 qm. Die wirkliche Größe des Modells bekommt man durch entsprechendes Vergrößern von Fig. 23; die anderen Modelle mußten nun auf gleiches J und O berechnet werden. Zu diesem Zwecke wurden probeweise für jedes Modell einige Werte von $\frac{a}{2\,c}$ angenommen, die betreffenden Werte von $\frac{J}{O^{\sqrt[3]{\,}}}$ wie für Nr. IV ermittelt und durch Interpolation derjenige Wert von $\frac{a}{2\,c}$ bestimmt, der $\frac{J}{O^{\sqrt[3]{\,}}} = 0{,}05478$ lieferte. Das Volumen eines Modells ist bei gegebenem 1 näherungsweise proportional dem Quadrat des größten Radius y_{max}, die Oberfläche wächst angenähert mit y_{max}, der Wert von $\frac{J}{O^{\sqrt[3]{\,}}}$ ist also näherungsweise proportional $\sqrt{y_{max}}$. Da nun der größte Radius nahezu der Wurzel aus dem Intensitätsverhältnis $\frac{c}{a}$ proportional ist (vgl. S. 7), so wächst

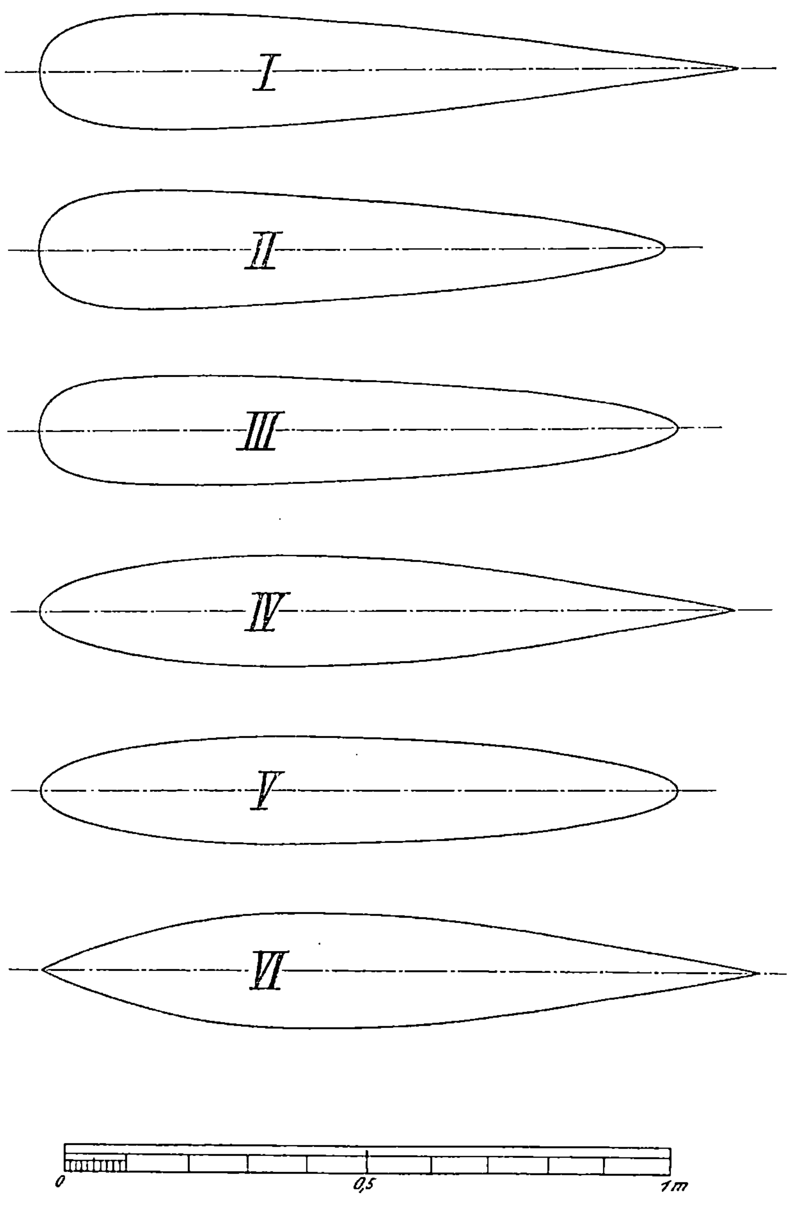

Fig. 25. Die sechs Modellformen.

$\dfrac{J}{0^{7/4}}$ angenähert mit der vierten Wurzel dieses Verhältnisses. Bei der Interpolation

wurde deshalb $\dfrac{J}{0^{7/4}}$ als Funktion von $\dfrac{1}{\sqrt[4]{\dfrac{a}{2\,c}}}$ aufgetragen, dabei ergeben sich sehr

wenig gekrümmte, durch den Nullpunkt gehende Kurven, so daß zur Bestimmung

des Wertes von $\dfrac{J}{0^{7/4}}$ zwei bis drei probeweise Annahmen genügen.

Nach dieser Methode ergaben sich für die sechs Modelle folgende Werte von $\frac{a}{2c}$:

Modell:	I	II	III	IV	V	VI
$\frac{a}{2c}$:	55,27	154,3	224	30	108,3	39,51

Die diesen Werten entsprechenden Parabeln wurden nun in die Diagramme Fig. 17 bis 22 eingezeichnet (strichpunktiert) und so die gesuchten Modellformen ermittelt; die wirkliche Größe ergab sich dann, indem l so bestimmt wurde, daß das Volumen den gewünschten Wert bekam. So entstanden die in Fig. 25 dargestellten Modellformen.

Mit Hilfe der Diagramme Fig. 17 bis 22 wurden nun auch die Stromlinien der äußeren Strömung und die des Systems von Quelle und Senke in der auf S. 14 beschriebenen Weise konstruiert. Um die Ordinaten der Stromlinien gleich in der richtigen Größe aus den Diagrammen übertragen zu können, wurden diese photographisch auf das erforderliche Maß verkleinert; mit Hilfe dieser verkleinerten Diagramme wurden die Fig. 26 bis 31 konstruiert, in denen oberhalb der Achse die Stromlinien des Quellen- und Senkensystems, unterhalb der Achse schematisch die Verteilung der Quellen und Senken und die äußeren Stromlinien um die Meridiankurve des Modells gezeichnet sind. Das erstere Stromliniensystem ist für äquidistante Werte von $\frac{\Psi}{c}$ gezeichnet, bei der Konstruktion der äußeren Stromlinien wurde die Verschiebung der Parabel so ausgeführt, daß die Stromlinien im Unendlichen äquidistant sind.

Mit Hilfe der Stromlinien des Quellen- und Senkensystems wurde nun auch, wie es auf Seite 15 beschrieben ist, der Druckverlauf längs der Modelloberflächen ermittelt, indem zunächst die Größe der Geschwindigkeit V längs der Oberfläche durch die angegebene Konstruktion gefunden und nun der dieser Geschwindigkeit entsprechende Druck aus der Druckgleichung:

$$\frac{p}{h_0} = 1 - \left(\frac{V}{a}\right)^2$$

berechnet wurde. Der Druckverlauf für die verschiedenen Modelle ist in den später folgenden Fig. 43a bis 48a wiedergegeben, und zwar durch die gestrichelten Linien (siehe S. 42 und 43). Am vorderen Scheitel sämtlicher Modelle herrscht Überdruck gleich der Geschwindigkeitshöhe der Strömung, dann fällt der Druck ziemlich rasch ab und hat für einen großen Teil der Oberfläche negative Werte, um dann am hinteren Scheitel wieder auf die volle Geschwindigkeitshöhe anzusteigen. Aus den Figuren ist sehr gut der Einfluß der Formgebung der Modelle auf den Druckverlauf zu erkennen; ein stumpfer Kopf liefert starke Saugwirkung, eine schlanke Zuspitzung sichert allmählichen Verlauf des Druckes.

Führt man die Integration des Druckes über die Oberfläche aus, indem man ihn als Funktion von y^2 aufträgt, so erkennt man durch Planimetrieren der Diagramme (Fig. 43b bis 48b) leicht, daß der Widerstand sämtlicher Modelle gleich Null ist, wie es ja bei der Potentialströmung auch sein muß.

Fig. 26—31. Stromlinien der Quellen- und Senkensysteme und der Strömungen um die Modelle.

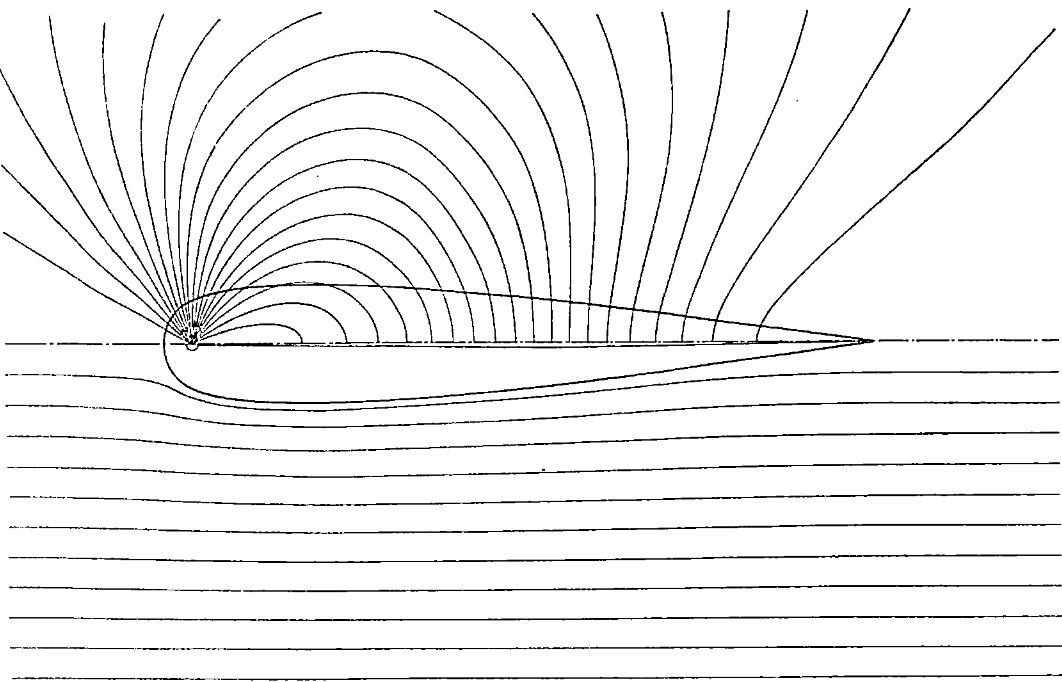

Fig. 26. Modell I.

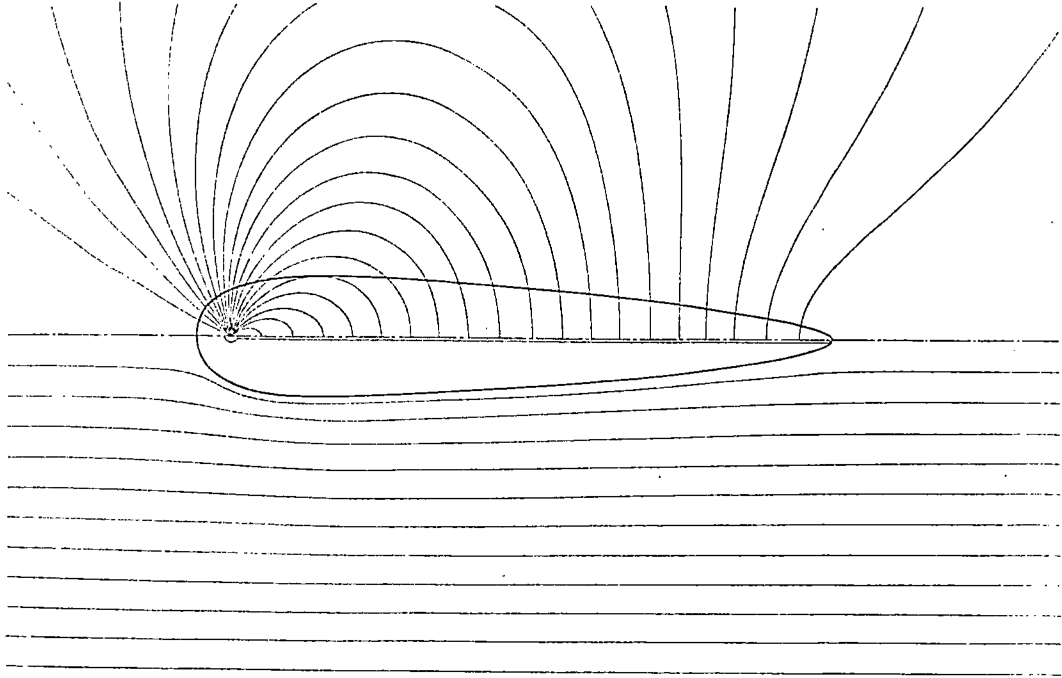

Fig. 27. Modell II.

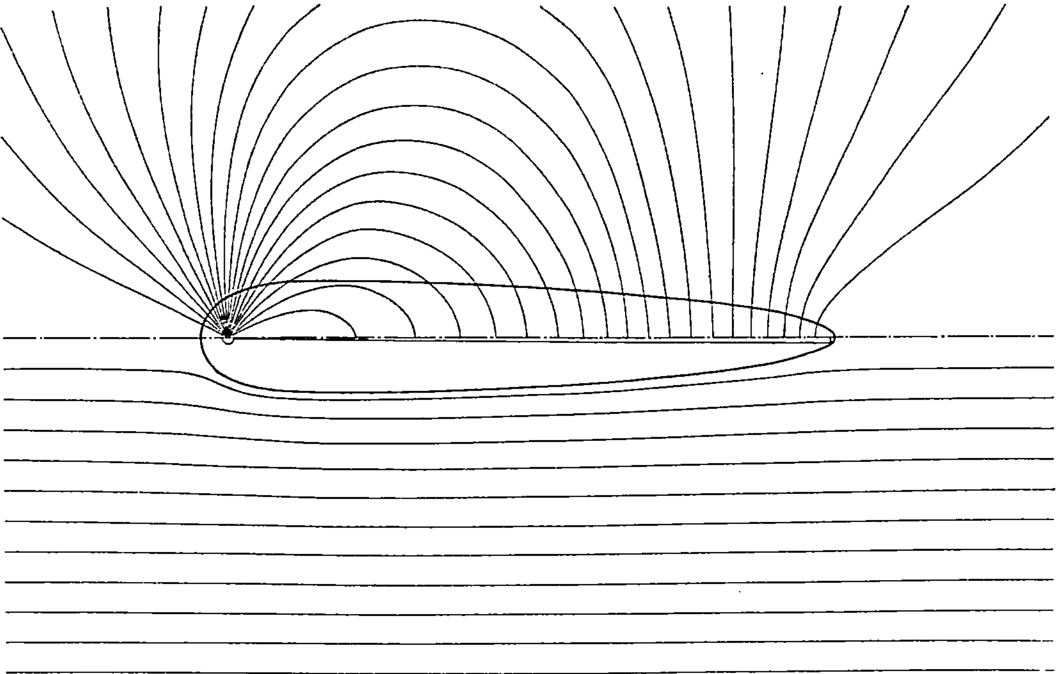

Fig. 28. Modell III.

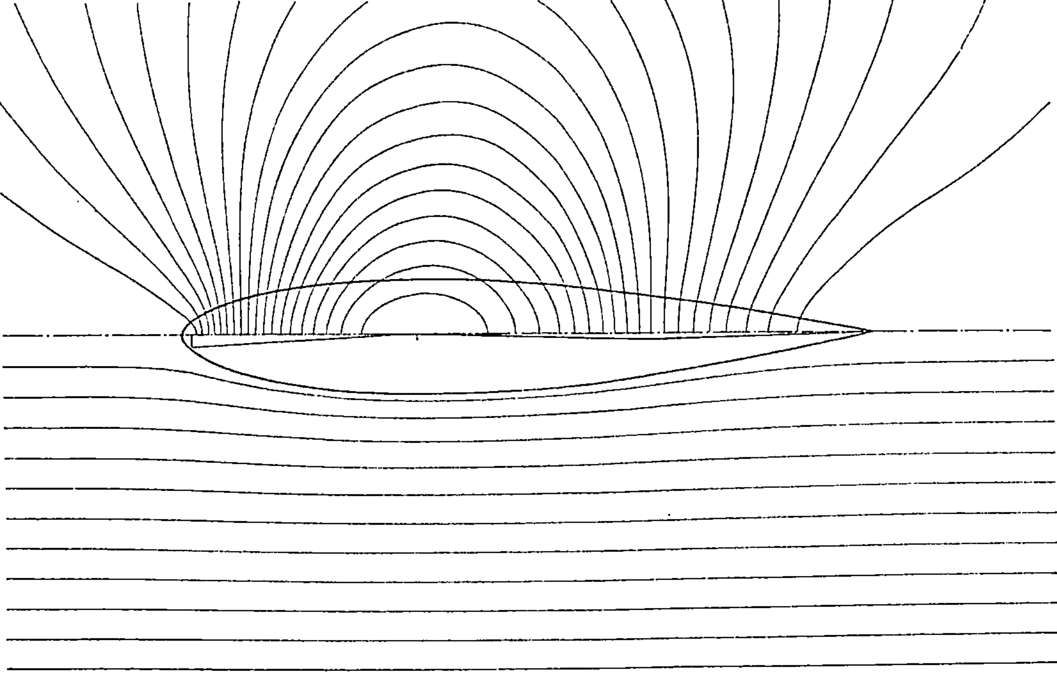

Fig. 29. Modell IV.

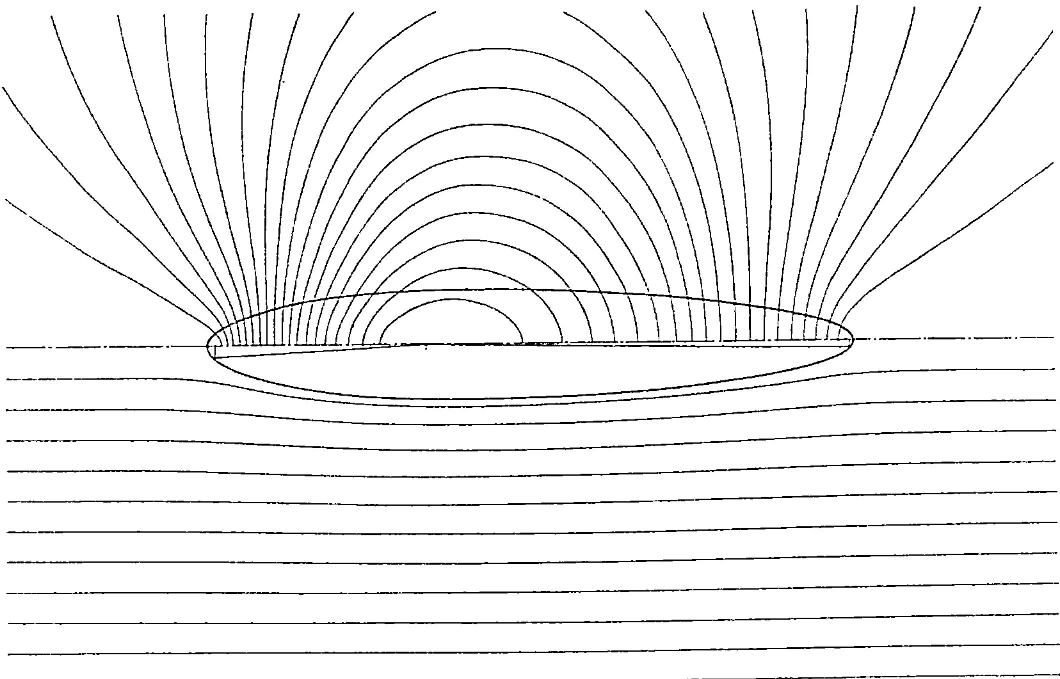

Fig. 30. Modell V.

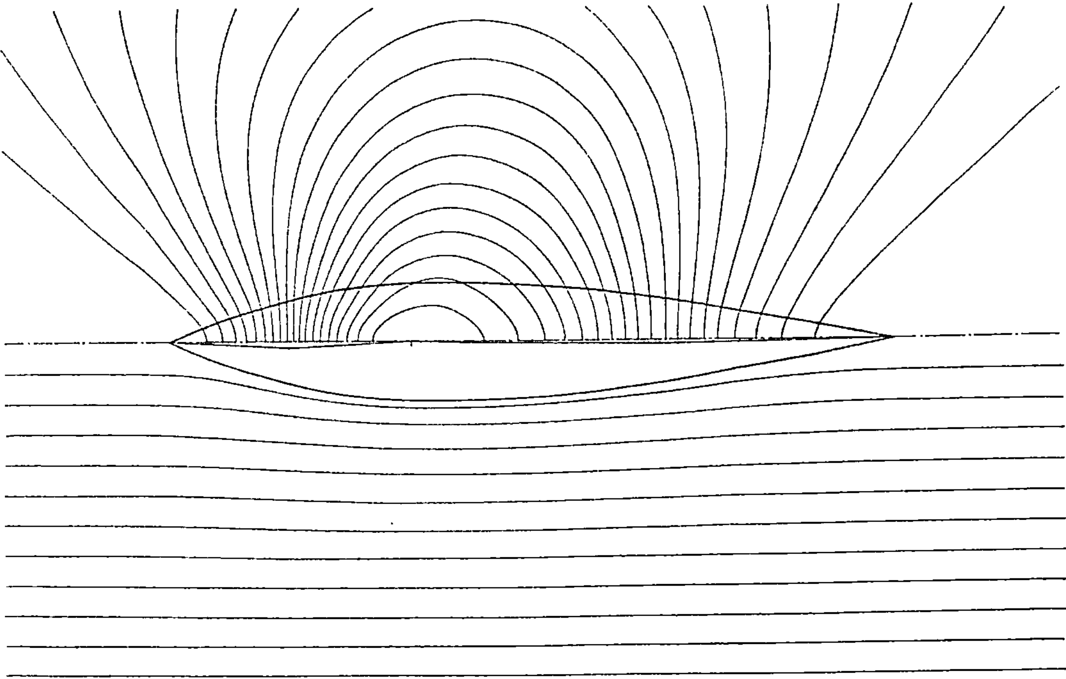

Fig. 31. Modell VI.

B. Experimentelle Untersuchungen.

I. Ausführung der Modelle.

Nach den in Fig. 25 gegebenen Zeichnungen wurden nun Modelle für die Untersuchung in einem künstlichen Luftstrome, dessen Geschwindigkeit bekannt war und verändert werden konnte, aus Metall hergestellt. An diesen Modellen sollte mittels feiner Anbohrungen eine Messung der Drücke, die durch den Luftstrom an den einzelnen Punkten der Modelloberfläche erzeugt werden, ausgeführt werden, um diese wirkliche Druckverteilung mit der für die reibungslose Flüssigkeit berechneten vergleichen und die Abweichungen von dieser feststellen zu können. Wenn man dann die axialen Komponenten der gemessenen Drücke über die Oberfläche integrierte, so mußte sich der Anteil des Widerstandes, der auf Rechnung der vom Luftstrom auf das Modell ausgeübten Normaldrücke zu setzen ist, also der Formwiderstand, ergeben [1]. Andrerseits sollte durch eine Wage der gesamte Widerstand, den die Modelle im Luftstrom erfuhren, gemessen werden; diese Messung lieferte also die Summe von Reibungs- und Formwiderstand, und durch Abziehen des aus der Druckverteilung ermittelten Formwiderstandes ergab sich dann der Reibungswiderstand als Rest. Da die Messung des Gesamtwiderstandes bei verschiedenen Geschwindigkeiten ausgeführt war, so konnte schließlich auch die Abhängigkeit des Reibungswiderstandes von der Geschwindigkeit untersucht werden.

Die Messung der Druckverteilung verlangt, daß die Modelle aus Metall hohl hergestellt wurden. Wegen ihrer Größe mußte eine Herstellung durch Drücken als zu teuer verworfen werden, auch hätte diese nicht die erforderliche Genauigkeit verbürgt. Es wurde deshalb folgendes Verfahren ausgearbeitet, das die Herstellung der Modelle auf galvanoplastischem Wege durch das eigene Personal der Versuchsanstalt ermöglichte und das sich nach Überwindung einiger Schwierigkeiten sehr gut bewährte.

Es wurde zunächst auf Zinkblech von Millimeterstärke die genaue Begrenzungskurve aufgezeichnet, und zwar in drei Teilen, die etwas übereinandergriffen, da die Modelle aus drei Teilen hergestellt werden sollten. Jeder Teil, der beim Herstellen des Modells als Schablone dienen sollte, wurde auf ein besonderes Blechstück gezeichnet, außerdem wurde parallel der Mittellinie im Abstande von 10 cm eine Hilfslinie eingerissen. Jede Kurve wurde dann ausgeschnitten, nach der Zeichnung genau gefeilt und auf ein Brett genagelt, so daß die bearbeitete Kante frei überstand. Zum Anfertigen eines Modellteils wurde eine solche Schablone auf dem Kreuzsupport einer Drehbank befestigt; die Brettdicke war so gewählt, daß die Oberfläche der Schablone sich genau in Höhe der Drehbankspitzen befand. Mittels einer Lehre und der eingerissenen Hilfslinie wurde nun die Mittellinie der Schablone genau mit der Drehbankachse zusammenfallend eingestellt. Diese Schablone diente zum Herstellen eines Gipsmodells, das nachher für die Verkupferung noch

---

[1] Vgl. L. Prandtl: Einige für die Flugtechnik wichtige Beziehungen aus der Mechanik. Zeitschrift für Flugtechnik und Motorluftschiffahrt 1910, S. 63 u. f.).

mit einem dünnen Paraffinüberzuge versehen wurde. Das Gipsmodell mußte deshalb im Durchmesser etwas dünner gehalten werden, als der Schablone entsprach; diese wurde daher mit Hilfe der Supportspindel um ein bis zwei Millimeter an die Achse herangeschoben. Auf die Drehbankspindel wurde nun mittels eines eisernen Gewindestücks ein Holzfutter aufgeschraubt; dieses trug einen blechernen Hohlkörper, der als Gerüst für das Gipsmodell diente (siehe Fig. 32). Auf diesen Hohlkörper wurde Gipsbrei aufgetragen; wenn die Gipsschicht genügend stark war,

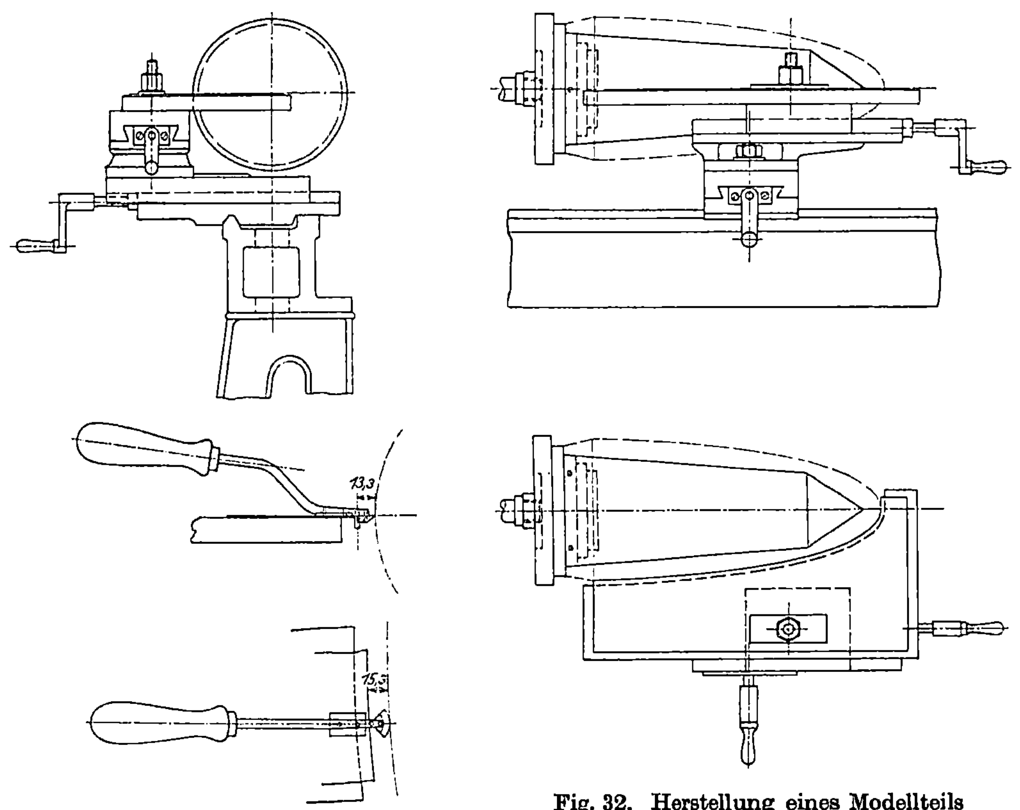

Fig. 33. Drehstahl.

Fig. 32. Herstellung eines Modellteils auf der Drehbank.

drehte sie sich beim Laufen der Drehbankspindel selbsttätig ab, und es entstand so ein Rotationskörper, der im Durchmesser etwas kleiner als das fertige Modell war. Nach genügendem Trocknen wurde auf diesen eine Paraffinschicht von einigen Millimetern Dicke aufgetragen; nach dem Erhärten derselben wurde eine zweite Schablone auf den Kreuzsupport gesetzt, die in derselben Weise wie die erste hergestellt war, nur bildete die Begrenzungskurve zu der ersten eine Äquidistante im Abstande von 15 mm. Auch diese Schablone wurde in derselben Weise wie die erste ausgerichtet; an ihr wurde dann ein besonders konstruierter Drehstahl entlang geführt und so die Paraffinschicht auf den gewünschten Durchmesser abgedreht. Der Drehstahl besitzt eine kreisbogenförmige Schneide (siehe Fig. 33) und wurde an der Schablone mittels eines zylindrischen Stiftes geführt; die Kreisbogenform der Schneide sorgt dafür, daß durch unrichtiges Halten des Drehstahls keine Un-

genauigkeiten entstehen können. Um die genaue Lage zu sichern, ist er mit einer
Führungsplatte versehen, die man auf der Blechschablone entlanggleiten läßt,
dabei befindet sich die Schneide des Drehstahls genau in der Höhe der Drehbankspitzen. Wenn also die Schablone richtig eingestellt war, konnte der Arbeiter,
ohne auf die Führung des Stahls besondere Sorgfalt zu verwenden, mit leichtester
Mühe ein genaues Modell herstellen. Der Abstand der Anlagestelle des Führungs-
stiftes von der Schneidkante des Drehstahls beträgt 15,3 mm, so daß das Paraffinmodell um 0,3 mm, das ist die Dicke des Kupferniederschlages, kleiner war, als der
ersten Schablone entsprach. Nachdem so die drei Teile eines Modells hergestellt
und genau abgedreht waren, wurden sie durch Bepinseln mit Graphit leitend gemacht und dann einzeln in ein Verkupferungsbad gebracht. Die Verkupferungsanlage, die für diese Zwecke eingerichtet wurde, zeigt Fig. 34. Sie besteht aus einer

Fig. 34. Verkupferungsanlage.

kleinen Galvanoplastikdynamo, die durch einen vom Netz gespeisten Elektromotor
angetrieben wird. Oberhalb der Dynamo befindet sich die Schalttafel für den
Motor, links über den Bädern die Schalttafel der Dynamo mit Regulierwiderstand,
Strom- und Spannungsmesser und den nötigen Schaltern für die beiden Bäder.
Über dem einen Bad hängt ein Modell fertig zum Herunterlassen in das Bad. Die
Bäder sind mit einer Rührvorrichtung versehen, die von der Dynamowelle aus
angetrieben wird und die Badlösung während des Arbeitens auf gleichmäßiger
Mischung erhält. Der Strom wurde den leitendgemachten Modellen durch ein
herumgelegtes Kupferband zugeführt; der Maximalstrom betrug etwa 30 bis 35 A.
Die genügende Dicke des Niederschlages, etwa 0,3 bis 0,4 mm, wurde für einen
Modellteil in etwa 24 Stunden erreicht; zur Erzielung eines gleichmäßigen Nieder-
schlages mußte die richtige Stromdichte möglichst genau eingehalten werden. Nach
Beendigung der Verkupferung wurde das Holzfutter wieder auf die Drehbank

7*

geschraubt und nun der Niederschlag, der natürlich nicht vollkommen glatt war, durch Bearbeitung mittels feiner Feilen und Schmirgelpapier geglättet; das Abdrehen verbot sich von selbst wegen der zu geringen Dicke. Bei der Bearbeitung diente die erste Schablone zum Kontrollieren der genauen Form. In einer Meridian-

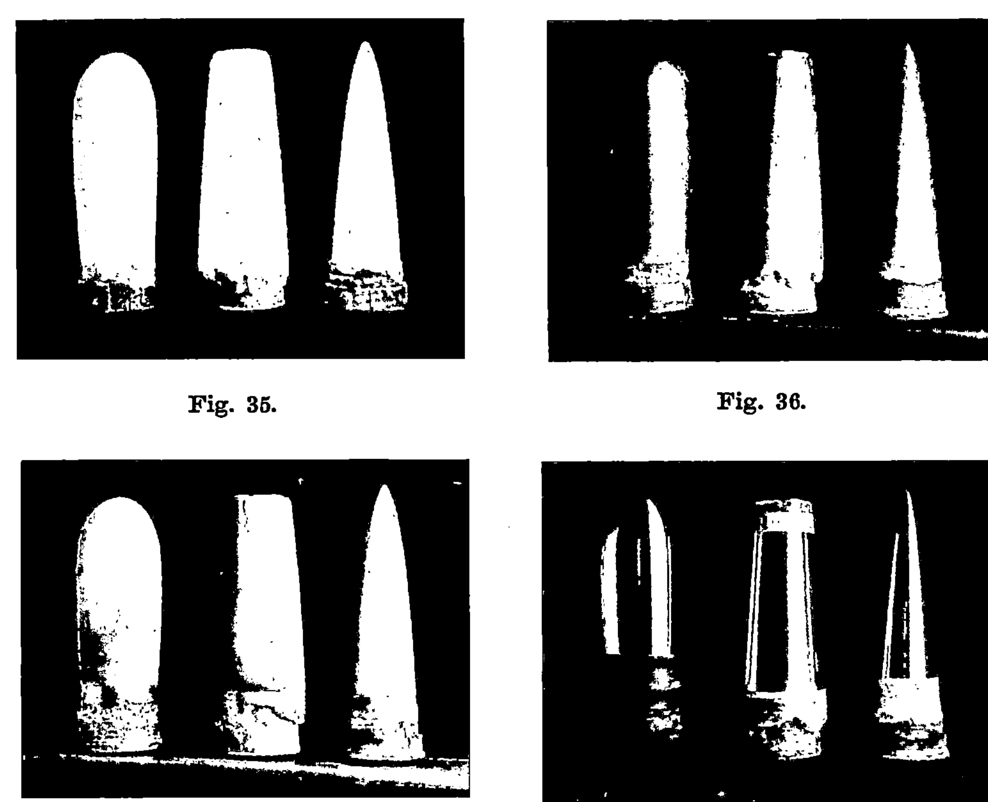

Fig. 35.   Fig. 36.

Fig. 37.   Fig. 38.

Fig. 35—38. Modell in verschiedenen Stadien der Herstellung.

ebene wurden dann eine Reihe feiner Bohrungen (0,8 mm) angebracht in einem. Abstand von etwa 2 cm längs der Erzeugenden, die für die spätere Druckmessung dienen sollten, und dann der Kupfermantel genau an den Stellen, an denen er mit den beiden anderen Teilen desselben Modells vereinigt werden sollte, abgestochen und durch Erwärmen von dem Paraffinmodell losgelöst. Fig. 35 bis 38 stellen den Werdegang eines Modells (Nr. II) dar; Fig. 35 gibt die drei Gipsmodelle wieder, Fig. 36 dieselben mit Paraffin überzogen und leitend gemacht, Fig. 37 die drei verkupferten Modelle nach dem Herausnehmen aus dem Bade und Fig. 38 nach dem Bearbeiten und Abstechen auf richtige Länge. Den Querschnitt eines fertigen Modells zeigt Fig. 39. Die drei Kupfermäntel sind mittels eingepaßter gedrehter Messingringe zusammengefügt und gelötet, durch Einsetzen von zwei Blechböden ist das Innere des Modells in drei Räume zerlegt. Jeder Raum steht durch einen Schlauch mit einem Anschlußstück in Verbindung, das an der Innenwandung des mittelsten

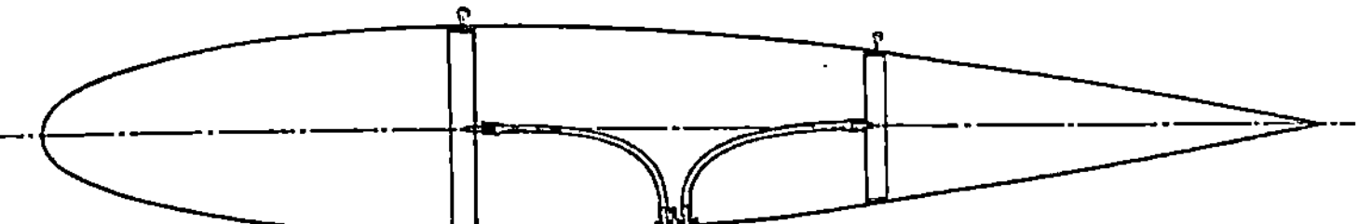

Fig. 39. Querschnitt eines fertigen Modells.

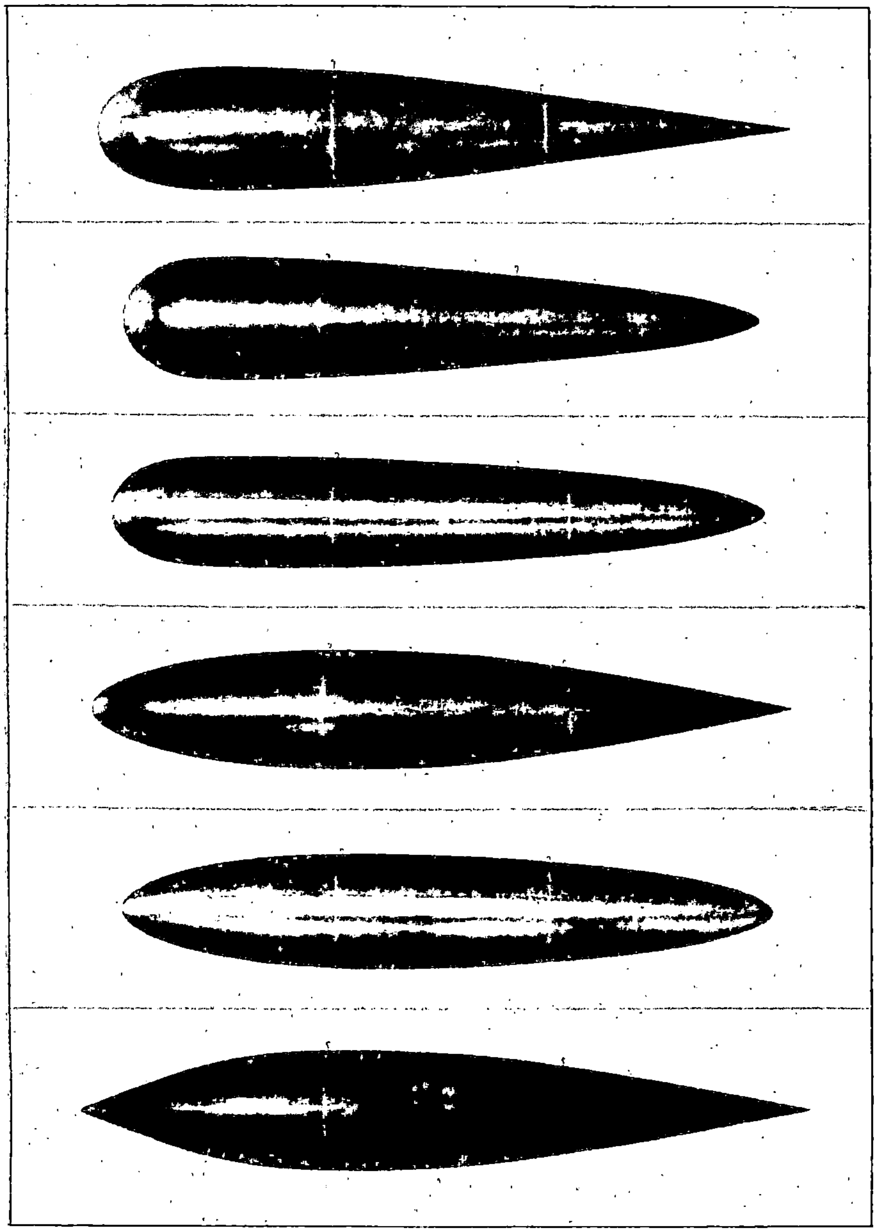

Fig. 40. Ansicht der sechs Modelle.

Teils angelötet ist. Dies Anschlußstück trägt drei nach außen führende Bohrungen; in diese können für die Druckverteilungsmessung Schlauchansätze eingeschraubt werden, mittels deren die drei Hohlräume einzeln an Manometer angeschlossen werden können. Außerdem trägt jedes Modell noch zwei Haken, die für die Aufhängung im Versuchskanal dienen. Nach der Fertigstellung wurden die Modelle nochmals abgeschliffen und mit Zaponlack lackiert. Eine photographische Aufnahme der sechs Modelle zeigt Fig. 40, an einigen ist auch die Reihe der Anbohrungen (auf dem ganzen Umfang etwa 100—120 Stück, je zwei symmetrisch zur Achse) zu erkennen.

II. Messung der Druckverteilung an den Modellen und Ermittlung des Formwiderstandes.

Die Versuche, die in der Versuchsanstalt der Motorluftschiff-Studiengesellschaft ausgeführt wurden, zerfallen in zwei Teile, in die Messung der Druckverteilung, aus der durch Integration über die Oberfläche der Formwiderstand der Modelle berechnet wurde, und in die Ermittlung des Gesamtwiderstandes.

Bezüglich der Einrichtung der Versuchsanstalt sei auf die Beschreibung derselben hingewiesen, die durch den Leiter, Prof. Dr. L. Prandtl, in seinem Vortrage auf der Hauptversammlung des Vereins deutscher Ingenieure 1909 gegeben ist [1]). Es sei hier nur erwähnt, daß in der Anstalt in einem quadratischen Tunnel von etwa 4 qm Querschnitt durch einen Schraubenventilator ein Luftstrom erzeugt wird, dessen Geschwindigkeit zwischen etwa 2 m/sec und 10 m/sec beliebig einstellbar ist und, einmal eingestellt, durch einen sehr empfindlichen automatischen Regulator während der Versuche zeitlich konstant erhalten wird, unabhängig von Spannungsschwankungen in der Leitung des den Ventilator antreibenden Elektromotors. Durch Verteilungs- und Beruhigungseinrichtungen ist dafür gesorgt, daß auch die örtlichen Unterschiede der Geschwindigkeit im Querschnitt des Kanals möglichst gering sind; die größten Abweichungen der Geschwindigkeit von dem mittleren Werte betragen nicht mehr als etwa 1 bis 2 %, wenn man nur ein mittleres Quadrat von 1,4 m Seitenlänge in Betracht zieht. Nach den Rändern des Querschnitts zu ist infolge des Einflusses der Kanalwände ein stärkerer Geschwindigkeitsabfall vorhanden, der aber die Messungen nicht stört, da der Modellquerschnitt nur etwa 1 % des Kanalquerschnittes beträgt.

Durch die Einstellung des automatischen Regulators ist die Luftgeschwindigkeit im Versuchskanal oder vielmehr die Geschwindigkeitshöhe des Luftstromes gegeben; es wurde aber außerdem bei jedem Versuche die Luftgeschwindigkeit mittels Pitotscher Röhre gemessen. Die Druckdifferenz, die sich an dem Instrument einstellt und mittels Mikromanometers gemessen wird, beträgt 0,977 der Geschwindigkeitshöhe; der Faktor 0,977 wurde durch Eichung des Instruments am Rundlauf ermittelt. Das Instrument kann durch eine Führung von außen auf jeden beliebigen Punkt des Kanalquerschnittes eingestellt werden, bei einer Be-

---

[1]) Die Bedeutung von Modellversuchen für die Luftschiffahrt und Flugtechnik und die Einrichtungen für solche Versuche in Göttingen. Z. d. Ver. deutsch. Ing. 1909, S. 1711.

wegung längs einer Senkrechten kann gleichzeitig eine Registrierung seiner Angabe
ausgeführt werden, so daß also die Bestimmung der mittleren Geschwindigkeit
dadurch sehr erleichtert ist. Wegen der Einzelheiten der Geschwindigkeitsmessung
sei außer auf die erwähnte Beschreibung der Versuchsanstalt auch auf die Disser-
tation von Dr.-Ing. O. Föppl: „Windkräfte an ebenen und gewölbten Platten"
(Jahrbuch der Motorluftschiff-Studiengesellschaft 1910—1911, S. 77) hingewiesen.

Für die Messung der Druckverteilung
wurden die Modelle in der Mitte des Kanals,
möglichst genau ausgerichtet, an feinen
Drähten aufgehängt. Mittels der einge-
schraubten Anschlußstücke wurden drei
dünne Gummischläuche angeschlossen und,
durch ein Rohr verkleidet, gemeinsam nach
außen geführt. Der Querschnitt des Rohres
war derartig, daß es der Strömung möglichst
wenig Hindernis bot. Die Aufhängung des
Modells und das Verkleidungsrohr für die
Schläuche sind aus Fig. 41 zu ersehen. Im
Beobachtungsraum waren die Schläuche an
einen Hahnschalter (siehe Fig. 42) angeschlossen, der die drei Räume eines Modells
nacheinander mit dem Mikromanometer in
Verbindung zu bringen gestattete. Das
Mikromanometer war andrerseits an eine seitliche Bohrung der Wandung des Kanals angeschlossen. Der hier herrschende Druck entsprach ziemlich genau dem statischen Druck
im Luftstrom, so daß also der Ausschlag des

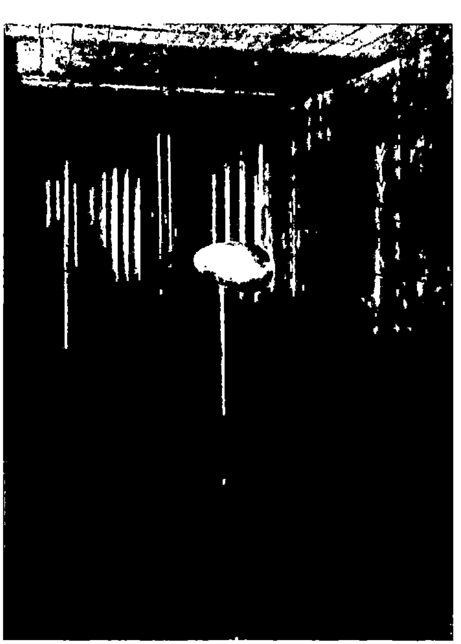

Fig. 41.   Aufhängung des Modells
im Kanal.

Mikromanometers direkt ein Maß für den Über- oder Unterdruck war, der durch den
Luftstrom an der betreffenden Stelle des Modells erzeugt wurde. Das Mikromanometer
ist von der gewöhnlichen Bauart; es besteht aus einem zylindrischen gußeisernen
Gefäß, das mit Alkohol gefüllt wird und mit einer geneigten, mit Millimeterskala ver-
sehenen Glasröhre in Verbindung steht; die Neigung der Röhre kann nach einer
Skala eingestellt werden. Die Eichung erfolgt durch allmähliches Auffüllen mit
Alkohol; dadurch bekommt man eine Beziehung zwischen der Steighöhe des Alkohols
in der Röhre und der aus der hineingefüllten Alkoholmenge zu berechnenden Druckdifferenz, die man zweckmäßig in Millimeter Wassersäule ausdrückt. Meist wurden
zwei Mikromanometer benutzt; das eine diente zur Messung der Überdrücke, das
andere zur Messung der Unterdrücke. Auf der Photographie Fig. 42 sind die beiden
Mikromanometer und der Hahnschalter zu sehen, ebenso auch das für die Geschwindigkeitsmessung dienende Mikromanometer mit Registriervorrichtung.

Die Messungen wurden nur bei der größten Luftgeschwindigkeit ausgeführt,
da eine Kontrollmessung bei einer niedrigeren Geschwindigkeit keine merklich
andere Druckverteilung ergab, wenn man die gemessenen Drücke auf die Geschwindigkeitshöhe der ungestörten Strömung als Einheit bezog, und da andrer-

seits die Messung der Druckverteilung bei verschiedenen Geschwindigkeiten einen
sehr großen Zeitaufwand erfordert hätte.

Fig. 42. Mikromanometer für die Druckmessung und Mikromanometer mit Registriervorrichtung für die Geschwindigkeitsmessung.

Bei den Messungen wurde nun folgendermaßen verfahren: Vor dem Auf-
hängen eines Modells wurden die Ränder der Anbohrungen mittels eines kleinen
Instrumentes sorgfältig abgerundet, so daß etwa vorhandener Grat sicher be-
seitigt war; dann wurden sämtliche Bohrungen mit einer Mischung aus Wachs
und Vaseline verklebt, nur zwei symmetrisch zur Achse gelegene Bohrungen in
jedem der drei Abteile des Modells blieben geöffnet. Die gleichzeitige Öffnung
zweier symmetrischer Bohrungen hatte den Zweck, geringe Ungenauigkeiten der
Einstellung des Modells in die Kanalachse zu eliminieren. Das Modell wurde nun
aufgehängt und mittels des Hahnschalters zunächst das Vorderteil an das Mikromanometer angeschlossen, nach dem Einschalten des Ventilators stellte sich dann
im Hohlraum derselbe Druck ein, der an der Bohrung durch den Luftstrom erzeugt
wurde, und konnte am Manometer abgelesen werden. Dann wurde ebenso der
mittlere und hintere Raum angeschlossen und dort ebenfalls die Drücke abgelesen.
Hierauf wurde der Ventilator abgestellt, die eben benutzten Bohrungen verschlossen
und die nächsten drei Lochpaare geöffnet und so allmählich das ganze Modell
durchgemessen.

Die mittlere Geschwindigkeitshöhe der ungestörten Strömung wurde für jedes
Modell durch eine Messung in der mittleren Senkrechten bestimmt; das Pitotrohr
befand sich dabei etwa 1,5 m hinter dem Modellende. Aus den Messungen ergaben
sich für die sechs Modelle folgende Werte der Geschwindigkeitshöhe:

Modell:	I	II	III	IV	V	VI
h:	5,78	5,85	5,78	5,74	5,77	5,81 mm WS.

In den Tabellen Nr. V bis X sind die Koordinaten der Anbohrungen für die sechs Modelle enthalten, ebenso die gemessenen Drücke nach der Auswertung in mm WS. Die letzte Spalte der Tabellen enthält die Drücke, bezogen auf die Geschwindigkeitshöhe der ungestörten Strömung. Trägt man diese letzteren Werte als Funktion von x auf, so bekommt man die in Fig. 43a bis 48a dargestellten Druckverteilungen, in die zum Vergleich auch der nach dem früher angegebenen Verfahren ermittelte theoretische Druckverlauf gestrichelt eingezeichnet ist.

Aus den Figuren ist ersichtlich, daß die gemessene Druckverteilung längs eines großen Teiles der Modelloberflächen sehr gute Übereinstimmung mit der aus der Potentialströmung berechneten zeigt. Nur bei einem Modell (Nr. I) zeigt sich schon am Vorderteil eine ziemlich erhebliche Abweichung in dem Gebiete des Unterdruckes. Diese Abweichung ergab sich auch bei Kontrollmessungen stets in derselben Weise, es muß also bei diesem Modell bereits am Vorderteil eine Abweichung von der Potentialströmung stattfinden, die wohl auf die Bildung von Wirbeln zurückzuführen ist und die bei den anderen Modellen nicht auftrat. Bei sämtlichen Modellen ist aber in der gleichen Weise eine bedeutende Abweichung von der theoretischen Druckverteilung am hinteren Ende zu erkennen, der wirkliche Überdruck erreicht dort bei weitem nicht den Betrag der Geschwindigkeitshöhe, den die Theorie für die ideale Flüssigkeit fordert. Nach der Ablösungstheorie von Prof. Prandtl ist dies auch vollkommen erklärlich, denn an dem hinteren Ende der Körper, wo die durch die Reibung verzögerte Strömung in ein Gebiet höheren Druckes eintritt, sind die Bedingungen für die Ablösung der Strömung und die Ausbildung von Wirbeln gegeben; diese Wirbel entsprechen dem, was man bei einem Schiff als Kielwasser bezeichnet.

Die Resultierende der axialen Komponenten der gemessenen Drücke ergibt den Formwiderstand der Modelle. Zu seiner Bestimmung muß man, wie auf S. 10 ausgeführt ist, die Drücke als Funktion von y^2 auftragen; dabei erhält man die in Fig. 43b bis 48b wiedergegebenen Diagramme. In diese Diagramme ist zum Vergleich auch der theoretische Druckverlauf eingetragen. Durch Planimetrieren der Diagrammflächen erhält man den numerischen Wert des Formwiderstandes; man kann auch, wenn man die Flächenstücke planimetriert, die von den beiden Achsen und einem Kurvenast bis zur Endordinate begrenzt sind, den Widerstand von Vorder- und Hinterteil trennen. Die Formwiderstände ergeben sich auf die Geschwindigkeitshöhe bezogen, die zahlenmäßigen Werte für die sechs Modelle sind:

Modell:	I	II	III	IV	V	VI
W_1/h_0:	1,307	1,47	1,456	1,13	1,18	1,28 g/mm WS.

Der Koeffizient des Formwiderstandes hat, wie er hier angegeben ist, die Dimension einer Fläche; wir wollen ihn zu einer dimensionslosen Größe machen, indem wir den Formwiderstand auf eine Fläche beziehen (vgl. den Artikel von Prof. Prandtl: „Bemerkungen über Dimensionen und Luftwiderstandsformeln" in der Zeitschrift für Flugtechnik und Motorluftschiffahrt 1910, S. 159). Nach dem dort gemachten Vorschlag wollen wir den Widerstand durch $J^{2/3}$ ausdrücken und nicht, wie es im Schiffbau üblich ist, durch den größten Querschnitt (Hauptspantquer-

    G. Fuhrmann.

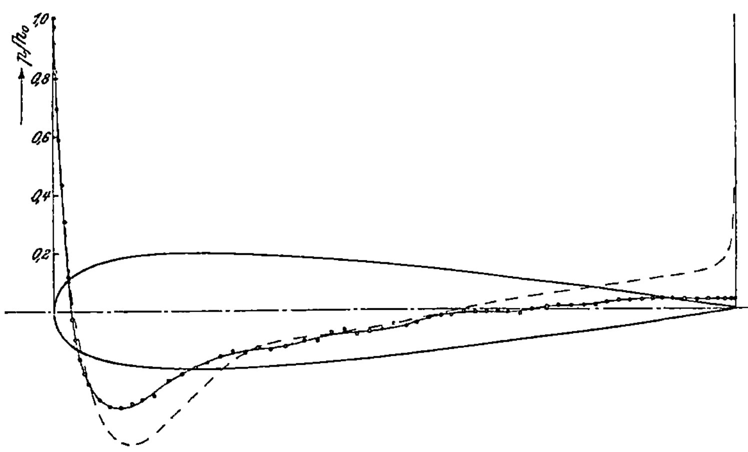
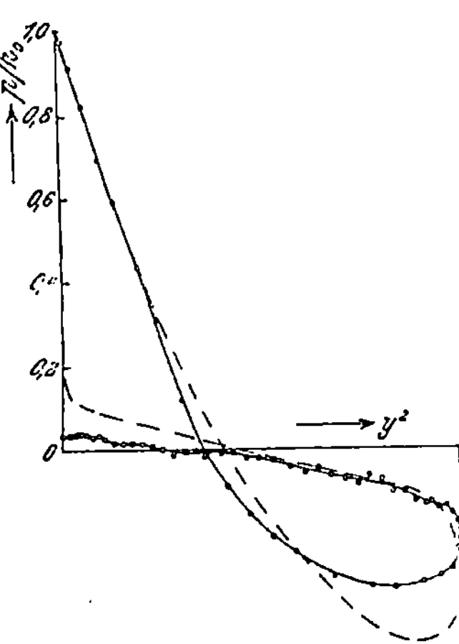

Fig. 43 a und b.

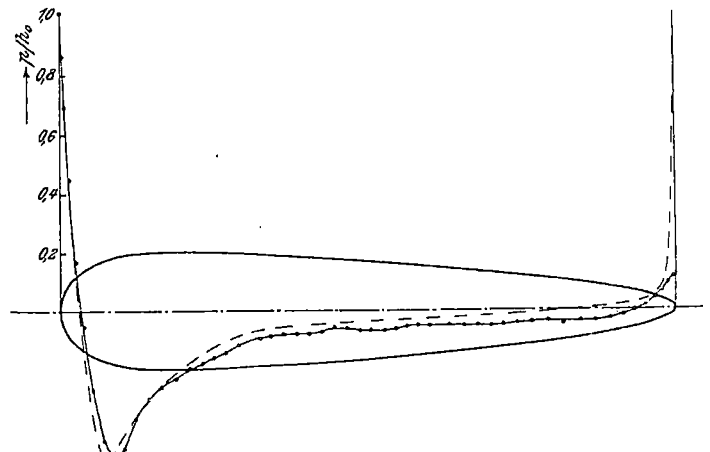
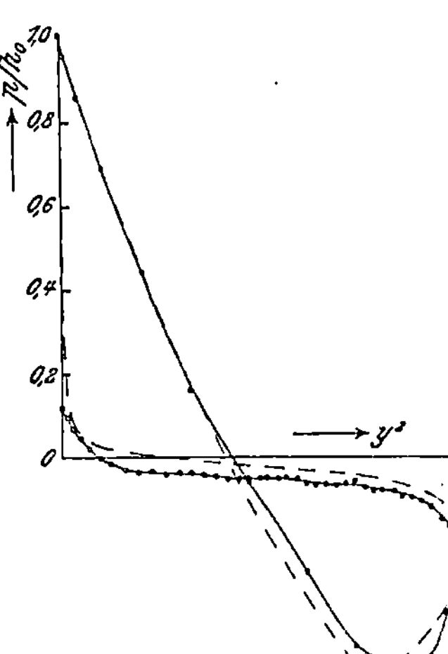

Fig. 44 a und b.

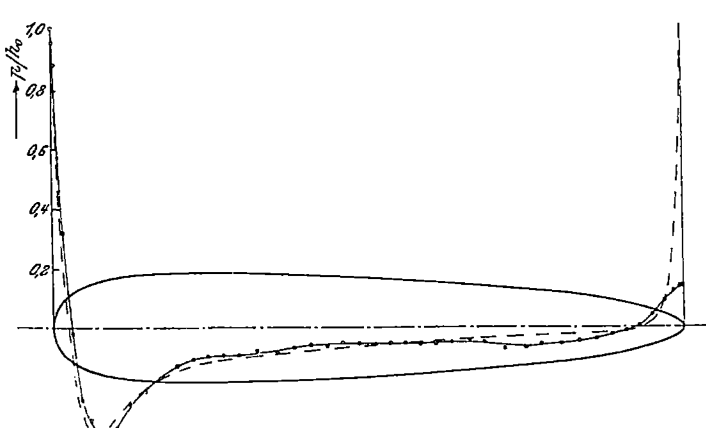
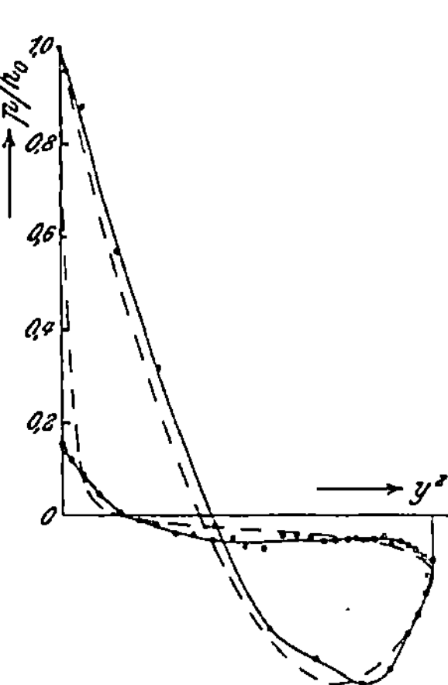

Fig. 45 a und b.

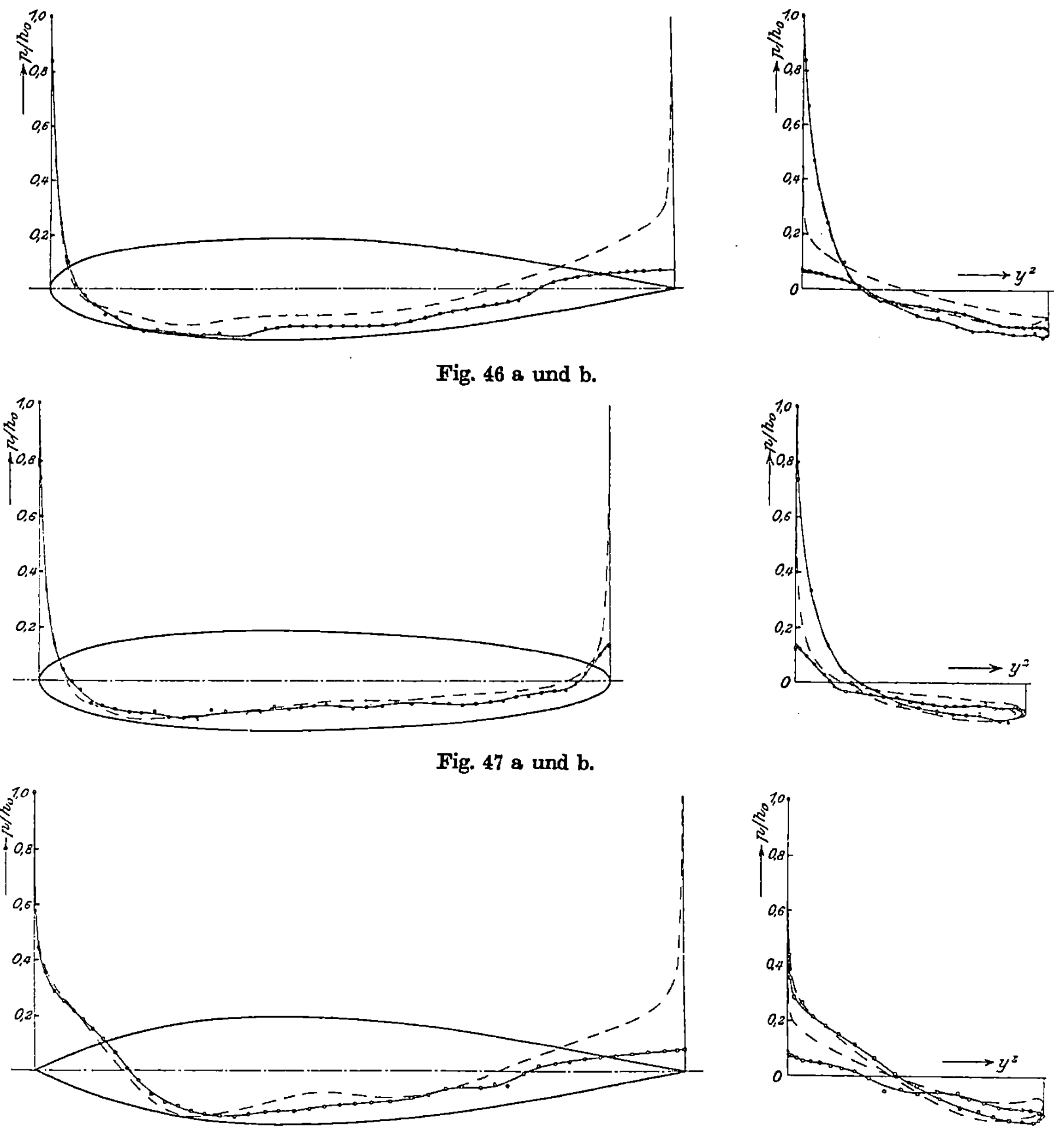

Fig. 46 a und b.

Fig. 47 a und b.

Fig. 48 a und b.

Fig. 43a—48a. Berechnete und gemessene Druckverteilungen.
Fig. 43b—48b. Ermittlung der Formwiderstände.

schnitt); denn für ein Luftschiff kommt in erster Linie das Volumen in Betracht, der Hauptspantquerschnitt hat gar keine weitere Bedeutung. Wir drücken also den Formwiderstand durch die Beziehung aus:

$$W_f = \xi_1 \cdot J^{2/3} \cdot V^2 \cdot \frac{\gamma}{g}.$$

Der Wert von $J^{2/3}$ beträgt für alle Modelle 0,0692 qm, damit ergibt sich der Wert für den Koeffizienten ξ_1 der sechs Modelle folgendermaßen:

Modell: I   II   III   IV   V   VI

ξ_1: 0,00945   0,0106   0,0105   0,00816   0,00853   0,00927.

Das günstigste, also den kleinsten Widerstand liefernde Modell ist demnach Nr. IV, ihm folgen der Reihe nach Nr. V, VI, I, III und II. Die Messung der Druckverteilung hatte schon gezeigt, daß die Abweichungen der Strömung von der Potentialströmung, die den Widerstand Null ergibt, nur gering sind, und in der Tat beträgt der Formwiderstand für Modell Nr. IV bei einer Luftgeschwindigkeit von 10 m/sec nur 6,9 g.

III. Prüfung der Zulässigkeit der Beobachtungsmethode.

Die Ermittlung des Formwiderstandes aus der gemessenen Druckverteilung beruht auf der Annahme, daß die Bohrungen der Modelle tatsächlich den dort herrschenden statischen Druck messen. Durch das Anbringen der Bohrungen ist aber gerade an der betreffenden Stelle die Oberfläche verändert, es ist daher nicht ausgeschlossen, daß durch das Vorbeiströmen der Luft an der Bohrung eine wenn auch geringe Saug- oder Druckwirkung auftritt, die eine Korrektur der Messungen erforderlich machen könnte. Um dies zu untersuchen, wurde ein Apparat entworfen, den Fig. 49 im Schnitt zeigt.

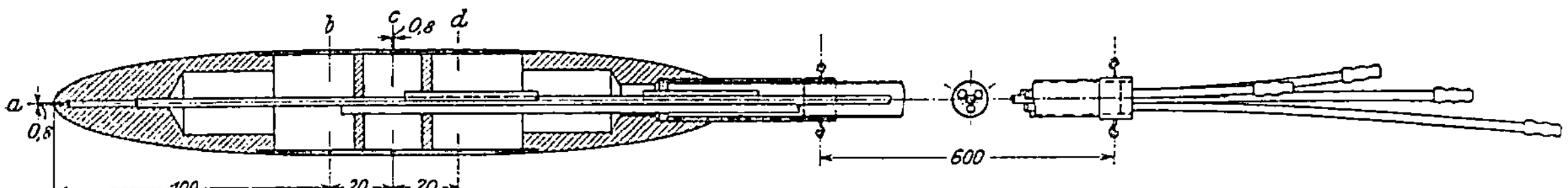

Fig. 49. Apparat zur Untersuchung der Saugwirkung an den Meßöffnungen.

Der Apparat besteht aus einem aus Messing hergestellten Rotationskörper, der sorgfältig poliert ist und dem eine solche Form gegeben wurde, daß ein glatter Anschluß der Strömung gesichert ist. Das Innere des Körpers ist durch eingelötete Scheidewände in drei Kammern geteilt, in der Wandung jeder Kammer befindet sich eine Reihe von Anbohrungen b, c, d, außerdem trägt der Kopf des Instruments eine zentrale Bohrung a. Von dieser aus ist ein Rohr durch den ganzen Körper hindurchgeführt, ebenso ist aus jeder Kammer ein Rohr nach hinten herausgeführt. Das aus den vier Rohren bestehende Bündel ist etwa 60 cm lang und wird noch an zwei Stellen durch Messingscheiben zusammengehalten. Die Rohre sind zur Unterscheidung auf verschiedene Längen abgeschnitten, jedes trägt am Ende eine Schlauchtülle. Das ganze Instrument kann mittels einer am hinteren Ende befindlichen Hülse auf ein Messingrohr aufgesteckt werden, welches das ganze Rohrbündel durch sich hindurchtreten läßt; durch einen Führungsstift wird eine Verdrehung des Instrumentes beim Aufstecken verhindert. Das Tragrohr trägt vier Haken; mit deren Hilfe wurde der Apparat im Versuchskanal fest verspannt, so daß er sich genau in der Achse desselben befand (vgl. die Aufnahme Fig. 50). Durch diese Einrichtung war es möglich, den Apparat aus dem Kanal herauszunehmen und ihn nachher, ohne an der Verspannung etwas zu ändern, genau wieder an seine Stelle zu bringen.

Der der Untersuchung zugrunde liegende Gedanke ist nun folgender:

Wenn an der Bohrung eine Saug- oder Druckwirkung auftritt, so muß man diese, indem man die Bohrung zunächst so fein als möglich ausführt und allmählich erweitert, durch Extrapolation des gemessenen Druckes auf den Lochdurchmesser Null ermitteln können. Als veränderliche Bohrung dienten zwei diametral gegenüberliegende Löcher an der Stelle b, zwischen diese und die Bohrung c wurde, um die Veränderung des Druckes an der Bohrung b möglichst genau messen zu können, ein sehr empfindlich eingestelltes Mikromanometer geschaltet; dies war möglich, da die Druckdifferenz zwischen b und c nur klein ist (vgl. die Druckverteilung an den Ballonmodellen). Das Loch c hatte einen Durchmesser von 0,8 mm, die Lochreihe d kommt für diese Untersuchung gar nicht in Betracht. Es wurde also die Differenz $p_b - p_c$ gemessen und daraus durch Extrapolation für den Lochdurchmesser Null die Differenz $p_{b_0} - p_c$ ermittelt. Außerdem wurde mit einem wenig empfindlichen Mikromanometer die Druckdifferenz $p_a - p_c$ gemessen, und da durch die Extrapolation $p_{b_0} - p_c$ bekannt war, so ergab sich damit auch die Differenz $p_a - p_{b_0}$. Diese entspricht aber der Geschwindigkeitshöhe der Strömung an der Stelle b, und es ist somit möglich, die bei einem bestimmten Lochdurchmesser d auftretende Saug- oder Druckwirkung, die durch die Differenz $p_b - p_{b_0}$ dargestellt wird, auf die Geschwindigkeitshöhe an der betreffenden Stelle zu beziehen.

Der Durchmesser der Bohrungen b betrug zunächst 0,13 mm. Die Messungen wurden bei der größten Windgeschwindigkeit ausgeführt; nachdem sich der Druck eingestellt hatte, was wegen der Feinheit der Bohrungen ziemlich lange dauerte, wurde das Instrument aus dem Kanal herausgenommen und die Bohrungen auf 0,25 mm erweitert und die Messung so schrittweise bis zu einem Durchmesser von 1,1 mm fortgesetzt. Nach Ausführung einer Bohrung wurde jedesmal der entstehende Grat durch Abschleifen mit feinem Schmirgelpapier entfernt; das Schmirgelpapier war auf Holz aufgeleimt, damit es sich nicht in die Bohrungen eindrücken konnte und die Ränder scharfkantig blieben. Nur die Bohrung von 0,8 mm wurde auch mit abgerundeten Rändern untersucht, es ergab sich, daß die Abrundung die Saugwirkung etwas vermindert.

Fig. 50. Ansicht des Apparats im Kanal.

Die gemessenen Druckdifferenzen, die wegen ihrer Kleinheit natürlich etwas unsicher sind, sind folgende:

d:	0,13	0,25	0,4	0,5	0,6 mm
$p_b - p_c$:	0,0053	— 0,0124	— 0,025	— 0,0278	— 0,0257 mm WS

d:	0,7	0,8	0,9	1,0	1,1 mm
$p_b - p_c$:	— 0,0271	— 0,0256	— 0,0244	— 0,0244	— 0,0233 mm WS.
		— 0,0247 (Lochrand abgerundet).			

Trägt man diese Differenzen als Funktion des Durchmessers auf, so ergibt sich durch Extrapolation auf den Durchmesser Null die Differenz $p_{b_*} - p_c$ zu 0,028 mm WS; da gleichzeitig die Differenz $p_a - p_b$ 6 mm WS betrug, so ist die Ge-

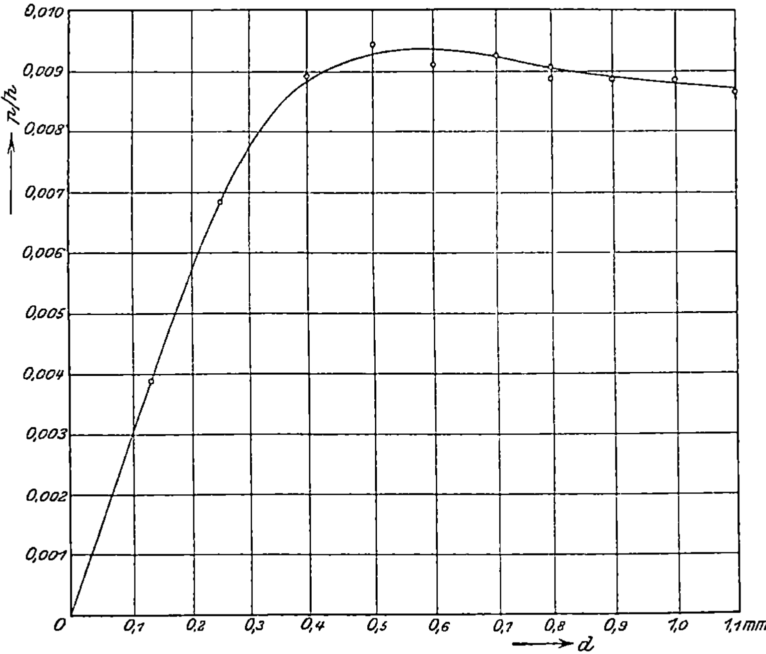

Fig. 51. Abhängigkeit der Saugwirkung vom Durchmesser der Bohrung.

schwindigkeitshöhe an der Stelle b 5,97 mm WS. Drückt man nun die Differenz $p_{b_*} - p_b$, die die durch das Loch vom Durchmesser d hervorgebrachte Saugwirkung darstellt, in Prozenten der Geschwindigkeitshöhe an der Stelle b aus, so erhält man das in Fig. 51 wiedergegebene Diagramm. Aus diesem ist ersichtlich, daß die Saugwirkung schlimmstenfalls etwa 1 % der Geschwindigkeitshöhe ausmacht; für eine Bohrnug von 0,8 mm mit abgerundetem Rand beträgt sie 0,89 %. Wegen dieser Kleinheit ist bei den Messungen keine Rücksicht darauf genommen worden, da sich die Ermittelung des Formwiderstandes doch nicht mit einer so großen Genauigkeit ausführen läßt.

IV. Messung des Gesamtwiderstandes und Ermittlung des Reibungswiderstandes.

Den zweiten Teil der Versuche bildete die Messung des Gesamtwiderstandes der Modelle. Die Modelle wurden zu diesem Zwecke so im Versuchskanal aufgehängt, wie es die schematische Skizze Fig. 52 zeigt. Von der Modellaufhängung führte nach vorn ein feiner Draht in der Richtung der Kanalmittellinie; dieser teilte sich dann in zwei andere, die mit ihm Winkel von je 120⁰ bildeten und mit ihm in derselben Horizontalebene lagen. Der eine dieser beiden war, wie es in der Figur angedeutet ist, zu einem festen Punkt geführt, der andere führte durch eine Aussparung in der Wandung des Versuchskanals zu einer kleinen Laufgewichtswage im Beobachtungsraum, deren Konstruktion aus Fig. 53 ersichtlich ist.

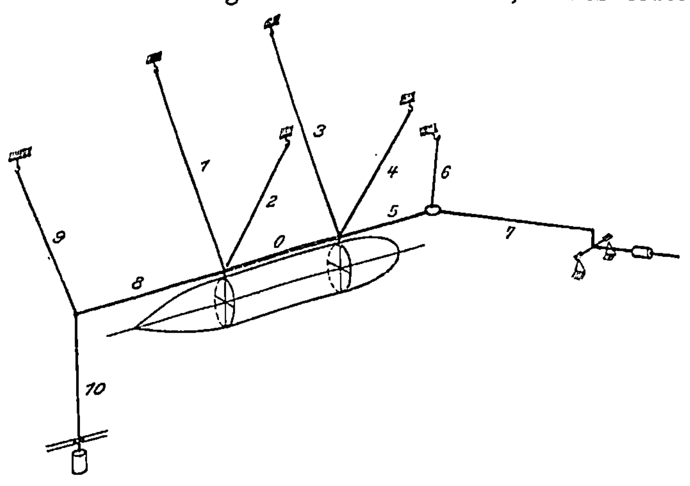

Fig. 52. Aufhängung eines Modells zur Widerstandsmessung.

Diese maß die Spannung in dem zu ihr führenden Draht und damit auch die von dem Luftstrom auf das Modell einschließlich der Aufhängung ausgeübte Kraft; zur Erzielung einer ruhigen Einstellung war die Wage mit einer kleinen einstellbaren Öldämpfung versehen. Eine Verschiebung des Laufgewichts der Wage um einen Zentimeter entsprach einer Kraft von zwei Gramm. Damit die von der Wage gemessene Kraft gleich der betreffenden Luftkraft ist, müssen die Winkel der Drähte möglichst genau gleich 120⁰ eingestellt

Fig. 53. Laufgewichtswage.

werden: diese Einstellung geschah mit Hilfe einer unter dem Kreuzungspunkte der Drähte wagerecht aufgestellten Spiegelplatte, auf der drei Linien unter Winkeln von je

120⁰ eingeätzt waren. Die in der Figur angegebene Spannvorrichtung (bestehend aus den Drähten 8, 9, 10 und Gewicht) wurde fortgelassen, um den Widerstand der Aufhängung möglichst zu verringern; dafür wurden die Aufhängedrähte durch Verkürzung des Drahtes 5 etwas aus der senkrechten Ebene herausgezogen und so die nach vorn führenden Drähte mit Hilfe des Modellgewichtes gespannt. Der Widerstand der Aufhängung fiel bei den Messungen sehr unangenehm ins Gewicht, denn er betrug trotz möglichster Feinheit der Drähte (diese waren nur 0,15 mm dick) immer noch etwa die Hälfte des Modellwiderstandes. Jedes Modell war mittels der Aufhängehaken durch feine Drähte zunächst mit einem zur Verminderung des Luftwiderstandes vorn und hinten zugespitzten Stahlstabe verbunden, der im Abstande von etwa 15—20 cm parallel zur Modellachse ausgerichtet wurde. Der Stahlstab trug zwei Haken, die an der eigentlichen Aufhängung eingehängt werden konnten; da diese Haken bei allen Modellen denselben Abstand hatten, so war die Auswechslung der Modelle nach beendigter Messung leicht möglich. Die Spannung, die von vornherein durch das Modellgewicht in dem zur Wage führenden Draht erzeugt wurde, wurde durch ein Hilfsgewicht austariert, so daß das Laufgewicht der Wage bei abgestelltem Wind auf Null stand.

Bei den Messungen trat nun folgender Übelstand auf. Unter dem Einflusse des Winddruckes dehnten sich die zur Wage führenden Drähte etwas, dadurch verschob sich das Modell und sein Schwerpunkt senkte sich infolge der pendelnden Aufhängung ein wenig. Obwohl die horizontale Verschiebung maximal nur etwa einen Millimeter betrug, änderte sich doch die in die Richtung der Kanalachse fallende Komponente des Modellgewichts um einen Betrag, der etwa 12 % des zu messenden Widerstandes ausmachte. Diese Verschiebung wurde deshalb folgendermaßen in Rechnung gezogen. An der Modellaufhängung wurde eine kurze Millimeterskala angebracht und auf diese das Fadenkreuz eines im Beobachtungsraum aufgestellten Fernrohres eingestellt, so daß man die Verschiebung des Modells bei jeder Messung ablesen konnte. Um den Einfluß der Verschiebung zu bestimmen, wurde, nachdem der Wind abgestellt und die Wage ins Gleichgewicht gebracht war, die Länge des von der Aufhängung zur Wage führenden Drahtes stufenweise geändert, die dadurch hervorgebrachte Zurückweichung im Fernrohr abgelesen und die Verschiebung des Laufgewichtes bestimmt, die nötig war, um die Wage wieder ins Gleichgewicht zu bringen. Es ergab sich dabei eine lineare Beziehung, der Einfluß der Verschiebung betrug für das Modell Nr. II für 1 kg Modellgewicht 1,09 g/mm. Für die anderen Modelle wurde der Einfluß durch Umrechnen im Verhältnis der Modellgewichte ermittelt; so ergab sich für die sechs Modelle 3,70, 3,57, 3,44, 2,96, 3,28 und 2,88 g/mm.

Die Messung des Gesamtwiderstandes wurde für jedes Modell bei 14 verschiedenen Windgeschwindigkeiten ausgeführt, indem das Laufgewicht des automatischen Druckreglers, das eine 140 mm lange Skala besitzt, immer um je 10 mm verschoben wurde. Bei jeder Messung wurde eine Geschwindigkeitsaufnahme ausgeführt; als Mittelwert der sechs Messungen, die sehr wenig voneinander abwichen, ergab sich der im Diagramm Fig. 54 dargestellte Verlauf für die Abhängigkeit der Geschwindigkeitshöhe von der Reglerstellung. Da der Druckregler auf konstante Geschwindigkeitshöhe und nicht auf konstante Geschwindigkeit reguliert, so war, weil die Messungen zu verschiedenen Zeiten erfolgten, die Geschwindigkeit für die einzelnen Modelle bei gleicher Reglerstellung etwas verschieden; sie ergibt sich aus der Geschwindigkeitshöhe nach der Beziehung:

$$V = \sqrt{\frac{2\,g \cdot h_0}{\gamma}},$$

wobei γ das unter Berücksichtigung des Barometerstandes und der Temperatur zu berechnende spezifische Gewicht der Luft ist.

Es wurde also für jede Druckreglerstellung die Einstellung der Wage und mittels des Fernrohrs die Zurückweichung des Modells beobachtet; unter Berücksichtigung der durch

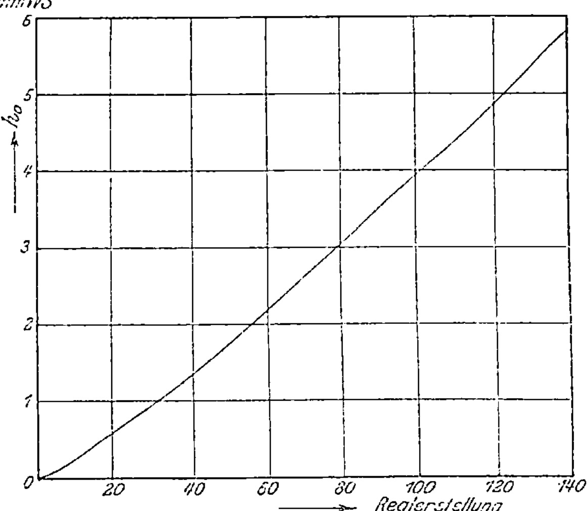

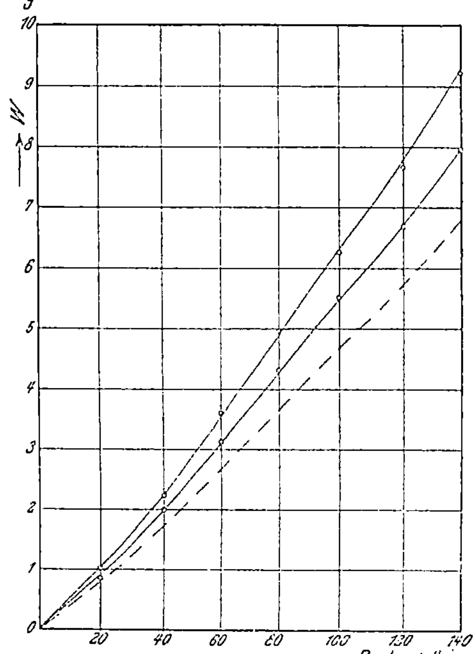

Fig. 54.   Abhängigkeit der Geschwindigkeitshöhe von der Einstellung des Druckreglers.

Fig. 55. Widerstand der Aufhängung bei verschiedenen Stellungen des Druckreglers.

die Zurückweichung bedingten Korrektur ergab sich dann der Widerstand von Modell + Aufhängung als Funktion der Geschwindigkeitshöhe bzw. der Geschwindigkeit. Es mußte nun noch der Widerstand der Aufhängung getrennt bestimmt werden. Zu diesem Zweck wurde nach Abnahme des Modells an der Befestigungsstelle des einen Modellhakens ein Draht angebracht, der durch ein Loch im Boden des Versuchskanals frei hindurchging und unten ein Gewicht trug, um die Aufhängungsdrähte gespannt zu halten. Der Widerstand dieser veränderten Aufhängung wurde unter denselben Vorsichtsmaßregeln wie der eines Modells als Funktion der Druckreglerstellung bestimmt; die Resultate enthält Tabelle XI. Um den Widerstand des nach unten führenden Spanndrahtes zu eliminieren, wurde noch ein zweiter Draht an der Stelle angebracht, wo der zweite Modellhaken sich befunden hatte, und nun wieder der Widerstand gemessen (siehe Tabelle).   In dem Diagramm Fig. 55 sind die Ergebnisse der beiden Messungen durch die beiden ausgezogenen Linien dargestellt; der Unterschied zwischen beiden entspricht dem Widerstand eines einzelnen Spanndrahtes.   Bringt man diese Differenz von

der ersten Messung nochmals in Abzug, so ergibt sich die punktierte Linie, die also
den Widerstand der Aufhängung ohne Spanndrähte darstellt. Die den verschiedenen
Druckreglerstellungen entsprechenden Werte wurden nun bei den Modellmessungen
in Abzug gebracht. So entstanden die Tabellen XII bis XVII, die die gesamten
Messungsergebnisse nach Ausführung der Korrekturen enthalten. Trägt man die Modellwiderstände als Funktion der Luftgeschwindigkeit auf, so bekommt man das Diagramm Fig. 56. Aus diesem geht hervor, daß die Modelle mit stumpfer Kopfform ungünstiger sind als die mit schlanker oder spitzer, und daß es zur Erzielung geringen Widerstandes zweckmäßig ist, das Hinterteil möglichst schlank auslaufen zu lassen. Die Modellformen sind ja von vornherein so gewählt, daß ein kleiner Luftwiderstand zu erwarten war, es überraschte aber doch die geringe Größe desselben, denn er beträgt für das günstigste Modell (Nr. IV) nur etwa $^1/_{18}$ des Widerstandes einer kreisförmigen Scheibe von gleichem Durchmesser und etwa $^1/_{21}$ des Widerstandes einer Kugel von gleichem Volumen (bei einer Windgeschwindigkeit von 10 m/sec).

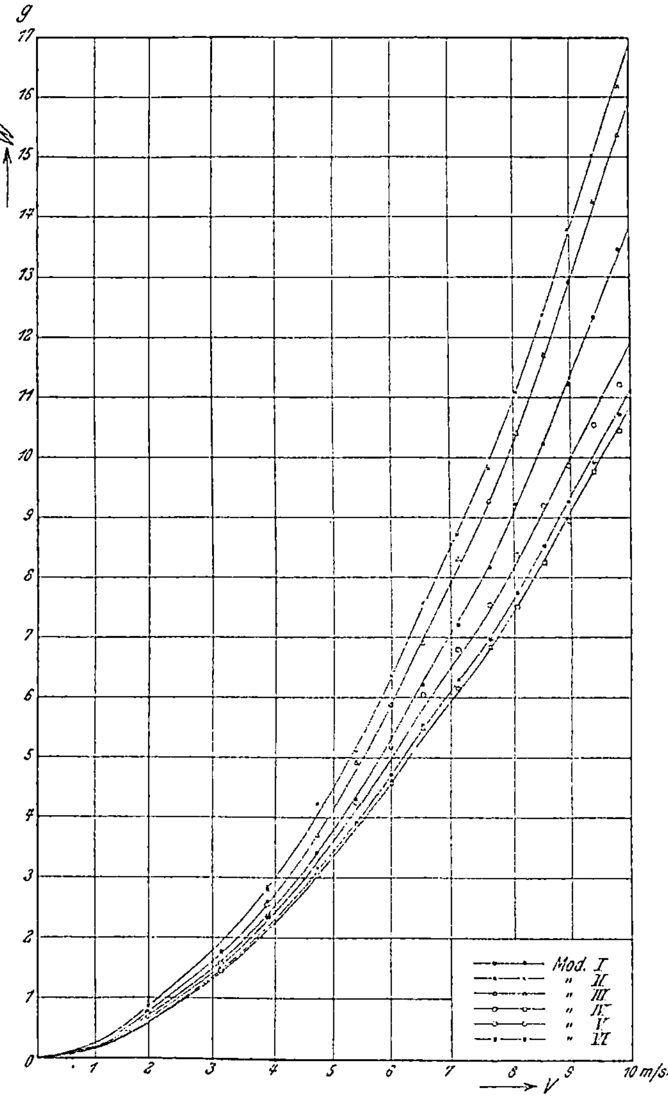

Fig. 56. Modellwiderstände als Funktion der Luftgeschwindigkeit.

Drückt man den Gesamtwiderstand in gleicher Weise wie den Formwiderstand
aus, indem man ihn auf die Geschwindigkeitshöhe und auf $J^{^{1}/_{1}}$ bezieht, so ergibt
sich für den Koeffizienten ξ des Gesamtwiderstandes der sechs Modelle der in
Fig. 57 dargestellte Verlauf. Das Diagramm zeigt, daß der Koeffizient ξ (der
nach den ausgleichenden Kurven in Fig. 56 berechnet wurde) mit zunehmender
Geschwindigkeit abnimmt, oder auch, daß die Beziehung zwischen dem Gesamt-

widerstand und der Geschwindigkeitshöhe nicht linear ist. Da der eine Teil des Gesamtwiderstandes, der Formwiderstand, der Geschwindigkeitshöhe proportional anzunehmen ist, so läßt sich die Abnahme des Koeffizienten ξ nur dadurch erklären, daß der andere Teil des Widerstandes, der Reibungswiderstand, nicht proportional der Geschwindigkeitshöhe wächst.

Zieht man von den nach Fig. 56 korrigierten Werten des Gesamtwiderstandes, die in den vierten Spalten der Tabellen XII bis XVII enthalten sind, den aus der Integration der Druckverteilung berechneten Formwiderstand (Spalte 6) ab, so ergeben sich für den Reibungswiderstand W_2 der sechs Modelle die in den letzten Spalten der Tabellen XII bis XVII enthaltenen Werte. Um zu untersuchen, ob sich diese Widerstände durch eine Potenz der Geschwindigkeit ausdrücken lassen, wollen wir mittels Logarithmenpapiers log W_2 als Funktion von log V auftragen; wenn sich dann durch die Punkte eine Gerade legen läßt, so bedeutet dies, daß

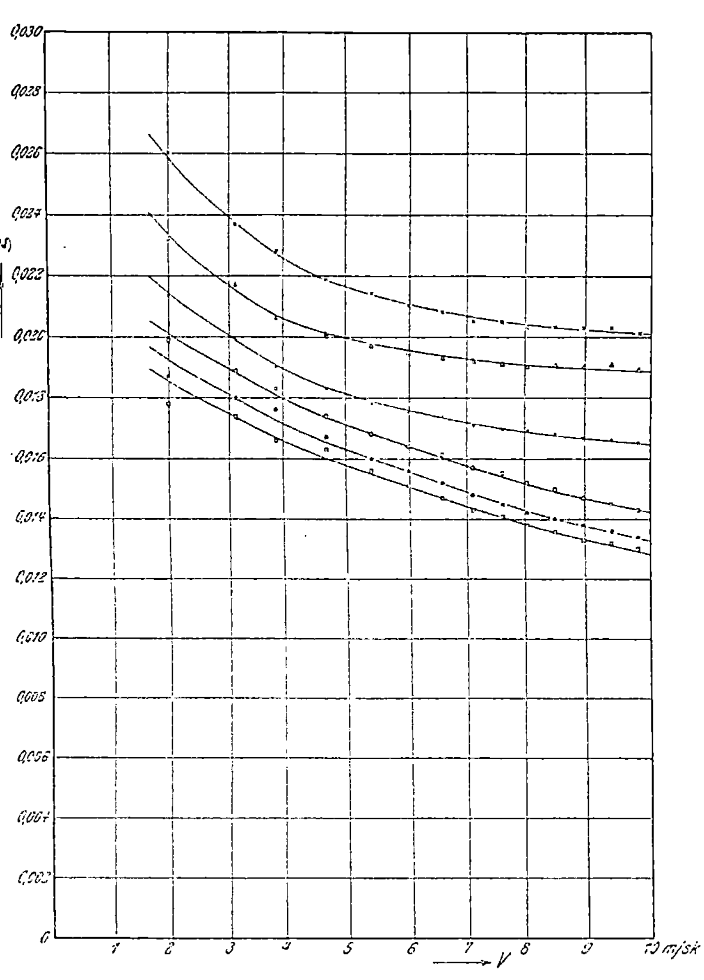

Fig. 57. Koeffizienten des Gesamtwiderstandes.

der Reibungswiderstand einer Potenz der Geschwindigkeit proportional ist, deren Exponent aus der Neigung der Geraden bestimmt werden kann. Da der Reibungswiderstand weniger von dem Volumen abhängt als vielmehr von der Größe der Oberfläche, so wollen wir ihn auf letztere beziehen. Durch eine Dimensionsbetrachtung (vgl. den bereits zitierten Aufsatz von Prof. Prandtl, Zeitschrift für Flugtechnik und Motorluftschiffahrt 1910, S. 158) findet man, daß sich der Reibungswiderstand in folgender Form darstellen läßt:

$$W_2 = C \cdot d^\beta \cdot V^\beta \left(\frac{\gamma}{g}\right)^{\beta-1} k^{2-\beta}.$$

Dabei bedeutet d eine beliebige lineare Dimension des Körpers, $\dfrac{\gamma}{g}$ die Dichte und k die Zähigkeit der Luft. Da in der Praxis die Dichte und die Zähigkeit wenig veränderlich sind, so wollen wir $C \cdot \left(\dfrac{\gamma}{g}\right)^{\beta-1} \cdot k^{2-\beta}$ zu einer Konstanten α zusammenfassen und außerdem statt der linearen Dimension die Oberfläche einführen; wir schreiben also:

$$W_2 = \alpha \cdot O^{\frac{\beta}{2}} \cdot V^{\beta}.$$

Bei der logarithmischen Auftragung würde gelten:

$$\log W_2 = \log \alpha + \frac{\beta}{2} \log O + \beta \log V.$$

Wir bekommen also, wenn eine lineare Beziehung zwischen $\log W_2$ und $\log V$ besteht, den Exponenten β aus der Neigung der Geraden und die Summe $(\log \alpha + \dfrac{\beta}{2} \log O)$ als den Abschnitt auf der Ordinatenachse. Die Auftragung der Versuchswerte (Fig. 58) ergibt zwar ziemliche Abweichungen von einer linearen Beziehung zwischen $\log W_2$ und $\log V$, diese scheinen aber in der Hauptsache in der Unsicherheit der Versuchswerte begründet zu sein. Wenn man deshalb das Potenzgesetz als zu Recht bestehend annimmt, so bekommt man für die sechs Modelle folgende Werte für α und β:

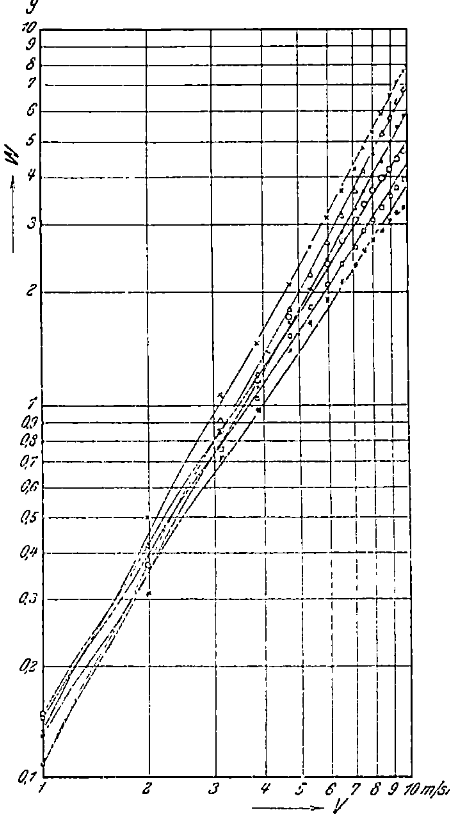

Fig. 58. Ermittlung des Exponenten für den Reibungswiderstand.

Modell:	I	II	III	IV	V	VI
$10^4 \cdot \alpha$:	2,06	2,55	2,16	2,50	2,59	2,24
β:	1,74	1,78	1,81	1,49	1,54	1,48

Diese Werte zeigen, daß der Reibungswiderstand langsamer wächst als das Quadrat der Geschwindigkeit [1]), und daß der Exponent β für die Modelle mit kleinerem Formwiderstand (IV, VI, V) niedriger ist als für die anderen, daß also die Formen mit kleinem Formwiderstand auch inbezug auf den Reibungswiderstand sich vor den anderen auszeichnen.

Die Modelle wurden zum Schluß auch umgekehrt im Versuchskanal aufgehängt, so daß das schlanke Ende vom Luftstrom getroffen wurde, und nun wieder der Gesamtwiderstand gemessen; dabei ergaben sich für die größte Geschwindigkeit (9,81 m/sec) folgende Werte für den Koeffizienten ξ des Gesamtwiderstandes:

---

[1]) Von A. F. Zahm (Washington) wurde der Reibungswiderstand der Luft (an hölzernen Brettern) proportional der 1,85 ten Potenz der Geschwindigkeit und der 0,93. Potenz der Länge gefunden (vergl. Phil. Mag. 1904, S. 54).

Modell: I II III IV V VI

ξ: 0,0392 0,0462 0,0356 0,0158 0,0165 0,0152.

Diese Zahlen sprechen für die Zweckmäßigkeit der im praktischen Luftschiffbau üblichen Konstruktion, nach welcher man den größten Durchmesser des Luftschiffkörpers vor der Mitte der Länge annimmt.

C. Tabellen.

Tabelle I.
Halbkörper und Druckverteilung.

r	$\dfrac{8}{r}$	x	r^2	x^2	y^2	y	$\dfrac{48}{r^4}$	$\dfrac{8}{r^2}$	$\dfrac{p}{h_0}$
2,00	4,0	$-2,00$	4,00	4,00	0,00	0,00	3,00	2,00	1,00
2,05	3,9	$-1,85$	4,21	3,422	0,788	0,888	2,71	1,90	0,81
2,10	3,81	$-1,71$	4,41	2,924	1,486	1,219	2,47	1,812	0,658
2,20	3,64	$-1,44$	4,84	2,074	2,766	1,663	2,05	1,65	0,40
2,50	3,20	$-0,70$	6,25	0,49	5,76	2,40	1,23	1,38	$-0,15$
2,828	2,828	0,00	8,00	0,00	8,00	2,828	0,75	1,00	$-0,25$
3,00	2,667	0,333	9,00	0,111	8,889	2,98	0,592	0,889	$-0,297$
3,464	2,308	1,154	12,00	1,333	10,667	3,375	0,333	0,667	$-0,333$
4,00	2,00	2,00	16,00	4,00	12,00	3,465	0,188	0,500	$-0,312$
5,00	1,60	3,40	25,00	11,56	13,44	3,667	0,077	0,320	$-0,243$
7,00	1,142	5,858	49,00	34,3	14,7	3,835	0,020	0,163	$-0,143$
10,00	0,800	9,20	100,00	84,6	15,4	3,925	0,005	0,080	$-0,075$
15,00	0,533	14,467	225,00	209,3	15,7	3,962	0,001	0,0355	$-0,035$
20,00	0,400	19,60	400,00	384,2	15,8	3,978	0,0003	0,020	$-0,020$

Tabelle II.
Werte von $\dfrac{\psi}{c}$ für die punktförmige Quelle.

y	0,1	0,2	0,3	0,4	0,5	0,6	0,8	1,0	1,2	1,4
$x = 0,05$	0,5528	0,7575	0,8356	0,8763	0,9005	0,9169	0,9376	0,9500	0,9584	0,9643
0,10	0,283	0,5528	0,6838	0,7575	0,8038	0,8356	0,8763	0,9005	0,9169	0,9288
0,25	0,0718	0,219	0,360	0,470	0,5528	0,6153	0,7019	0,7575	0,7960	0,8243
0,50	0,020	0,0704	0,1426	0,219	0,293	0,360	0,470	0,5528	0,6153	0,6636
0,75	0,0084	0,0334	0,0704	0,120	0,1675	0,219	0,316	0,400	0,470	0,526
1,00	0,005	0,020	0,042	0,0716	0,106	0,1426	0,219	0,293	0,360	0,4186
1,50	0,002	0,0084	0,020	0,034	0,052	0,072	0,118	0,168	0,219	0,269
2,00	0,001	0,005	0,012	0,020	0,030	0,042	0,072	0,105	0,1426	0,181
3,00	0,0005	0,002	0,005	0,0084	0,014	0,020	0,034	0,052	0,072	0,094

Tabelle III.
Werte von $\dfrac{\psi}{c}$ für die Quellstrecke mit konstanter Ergiebigkeit pro Längeneinheit.

y	0,1	0,2	0,3	0,4	0,5	0,6	0,8	1,0	1,2	1,4
$x = 0,5$	0	0	0	0	0	0	0	0	0	0
0,6	0,0039	0,0150	0,0290	0,0445	0,0589	0,0723	0,0944	0,1110	0,1230	0,1330
0,7	0,0091	0,0326	0,0627	0,0938	0,1229	0,1488	0,1914	0,2233	0,2477	0,2665
0,8	0,0174	0,0582	0,1062	0,1528	0,1951	0,2325	0,2932	0,3392	0,3744	0,4017
0,9	0,0359	0,1016	0,1675	0,2274	0,2803	0,3266	0,4020	0,4596	0,5042	0,5393
1,0	0,0950	0,1802	0,2560	0,3230	0,3820	0,4338	0,5193	0,5858	0,6380	0,6795
1,1	0,0369	0,1056	0,1760	0,2418	0,3016	0,3553	0,4461	0,5184	0,5763	0,6231
1,25	0,0153	0,0534	0,1055	0,1592	0,2135	0,2633	0,3540	0,4300	0,4930	0,5454
1,5	0,0066	0,0252	0,0535	0,0879	0,1259	0,1644	0,2434	0,3152	0,3791	0,4349
2,0	0,0025	0,0098	0,0216	0,0374	0,0564	0,0781	0,1265	0,1781	0,2297	0,2792
2,5	0,0013	0,0053	0,0117	0,0206	0,0317	0,0446	0,0751	0,1102	0,1478	0,1865
3,0	0,0008	0,0033	0,0074	0,0130	0,0202	0,0287	0,0493	0,0738	0,1013	0,1307
4,0	0,0005	0,0018	0,0039	0,0070	0,0107	0,0151	0,0260	0,0392	0,0541	0,0701

Tabelle IV.

Werte von $\dfrac{\Psi}{c}$ für die Quellstrecke mit linear zunehmender Ergiebigkeit pro Längeneinheit.

y	0,1	0,2	0,3	0,4	0,5	0,6	0,8	1,0	1,2	1,4
x = — 5	— 0,0001	— 0,0005	— 0,0013	— 0,0023	— 0,0041	— 0,0060	— 0,0099	— 0,0156	— 0,0220	— 0,0338
— 2	— 0,0007	— 0,0029	— 0,0062	— 0,0114	— 0,0178	— 0,0250	— 0,0431	— 0,0651	— 0,0893	— 0,117
— 1	— 0,0020	— 0,0076	— 0,017	— 0,0294	— 0,0445	— 0,0623	— 0,1034	— 0,1483	— 0,1954	— 0,240
— 0,5	— 0,0043	— 0,0177	— 0,0375	— 0,0613	— 0,0905	— 0,1212	— 0,1873	— 0,2534	— 0,3144	— 0,3668
— 0,25	— 0,0076	— 0,0299	— 0,0615	— 0,0991	— 0,141	— 0,1842	— 0,2682	— 0,3413	— 0,4079	— 0,4642
0	— 0,028	— 0,0726	— 0,134	— 0,1865	— 0,239	— 0,2863	— 0,3898	— 0,4673	— 0,530	— 0,5824
0,1	— 0,0356	— 0,0958	— 0,1614	— 0,2258	— 0,2860	— 0,3411	— 0,4358	— 0,5102	— 0,5704	— 0,6214
0,25	— 0,0402	— 0,108	— 0,1793	— 0,2533	— 0,3073	— 0,3601	— 0,445	— 0,5113	— 0,5618	— 0,6020
0,5	— 0,0363	— 0,0935	— 0,1479	— 0,1592	— 0,2333	— 0,265	— 0,3131	— 0,345	— 0,369	— 0,3880
0,75	— 0,0150	— 0,0204	— 0,0136	— 0,0031	0,0065	0,019	0,0373	0,0505	0,0586	0,0632
0,9	0,0359	0,1073	0,1755	0,0230	0,2763	0,3127	0,3663	0,410	0,4379	0,4591
1,0	0,165	0,2877	0,3833	0,4592	0,5212	0,5713	0,6488	0,7038	0,744	0,7770
1,1	0,0608	0,1626	0,2587	0,3379	0,4078	0,4676	0,5548	0,6241	0,6757	0,7169
1,25	0,022	0,0815	0,1482	0,2144	0,2784	0,3419	0,4373	0,5198	0,5767	0,6262
1,5	0,008	0,0333	0,0718	0,1153	0,164	0,2125	0,2995	0,376	0,445	0,5092
2,0	0,003	0,012	0,0262	0,0454	0,0677	0,934	0,1496	0,2079	0,2645	0,3179
3,0	0,0008	0,0037	0,0084	0,0146	0,023	0,0324	0,0555	0,0825	0,1133	0,1444
6,0	0,0003	0,0009	0,002	0,0031	0,0049	0,0069	0,0111	0,0168	0,0242	0,0280

Tabelle V.

Druckverteilung an Modell I.

Loch Nr.	x mm	y mm	p mm WS.	$\dfrac{p}{h_0}$	Loch Nr.	x mm	y mm	p mm WS.	$\dfrac{p}{h_0}$
1	0	0	5,78	1,00	35	531	82,2	— 0,422	— 0,073
2	0,6	10	5,62	0,971	36	552	80	— 0,385	— 0,067
3	1,8	17	5,26	0,908	37	573	78	— 0,279	— 0,048
4	3,4	23	4,72	0,813	38	593	75,8	— 0,328	— 0,057
5	5,8	29,8	3,98	0,69	39	613	73,4	— 0,241	— 0,042
6	8,4	35,2	3,38	0,585	40	634,4	70,6	— 0,162	— 0,028
7	12,6	41,8	2,49	0,430	41	655	68	— 0,127	— 0,022
8	16,6	46,8	1,75	0,303	42	674	65,6	— 0,125	— 0,022
9	21,4	52,4	0,66	0,114	43	694	63,2	— 0,056	— 0,01
10	26,4	57,2	— 0,17	— 0,029	44	714	60,6	— 0,065	— 0,011
11	32,6	62	— 0,57	— 0,099	45	733	58,2	— 0,04	— 0,007
12	39,5	66,2	— 0,94	— 0,162	46	755	55,6	— 0,038	— 0,007
13	47	70,2	— 1,23	— 0,213	47	772	53,0	— 0,056	— 0,01
14	53,8	73,9	— 1,43	— 0,247	48	795	50,2	— 0,089	— 0,015
15	71	80,2	— 1,74	— 0,301	49	814	47,7	0	0
16	88,8	86	— 1,87	— 0,324	50	835	44,8	0,044	0,008
17	108	89,4	— 1,91	— 0,330	51	853	42,4	0,059	0,01
18	127,6	92,6	— 1,81	— 0,313	52	873	39,6	0,071	0,012
19	148,4	94,9	— 1,74	— 0,301	53	893	37,0	0,069	0,012
20	168,8	96,3	— 1,66	— 0,287	54	913	34,2	0,087	0,015
21	192	97,0	— 1,36	— 0,235	55	932	31,4	0,146	0,025
22	213,5	97,2	— 1,23	— 0,213	56	952	28,5	0,177	0,031
23	236,4	97,2	— 1,12	— 0,194	57	972	26,0	0,170	0,029
24	258,4	96,9	— 1,01	— 0,175	58	992	23,0	0,189	0,033
25	282,2	96,2	— 0,89	— 0,153	59	1011	20,4	0,202	0,035
26	306,6	95,6	— 0,80	— 0,138	60	1030	17,9	0,201	0,035
27	330,4	94,7	— 0,81	— 0,140	61	1049	15,3	0,184	0,032
28	352	94,0	— 0,74	— 0,128	62	1069	12,8	0,193	0,033
29	373	93,3	— 0,76	— 0,132	63	1089	10,0	0,186	0,032
30	425	90,8	— 0,583	— 0,101	64	1109	7,1	0,183	0,032
31	446,4	89,2	— 0,59	— 0,102	65	1125	5,0	0,184	0,032
32	468	87,7	— 0,426	— 0,074	66	1138	3,2	0,180	0,031
33	489	86	— 0,381	— 0,066	67	1150	1,8	0,180	0,031
34	510	84,3	— 0,483	— 0,084	68	1155	0	0,180	0,031

Tabelle VI.
Druckverteilung an Modell II.

Loch Nr.	x mm	y mm	p mm WS.	$\dfrac{p}{h_0}$	Loch Nr.	x mm	y mm	p mm WS.	$\dfrac{p}{h_0}$
1	0	0	5,85	1,00	29	504	81,6	— 0,406	— 0,069
2	0,8	9,6	5,59	0,955	30	524	79,9	— 0,398	— 0,068
3	3,2	20	4,98	0,851	31	545	78,1	— 0,404	— 0,069
4	8,0	31,5	4,00	0,684	32	565	76,6	— 0,371	— 0,064
5	14,7	43,3	2,56	0,437	33	585	75	— 0,300	— 0,051
6	24,5	55	0,93	0,159	34	605	73,4	— 0,294	— 0,05
7	38	66,9	— 0,352	— 0,06	35	625	71,9	— 0,297	— 0,051
8	53,4	76,7	— 1,593	— 0,272	36	658	69	— 0,304	— 0,052
9	70,4	84,4	— 2,62	— 0,448	37	683	67	— 0,301	— 0,052
10	89,0	90	— 2,86	— 0,489	38	706	65,9	— 0,302	— 0,052
11	108,6	93,6	— 2,75	— 0,47	39	731	62,6	— 0,314	— 0,054
12	129	95,5	— 2,153	— 0,368	40	754	60,3	— 0,285	— 0,049
13	151	96,9	— 1,77	— 0,302	41	777	57,7	— 0,248	— 0,042
14	173,3	97,3	— 1,52	— 0,26	42	800	55,1	— 0,229	— 0,039
15	195,2	97,3	— 1,38	— 0,236	43	824	52,2	— 0,202	— 0,035
16	218	97,2	— 1,16	— 0,198	44	849	49,1	— 0,249	— 0,043
17	241	96,9	— 1,06	— 0,181	45	874	45,8	— 0,198	— 0,034
18	264	96,1	— 0,96	— 0,164	46	899	42,1	— 0,223	— 0,038
19	287	95,2	— 0,87	— 0,149	47	923	38,3	— 0,177	— 0,03
20	309	94,2	— 0,70	— 0,120	48	945	34,1	— 0,099	— 0,017
21	346	92,0	— 0,568	— 0,097	49	965	30,0	— 0,016	— 0,003
22	364	90,9	— 0,545	— 0,093	50	985	25,1	0,103	0,018
23	384	89,6	— 0,474	— 0,081	51	1002	20,4	0,236	0,04
24	403	88,2	— 0,475	— 0,081	52	1016	15,7	0,372	0,064
25	423	87	— 0,474	— 0,081	53	1027	11,0	0,543	0,093
26	442	85,9	— 0,43	— 0,074	54	1035	5,7	0,644	0,11
27	463	84,3	— 0,347	— 0,059	55	1038	0	0,669	0,114
28	482	83	— 0,368	— 0,063					

Tabelle VII.
Druckverteilung an Modell III.

Loch Nr.	x mm	y mm	p mm WS.	$\dfrac{p}{h_0}$	Loch Nr.	x mm	y mm	p mm WS.	$\dfrac{p}{h_0}$
1	0	0	5,77	1,00	25	514	82,8	— 0,305	— 0,053
2	0,8	10	5,50	0,951	26	542	81,4	— 0,312	— 0,055
3	3,8	21,2	5,05	0,874	27	567	80,2	— 0,29	— 0,05
4	9,6	33,6	3,27	0,565	28	594	79	— 0,29	— 0,05
5	17,5	45,2	1,82	0,315	29	620	77,2	— 0,318	— 0,055
6	30,9	57,6	— 0,129	— 0,022	30	647	75,4	— 0,324	— 0,056
7	46,5	66,8	— 1,423	— 0,246	31	674	73,4	— 0,286	— 0,05
8	63,7	74	— 1,79	— 0,31	32	704	71	— 0,255	— 0,044
9	85,1	80,8	— 2,11	— 0,365	33	731	69	— 0,277	— 0,048
10	106,3	84,6	— 1,94	— 0,335	34	765	66	— 0,422	— 0,073
11	130,5	86,8	— 1,496	— 0,259	35	798	62,6	— 0,397	— 0,069
12	155,9	88,2	— 1,247	— 0,216	36	822	60,2	— 0,296	— 0,051
13	182,3	89	— 0,983	— 0,17	37	853	56,4	— 0,318	— 0,055
14	208,1	89,4	— 0,747	— 0,129	38	883	52,5	— 0,239	— 0,041
15	236	89,8	— 0,62	— 0,107	39	910	48,2	— 0,236	— 0,041
16	265	89,8	— 0,57	— 0,099	40	936	44,2	— 0,120	— 0,021
17	294	89,6	— 0,545	— 0,094	41	961	39,4	— 0,057	— 0,01
18	322	89,2	— 0,539	— 0,093	42	985	34,2	0,028	0,005
19	351	88	— 0,447	— 0,077	43	1008	27,6	0,255	0,044
20	384	87,7	— 0,485	— 0,084	44	1029	20,4	0,504	0,087
21	409	87	— 0,387	— 0,067	45	1044	13,6	0,696	0,12
22	435	86,2	— 0,340	— 0,059	46	1055	6,0	0,806	0,14
23	461	85	— 0,369	— 0,064	47	1057	0	0,820	0,142
24	487	84	— 0,284	— 0,049					

G. Fuhrmann.

Tabelle VIII.
Druckverteilung an Modell IV.

Loch Nr.	x mm	y mm	p mm WS.	$\dfrac{p}{h_0}$	Loch Nr.	x mm	y mm	p mm WS.	$\dfrac{p}{h_0}$
1	0	0	5,71	1,00	27	568	89,5	— 0,788	— 0,137
2	2,6	11	4,78	0,83	28	593	88	— 0,765	— 0,133
3	9,8	21,4	2,68	0,467	29	618	86,2	— 0,764	— 0,133
4	21,8	31	1,38	0,24	30	643	84,2	— 0,744	— 0,130
5	36,6	39,6	0,561	0,098	31.	666	81,8	— 0,679	— 0,118
6	53,2	46,6	0,08	0,014	32	692	78,9	— 0,597	— 0,104
7	70,2	53	— 0,147	— 0,026	33	717	76,0	— 0,508	— 0,089
8	89,3	58,9	— 0,335	— 0,058	34	740	74	— 0,467	— 0,081
9	109,6	64,5	— 0,546	— 0,095	35	764	69,7	— 0,415	— 0,072
10	130	69,5	— 0,578	— 0,101	36	797	65,1	— 0,344	— 0,06
11	152,6	74,1	— 0,757	— 0,132	37	820	61,5	— 0,32	— 0,056
12	175,8	78	— 0,864	— 0,15	38	842	57,7	— 0,264	— 0,046
13	200	81,5	— 0,855	— 0,149	39	863	54	— 0,233	— 0,041
14	227,2	84,9	— 0,914	— 0,159	40	884	50,2	— 0,112	— 0,02
15	252,4	87,3	— 0,934	— 0,163	41	906	46,4	0,041	0,072
16	279,8	89,6	— 0,946	— 0,165	42	926	42,5	0,164	0,029
17	308	91,5	— 0,905	— 0,158	43	948	38,6	0,212	0,037
18	335	93	— 1,00	— 0,174	44	970	34,7	0,230	0,04
19	362	93,7	— 0,951	— 0,166	45	992	30,5	0,273	0,048
20	391	94	— 0,824	— 0,144	46	1013	26,6	0,301	0,053
21	415	94	— 0,824	— 0,144	47	1033	22,9	0,319	0,057
22	439	93,7	— 0,778	— 0,137	48	1051	18,5	0,345	0,06
23	464	93,3	— 0,795	— 0,139	49	1067	16,3	0,350	0,061
24	490	92,5	— 0,782	— 0,136	50	1084	13,2	0,340	0,059
25	515	91,9	— 0,759	— 0,132	51	1100	10,1	0,353	0,062
26	541	91	— 0,775	— 0,135	52	1128	4,9	0,398	0,069

Tabelle IX.
Druckverteilung an Modell V.

Loch Nr.	x mm	y mm	p mm WS.	$\dfrac{p}{h_0}$	Loch Nr.	x mm	y mm	p mm WS.	$\dfrac{p}{h_0}$
1	0	0	5,77	1,00	26	554	88,4	— 0,557	— 0,097
2	3,5	12	4,21	0,73	27	579	87,4	— 0,582	— 0,101
3	14,6	25	1,92	0,333	28	606	86,4	— 0,554	— 0,096
4	29,7	35	0,76	0,132	29	633	84,8	— 0,541	— 0,094
5	47	43,2	0,223	0,039	30	658	82,8	— 0,453	— 0,079
6	64,7	50,2	— 0,0314	— 0,005	31	683	81,1	— 0,487	— 0,085
7	83,5	56,2	— 0,192	— 0,033	32	724	78	— 0,481	— 0,083
8	103,4	61,9	— 0,472	— 0,082	33	748	75,7	— 0,487	— 0,085
9	124,1	66,9	— 0,525	— 0,091	34	773	73,3	— 0,494	— 0,086
10	146,5	71,1	— 0,598	— 0,104	35	800	70,4	— 0,466	— 0,081
11	170,5	75,1	— 0,67	— 0,116	36	826	67,6	— 0,44	— 0,076
12	193,3	78,4	— 0,686	— 0,119	37	850	64,6	— 0,418	— 0,073
13	215,1	81,4	— 0,658	— 0,114	38	876	61,1	— 0,321	— 0,056
14	239	84	— 0,774	— 0,134	39	900	57,2	— 0,318	— 0,055
15	264	86	— 0,805	— 0,140	40	922	53,3	— 0,267	— 0,046
16	289	87,7	— 0,828	— 0,144	41	945	48,6	— 0,204	— 0,035
17	314	88,8	— 0,623	— 0,108	42	967	43,6	— 0,192	— 0,033
18	339	90	— 0,639	— 0,111	43	988	38,3	— 0,085	— 0,015
19	376	90,7	— 0,682	— 0,118	44	1005	33,2	0,167	0,029
20	403	91	— 0,682	— 0,118	45	1021	27,1	0,393	0,068
21	429	91	— 0,554	— 0,096	46	1034	20,5	0,55	0,095
22	455	90,6	— 0,588	— 0,102	47	1045	13,6	0,692	0,120
23	481	90,2	— 0,563	— 0,098	48	1052	6,7	0,752	0,130
24	505	89,8	— 0,525	— 0,091	49	1054	0	0,695	0,121
25	527	88,4	— 0,497	— 0,086					

Tabelle X.
Druckverteilung an Modell VI.

Loch Nr.	x mm	y mm	p mm WS.	$\frac{p}{h_0}$	Loch Nr.	x	y	p mm WS.	$\frac{p}{h_0}$
1	0	0	5,81	1,00	25	525	94,8	— 0,761	— 0,131
2	7,5	5	2,545	0,438	26	554	93,5	— 0,73	— 0,126
3	22	10,5	2,04	0,351	27	584	92	— 0,698	— 0,120
4	38,5	17	1,69	0,281	28	615	89,9	— 0,692	— 0,119
5	57,5	24,0	1,52	0,261	29	646	87,4	— 0,648	— 0,112
6	77	31	1,24	0,213	30	682	84,1	— 0,572	— 0,098
7	96,2	38	1,051	0,181	31	713	80,8	— 0,478	— 0,082
8	115	44,2	0,871	0,150	32	742	78,2	— 0,352	— 0,061
9	133	50,8	0,651	0,112	33	772	73,1	— 0,333	— 0,057
10	151,8	56,9	0,362	0,063	34	808	68,6	— 0,362	— 0,062
11	172	62,9	0,054	0,009	35	836	64,2	— 0,28	— 0,048
12	192	68,4	— 0,208	— 0,036	36	863	59,9	— 0,305	— 0,053
13	213,2	73,8	— 0,478	— 0,082	37	891	55,1	— 0,05	— 0,009
14	235	78,6	— 0,673	— 0,116	38	919	50,4	0,113	0,02
15	256,8	82,8	— 0,74	— 0,127	39	949	45,2	0,161	0,028
16	280	86,2	— 0,868	— 0,149	40	977	40,1	0,204	0,035
17	304	89,4	— 0,925	— 0,159	41	1006	35	0,277	0,048
18	330	92	— 0,944	— 0,162	42	1036	29,4	0,296	0,051
19	357	94	— 0,985	— 0,170	43	1067	23,9	0,296	0,051
20	382	95	— 0,912	— 0,157	44	1095	18,5	0,381	0,066
21	413	95,6	— 0,846	— 0,146	45	1125	13	0,409	0,071
22	438	96	— 0,855	— 0,147	46	1153	7,6	0,421	0,073
23	467	96	— 0,871	— 0,150	47	1175	3,4	0,434	0,075
24	496	95,6	— 0,793	— 0,136	48	1186	0	0,472	0,081

Tabelle XI.
Widerstand der Aufhängung.

Reglerstellung	20	40	60	80	100	120	140
Mit 1 Spanndraht	0,85	1,99	3,15	4,3	5,5	6,7	7,96 g
Mit 2 Spanndrähten	1,01	2,23	3,60	4,95	6,26	7,68	9,23 g
Ohne Spanndrähte	0,72	1,67	2,65	3,66	4,70	5,72	6,78 g

Tabelle XII.
Widerstand von Modell I.

Reglerstellung	v m/sec	W gemessen g	W korrigiert g	ξ	W_1 berechnet g	W_2 g
10	1,97	0,67	0,70	0,0214	0,31	0,39
20	3,11	1,50	1,62	0,0199	0,77	0,85
30	3,86	2,60	2,37	0,0190	1,25	1,12
40	4,71	3,40	3,42	0,0183	1,76	1,66
50	5,38	4,2	4,34	0,0178	2,30	2,04
60	5,99	5,15	5,28	0,0175	2,85	2,43
70	6,55	6,20	6,26	0,0174	3,40	2,86
80	7,1	7,20	7,27	0,0171	4,00	3,27
90	7,58	8,17	8,22	0,0170	4,56	3,66
100	8,04	9,16	9,18	0,0169	5,13	4,05
110	8,51	10,17	10,24	0,0168	5,75	4,49
120	8,96	11,17	11,33	0,0167	6,38	4,95
130	9,38	12,34	12,33	0,0166	6,98	5,35
140	9,81	13,46	13,35	0,0165	7,64	5,71

Tabelle XIII.

Widerstand von Modell II.

Reglerstellung	v m/sec	W gemessen g	W korrigiert g	ξ	W_1 berechnet g	W_2 g
10	1,97	0,85	0,85	0,026	0,35	0,5
20	3,11	1,77	1,93	0,0237	0,86	1,07
30	3,86	2,87	2,85	0,0228	1,40	1,45
40	4,71	4,23	·4,08	0,0219	1,98	2,10
50	5,38	5,09	5,20	0,0214	2,58	2,62
60	5,99	6,37	6,34	0,021	3,21	3,13
70	6,55	7,57	7,50	0,0208	3,82	3,68
80	7,10	8,72	8,71	0,0205	4,50	4,21
90	7,58	9,81	9,93	0,0205	5,13	4,80
100	8,04	11,09	11,08	0,0203	5,77	5,31
110	8,51	12,37	12,38	0,0203	6,47	5,91
120	8,96	13,80	13,72	0,0203	7,18	6,54
130	9,38	15,03	15,0	0,0203	7,85	7,15
140	9,81	16,17	16,28	0,0201	8,60	7,68

Tabelle XIV.

Widerstand von Modell III.

Reglerstellung	v m/sec	W gemessen g	W korrigiert g	ξ	W_1 berechnet g	W_2 g
10	1,97	0,88	0,76	0,0232	0,34	0,42
20	3,11	1,76	1,77	0,0217	0,86	0,91
30	3,86	2,83	2,58	0,0206	1,39	1,19
40	4,71	3,68	3,75	0,0201	1,96	1,79
50	5,38	4,91	4,79	0,0197	2,56	2,23
60	5,99	5,88	5,88	0,0195	3,18	2,70
70	6,55	6,89	6,97	0,0193	3,79	3,18
80	7,10	8,28	8,13	0,0192	4,46	3,67
90	7,58	9,26	9,24	0,0191	5,08	4,16
100	8,04	10,39	10,35	0,0190	5,72	4,63
110	8,51	11,70	11,62	0,0191	6,41	5,21
120	8,96	12,92	12,88	0,0190	7,11	5,77
130	9,38	14,25	14,12	0,0191	7,78	6,34
140	9,81	15,36	15,30	0,0189	8,51	6,79

Tabelle XV.

Widerstand von Modell IV.

Reglerstellung	v m/sec	W gemessen g	W korrigiert g	ξ	W_1 berechnet g	W_2 g
10	1,97	0,69	0,58	0,0178	0,27	0,31
20	3,11	1,46	1,42	0,0174	0,66	0,76
30	3,86	2,36	2,13	0,0166	1,08	1,05
40	4,71	3,05	3,04	0,0163	1,52	1,52
50	5,38	3,88	3,80	0,0156	1,98	1,82
60	5,99	4,56	4,56	0,0151	2,46	2,10
70	6,55	5,50	5,32	0,0147	2,94	2,38
80	7,10	6,16	6,08	0,0143	3,46	2,62
90	7,58	6,83	6,81	0,0141	3,94	2,87
100	8,04	7,52	7,51	0,0138	4,44	3,07
110	8,51	8,24	8,28	0,0136	4,97	3,31
120	8,96	8,96	9,04	0,0133	5,51	3,53
130	9,38	9,75	9,77	0,0132	6,03	3,74
140	9,81	10,44	10,54	0,0130	6,60	3,94

Tabelle XVI.

Widerstand von Modell V.

Reglerstellung	v m/sec	W gemessen g	W korrigiert g	ξ	W₁ berechnet g	W₂ g
10	1,97	0,76	0,65	0,0199	0,28	0,37
20	3,11	1,57	1,54	0,0189	0,69	0,85
30	3,86	2,54	2,28	0,0183	1,12	1,16
40	4,71	3,38	3,25	0,0174	1,59	1,66
50	5,38	4,24	4,09	0,0168	2,07	2,02
60	5,99	5,17	4,95	0,0164	2,57	2,38
70	6,55	6,04	5,80	0,0161	3,07	2,73
80	7,10	6,79	6,67	0,0157	3,61	3,06
90	7,58	7,53	7,49	0,0155	4,11	3,38
100	8,04	8,36	8,29	0,0152	4,63	3,66
110	8,51	9,19	9,13	0,0150	5,19	3,94
120	8,96	9,85	9,93	0,0147	5,76	4,17
130	9,38	10,53	10,71	0,0145	6,30	4,41
140	9,81	11,20	11,55	0,0143	6,90	4,65

Tabelle XVII.

Widerstand von Modell VI.

Reglerstellung	v m/sec	W gemessen g	W korrigiert g	ξ	W₁ berechnet g	W₂ g
10	1,97	0,75	0,61	0,0187	0,30	0,31
20	3,11	1,51	1,47	0,0180	0,75	0,72
30	3,86	2,35	2,19	0,0176	1,22	0,97
40	4,71	3,16	3,12	0,0167	1,73	1,39
50	5,38	3,92	3,90	0,0160	2,25	1,65
60	5,99	4,71	4,70	0,0156	2,79	1,91
70	6,55	5,54	5,47	0,0152	3,33	2,14
80	7,10	6,28	6,27	0,0148	3,92	2,35
90	7,58	6,96	7,03	0,0145	4,47	2,56
100	8,04	7,74	7,75	0,0142	5,03	2,72
110	8,51	8,52	8,53	0,0140	5,63	2,90
120	8,96	9,26	9,32	0,0138	6,25	3,07
130	9,38	9,91	10,05	0,0136	6,84	3,21
140	9,81	10,71	10,81	0,0134	7,49	3,32

Zur Verwertung von Pilotballonen im Wetterdienst.

Von

Dr. Hermann Rotzoll-Bitterfeld.

Die Grundlagen der Arbeit.

Als Grundlage dieser Arbeit dienten 295 Pilotballonvisierungen, die im Laufe des Jahres 1909 von der Meteorologischen Landesanstalt in Straßburg i. E. veranstaltet wurden. Schon mehrere Jahre hindurch wurde dort auf diese Visierungen größter Wert gelegt; jedoch war das Jahr 1909 das erste, in dem systematisch an möglichst vielen Tagen mindestens ein Aufstieg erfolgte. Leider war die Durchführung gerade 1909 mit besonderen Schwierigkeiten verknüpft, da die sehr häufigen Regentage Visierungen oft verhinderten. Auch wenn die Wolken sehr tief lagen, wurde meist auf einen Aufstieg verzichtet, da die Bestimmung der Windverhältnisse an der Erdoberfläche einerseits und die der Zugrichtung der Wolken andererseits weitere Windbestimmungen innerhalb der dazwischen liegenden niedrigen Schicht unnötig machten. Ich habe überhaupt die wenigen Visierungen, die unterhalb 500 m über der Erde aufhörten, fortgelassen; denn als erste Höhenstufe habe ich bei der statistischen Verarbeitung 500 m gewählt, und zur Verwertung bei der Wettervorhersage kommen derartig niedrige Ballone erst recht nicht in Frage, wie unten gezeigt werden wird. Die übrigbleibenden 295 Ballone des Jahres verteilten sich daher nur auf 212 Tage, so daß statistische Zwecke sich in anderen, trockeneren und heitereren Jahren besser verfolgen lassen werden. Der Hauptzweck dieser Arbeit ist auch ein anderer. Es handelt sich in erster Linie darum, dem Zusammenhange zwischen den Ergebnissen der Visierungen mit den jeweiligen Wetterlagen nachzugehen, um eventuell einige Grundsätze für die praktische Verwendung der Pilotenballone bei der Wettervorhersage festzulegen. Hierfür aber können wir wohl kaum ein geeigneteres Jahr als 1909 finden; denn es ist klar, daß die Charakteristika für die Witterungsänderungen um so ausgesprochener zu Tage treten, je energischer ein Umschlag erfolgt. Daher bietet uns das so wechselvolle Wetter des Jahres 1909 zur Erkennung solcher Grundregeln ein sehr reichhaltiges Material.

Die praktische Wettervorhersage hat zwar besonders in den letzten Jahren unverkennbare Fortschritte gemacht; aber es ist nur natürlich, daß eine große Sicherheit der Prognosen auf Grund der Wetterkarte ohne weiteres nicht erzielt werden kann. Wir wissen, daß die Witterungsvorgänge sich im Mittel bis zu einer Höhe von 11 km hinauf abspielen, wenn wir die obere Inversion, wie es meist geschieht, als Grenze annehmen wollen. Und sie ist es auch jedenfalls für die Kondensationsvorgänge, die ja hauptsächlich in Frage kommen. Wenn wir daher allein auf Grund der Wetterkarte eine Prognose aufstellen, so kann diese nur auf Erfahrungstatsachen aufgebaut sein; die Vorhersage wird dann und nur dann zutreffen, wenn in den höheren Luftschichten keine außergewöhnlichen Verhältnisse walten, wofür gewiß immer eine Wahrscheinlichkeit, aber nie eine Sicherheit vorliegt. Aus dieser Erkenntnis heraus ist schon seit längerer Zeit angestrebt worden, Erkundungen aus der Atmosphäre für den Wetterdienst verwendbar zu machen. In der Praxis begegnete dies jedoch großen Schwierigkeiten. Wir erhalten eine einigermaßen vollkommene Übersicht über den Zustand der höheren Luftschichten durch die Kenntnis der wichtigsten meteorologischen Elemente: Luftdruck, Temperatur, Feuchtigkeit und Wind. Diese werden praktisch entweder durch direkte persönliche Messung auf bemannten Ballonfahrten, oder mit Hilfe von Registrierinstrumenten an Drachen, gefesselten oder freifliegenden Ballonen festgestellt. Von diesen Methoden scheiden diejenigen mit Freiballonen, bemannten und unbemannten, ohne weiteres aus, da bisher im allgemeinen keine Möglichkeit vorhanden ist, die erhaltenen Resultate rechtzeitig in die Hände der Wetterdienstleiter gelangen zu lassen. Die Auswertungen der Drachen- und Fesselballonaufstiege können dagegen, wie die Praxis beweist, rechtzeitig ausgeführt und versandt werden. Aber leider werden wir derartige Resultate immer nur in beschränktem Maße erhalten können, da eine systematische Durchführung dieser Aufstiege wohl stets an aerologische Observatorien gebunden sein wird, und Observatorien werden aus rein materiellen Gründen kaum je in großer Anzahl vorhanden sein, ganz abgesehen davon, daß sie nur in sehr günstiger Lage bestehen und arbeiten können. So wertvoll daher die einzelnen Resultate sind und noch werden können, so werden sie doch noch für lange Zeit nur Stichproben darstellen können. Eine tägliche zusammenhängende Übersicht höherer Luftschichten, nach denen man etwa für verschiedene Niveaus Wetterkarten zeichnen könnte, dürfte jedenfalls noch in weiter Ferne liegen. Deshalb können also die Ergebnisse der Drachen und Fesselballone fürs erste noch keine sehr ausgedehnte Verwendung im Wetterdienste finden. Aus diesem Grund ist man in neuerer Zeit dazu übergegangen, Versuche mit Pilotballonen zu machen. Diese Methode hat erstens den Vorteil, daß sie schnell arbeitet; in gut eingerichteten Stationen können die Vorbereitungen binnen 5 Minuten beendet sein. Die Visierung selbst erfordert höchstens eine Stunde; denn in dieser Zeit kann man bei heiterem Himmel die ganze in Frage kommende Schicht, bis zur oberen Inversion, untersuchen, wenn man dem Ballon eine Steiggeschwindigkeit von 200 m/min erteilt. In weiteren 15 Minuten kann die Auswertung fertig vorliegen. Weiterhin ist die Methode der Pilotballone nicht wie die der Drachen und Fesselballone an Observatorien gebunden, sondern sie kann mit relativ geringen Unkosten und leichter Mühe in sehr verbreitetem Maß eingeführt werden. Allerdings erhält man hiermit direkt nur ein Element, den Wind. Aber da ja die Windverhältnisse in gewissen Beziehungen zu den Luftdruckgebieten und diese wieder mit der Temperatur der Luftschichten im Zusammenhange stehen, lassen sich immerhin relative Rückschlüsse auf diese Elemente ziehen, und damit ist schon viel gewonnen. Besonders ist dies der Fall, wenn man die zahlreichen Windbeobachtungen in Verbindung mit dem vereinzelten vielseitigeren Material der Observatorien verwertet. Daher sind denn auch in dieser Hinsicht schon verschiedene Versuche angestellt worden. Zunächst dienten sie mehr aeronautischen Zwecken. Als erster organisierte Herr Hergesell für die Versuchsfahrten der Zeppelin-Luftschiffe simultane Pilotballonaufstiege; später wurden ähnliche Einrichtungen durch Herrn Assmann für die Fahrten der Parseval-Luftschiffe getroffen, und 1909 folgte mit einer ersten größeren und auch zeitlich ausgedehnteren Organisation die Internationale Luftschiffahrts-Ausstellung in Frankfurt a. M. Endlich entstand im Sommer 1911 unter Leitung von Herrn Assmann, als dem Direktor des Königlichen Preußischen Aeronautischen Observatoriums, ein allgemeiner aeronautischer Warnungsdienst, in dem den Pilotballonaufstiegen eine erste Rolle zufiel. An 15 über ganz Deutschland verteilten Stationen wurden, wenn möglich täglich, morgens Visierungen vorgenommen, die durch Vermittlung des genannten Observatoriums in Form von Sammel-telegrammen den Wetterdienststellen zugingen. Hierdurch wurde es möglich, die Ergebnisse eventuell auch im Wetterdienste zu verwenden. Auf die Notwendig-keit einer ausgedehnten Organisation von Pilotballonaufstiegen hatte bereits seit Jahren Herr Hergesell mehrfach aufmerksam gemacht. Aus Gründen materieller Natur gelang es jedoch erst 1911, dies Ziel durch die Verbindung mit dem erwähnten aeronautischen Warnungsdienste zu erreichen.

Doch bestehen heute noch über die Verwendungsmöglichkeit und besonders die Verwendungsart der Pilotballone im Wetterdienste sehr verschiedene Auf-fassungen, und zu bestimmten Grundsätzen hat es noch nicht kommen können, da das notwendige Material im Allgemeinen erst während der letzten zwei Jahre gesammelt werden konnte. Die Meteorologische Landesanstalt in Straßburg hat nun in erster Linie an der Entwicklung der Pilotballonmethode mitgewirkt und die längste Praxis erworben. Es ist deshalb sehr wahrscheinlich, daß das dort vorhandene Material für eine derartige erste Untersuchung die am besten geeignete Handhabe bietet. Ich habe es mir daher in der vorliegenden Arbeit zur Haupt-aufgabe gemacht, dem Zusammenhange der Witterungsvorgänge mit den Pilot-ballonkurven und ihren Änderungen nachzugehen, nachdem mich der Direktor der Landesanstalt, Herr Geheimrat Hergesell, auf dies Thema hingewiesen und mir die Grundlagen freundlichst zur Verfügung gestellt hatte.

Wie oben gesagt, handelt es sich um 295 Ballone, die sich auf 212 Tage des Jahres 1909 verteilen. Die Aufstiege waren an eine bestimmte Tageszeit nicht gebunden, fielen jedoch vorwiegend in die Vormittagsstunden. Nachts ist nicht visiert worden. Ein exaktes statistisches Material ist also auch aus diesem Grunde nicht vorhanden, wenn auch die Wahrscheinlichkeit gering ist, daß für höhere Schichten ein wesentlicher Unterschied zwischen Nacht und Tag existiert. Die Steiggeschwindigkeit der Ballone wurde stets nach der bekannten Hergesellschen Formel $v = F\left(\dfrac{A}{q - 0 \cdot 8\,q^2}\right)$ berechnet. Hierin ist v die Steiggeschwindigkeit der Ballone in m/sec, A der freie Auftrieb in Kilogramm und q eine Funktion des Querschnitts, die durch die Gleichung $q = (A + B)^{2/3}$ gegeben ist. B ist das Ballongewicht, ebenfalls in Kilogramm. In der ersten Zeit wurde diese Formel direkt verwertet. Doch stellte sich immer mehr das Bedürfnis nach einer Ver-einfachung der Auftriebsberechnung ein. Die Rechnung war zwar mühelos aus-zuführen, wenn für ein bestimmtes Ballongewicht und einen bestimmten freien Auftrieb die Steiggeschwindigkeit gesucht wurde. In der Praxis wählt man aber gewöhnlich für v eine runde Zahl in m/min, etwa 150 oder 200, und da auch das

Ballongewicht gegeben ist, so ist meist A die gesuchte Größe; hierfür wird aber die Rechnung wesentlich umständlicher. Ich stellte mir daher im Frühjahr 1909 auf Grund der Formel eine Isoplethendarstellung her, die den Zusammenhang zwischen v, A und B direkt wiedergibt [1]).

Für die weiteren Untersuchungen ist es natürlich von erheblichem Werte, zu wissen, inwieweit man sich auf die Genauigkeit der Werte verlassen kann, die aus den Pilotballonkurven resultieren. Um einen Überschlag über die Größenordnung der entstehenden Fehler zu erhalten, wollen wir diese in drei Gruppen teilen. Sie können verursacht werden durch:

1. Ungenauigkeit der Formel,
2. Vertikalbewegungen der Luft,
3. Beobachtungs- und Instrumentalfehler.

In all diesen Richtungen haben in Straßburg umfangreiche Untersuchungen stattgefunden. Die Genauigkeit der Hergesellschen Formel und die Größe der Vertikalbewegungen der Luft sind in erster Linie durch trigonometrische Höhenmessungen des verfolgten Pilotballons erforscht worden. Zunächst wurden die Ballone nur von zwei Punkten aus verfolgt; später wurde noch ein dritter Punkt hinzugenommen. Denn beim gelegentlichen Überschreiten der Basisrichtung durch den Ballon ergaben sich stets aus rein rechnerischen Gründen so große Fehler in der Höhenbestimmung, daß es wichtig war, gleichzeitig Werte zu erhalten, bei denen dieser Mißstand fortfiel. Das geschah eben durch Wahl einer weiteren Beobachtungsstation, die außerdem als Kontrollstation wichtig war. Denn wie ich unten erwähnen werde, sind die Beobachtungs- und Instrumentalfehler so groß, daß man Einzelwerte nicht als exakt voraussetzen darf und, um genauere Resultate zu erzielen, zur Mittelbildung aus drei Basen übergehen muß. Im ganzen haben in Straßburg reichlich 60 Visierungen von zwei oder drei Punkten aus stattgefunden, und die Seiten des in den letzten Jahren benutzten Beobachtungsdreiecks betrugen je etwa 2000 m. Diese Untersuchungen haben zu dem unzweifelhaften Resultat geführt, daß einerseits die Hergesellsche Formel innerhalb der Grenzen, für die sie gelten soll, völlig genügt, und daß auch im allgemeinen die Vertikalbewegungen der Luft nicht eine derartige Rolle spielen, daß nennenswerte Fälschungen dadurch zustande kämen. Die Grenzen der Hergesellschen Formel sind für das Ballongewicht etwa 15 bzw. 100 g, für die Steiggeschwindigkeit 100 bzw. 200 m/min. Die genauen Resultate der Straßburger doppelten und dreifachen Visierungen von 1907 bis Anfang 1909 hat Herr Hergesell ebenfalls auf der Konferenz von Monaco mitgeteilt [1]). Danach scheint in der untersten Schicht bis etwa 3 km Höhe ein aufsteigender Luftstrom vorhanden zu sein, und Herr Hergesell empfiehlt daher, bis zu diesen Höhen „zur Normalaufstiegsgeschwindigkeit etwa 30 m/min hinzuzuzählen".

Es wurden in Straßburg auch mehrfach andere, einfachere und schneller zum Ziele führende Untersuchungsmethoden verwendet. An Tagen, an denen eine Ballonkurve ausgesprochene Knicke aufgewiesen hatte, wurden z. B. gleichzeitig

---

[1]) Durch Herrn Hergesell mitgeteilt in: Sixième Réunion de la commission internationale pour l'aérostation scientifique à Monaco. Straßburg 1910.

zwei Ballone aufgelassen, die ganz verschiedene Eigengewichte besaßen, aber auf dieselbe Steiggeschwindigkeit abgewogen waren und unabhängig durch zwei nebeneinanderstehende Theodolithen verfolgt wurden. Es lag eine gewisse Kritik der Formel darin, wenn die vorhandenen scharfen Knicke der beiden resultierenden Kurven in gleichen nach der Steiggeschwindigkeit berechneten Höhen auftraten.

Ein Vergleich der tatsächlichen mit den berechneten Höhen wurde allerdings auf diese Weise nicht erzielt, da Vertikalbewegungen der Luft auf beide Ballone gleichmäßig einwirken mußten. Anders war dies bei einer ähnlichen, aber etwas abweichenden Versuchsanordnung, die mehr dazu dienen sollte, die Wirkungen von vertikalen Strömungen in ihrer Größenordnung zu erkennen. Zu diesem Zwecke wurden zwei oder drei Ballone mit möglichst verschiedenen Steiggeschwindigkeiten ebenfalls gleichzeitig aufgelassen und von je einem Theodolithen aus visiert. Wenn jetzt eine Schicht eine Vertikalbewegung der Luft in einer bestimmten Richtung aufwies, so mußte sich dies durch eine Verschiebung der Knicke erweisen, die die obere Grenze angaben. Ich nehme als Beispiel an, daß eine Schicht mit einem absteigenden Luftstrome von 50 m/min in 1000 m über dem Erdboden beginnt und bis 1600 m hinaufreicht. Zwei gleichzeitig aufgelassene Ballone mögen 100 bzw. 200 m/min steigen. Nach 10 bzw. 5 Minuten wird dann die untere Schichtgrenze erreicht. In der Schicht ändern sich die Steiggeschwindigkeiten in 50 bzw. 150 m/min, so daß die Zeiten des Durchlaufens der Schicht 12 bzw. 4 Minuten werden. Der Knick an der oberen Grenze der Schicht tritt dann in einem Falle nach insgesamt 22 Minuten, also in einer berechneten Höhe von 2200 m auf, im anderen Falle nach 9 Minuten und in entsprechend 1800 m Höhe. Wir haben hierin also ein einfaches Mittel, das Vorhandensein und auch die Größenklasse und die Richtung von vertikalen Strömen festzustellen. Genauere Messungen lassen sich jedoch nicht ermöglichen, insbesondere, weil die Strömungen nicht durch die ganze Schichthöhe hindurch die gleiche Größe besitzen sondern, wenigstens an den Grenzen, Übergänge aufweisen werden. Auch diese Versuche lieferten völlig befriedigende Resultate [1]).

Ich möchte bei dieser Gelegenheit darauf hinweisen, daß die Vertikalbewegungen der Luft um so größere Fehler hervorrufen, je kleiner die eigene Vertikalgeschwindigkeit des Ballons ist, und daß man deshalb gut tut, möglichst große Vertikalgeschwindigkeiten zu wählen [2]). Es gibt bereits seit Jahren sehr gute und dabei billige Gummiballone, die, auf 200 m/min abgewogen, im Mittel etwa 11 bis 12 km Höhe erreichen und deshalb den noch vielfach verwendeten kleineren Ballonen mit meist 120 m/min Steiggeschwindigkeit wesentlich vorzuziehen sind. Um dies zu erläutern, möchte ich wieder ein praktisches Beispiel geben. Ich nenne H (m) die Höhe einer Schicht mit einer Vertikalbewegung der Luft v (m/min), wo v positiv sein soll, wenn die Luft im Steigen begriffen ist. Weiterhin sei V (m/min)

---

[1]) Darstellungen solcher Untersuchungen befanden sich auf der Internationalen Luftschiffahrts-Ausstellung in Frankfurt a. M. 1909 im Teneriffa-Pavillon (Erforschung der Atmosphäre über dem Meere).

[2]) Inzwischen auch hervorgehoben durch Herrn Kleinschmidt in: „Ergebnisse der Arbeiten der Drachenstation am Bodensee im Jahre 1911". Einleitung S. I. Stuttgart 1912, J. B. Metzler.

die Steiggeschwindigkeit des Ballons. Die Differenz D der berechneten gegen die tatsächliche Höhe beträgt dann zu irgend einer Zeit nach dem Durchlaufen der Schicht $D = \dfrac{H\,v}{V + v}$. Die Fehler verhalten sich also für verschiedene V und V′ folgendermaßen: $\dfrac{D}{D'} = \dfrac{V' + v}{V + v}$. Der Fehler muß also bei dem Ballon, der mit der größeren Geschwindigkeit steigt, stets relativ gering sein. Setzen wir beispielsweise:

$$H = 600 \text{ m}$$
$$V = 200 \text{ „}$$
$$V' = 120 \text{ „}$$
$$v = 60 \text{ „}$$

so ergibt sich

$$D = 138{,}5 \text{ m}$$
$$D' = 200 \text{ m}$$

Noch größer wird die Differenz, wenn v negativ, der Luftstrom also abwärts gerichtet ist. Ich erhalte z. B., wenn ich die Zahlen nicht ändere, für

$$D = 171{,}4 \text{ m}$$
$$D' = 600 \text{ m}$$

Die Differenz ist so ins Auge fallend, daß man, wo irgend möglich, große Steiggeschwindigkeiten verwenden sollte.

Andererseits zeigt aber dies Beispiel, wie groß die Fälschungen der Resultate werden können, selbst wenn es sich nur um einen Luftstrom von 1 m/sec handelt, und desto wichtiger ist die Feststellung, daß die verschiedenen Straßburger Sondierungen der Atmosphäre in dieser Hinsicht nur ganz vereinzelt erhebliche Verschiebungen ergaben, daß also die Vertikalbewegungen der Luft im allgemeinen so gering sind, daß sie auf die Resultate der Visierungen nur einen unerheblichen Einfluß ausüben. Dazu kommt, daß sich die Auf- und Abwärtsbewegungen der Luft gewöhnlich in kurzer Aufeinanderfolge wieder ausgleichen. Auch hierfür fanden sich in Straßburg charakteristische Beispiele [1]. Zum mindesten kann man sagen, daß diese Fehlergruppe meist auch deshalb unberücksichtigt bleiben kann, weil die Beobachtungs- und die Instrumentalfehler fast dieselbe Größenklasse erreichen. Abgesehen von direkten Untersuchungen des Instrumentes wurde in dieser Richtung hin und wieder der folgende einfache Versuch ausgeführt. Derselbe Ballon wurde durch zwei dicht nebeneinander stehende Theodolithen unabhängig verfolgt. Die aufgetragenen Kurven zeigten dann hierbei Differenzen, die nur wenig geringer waren als in den Fällen, wo statt des einen Ballons deren zwei visiert wurden.

Im ganzen möchte ich als Resultat angeben: Wenn wir von den allerentferntesten Schichten, sagen wir oberhalb 10 km, absehen, so dürfen wir im allgemeinen die Höhenangaben als auf wenige 100 m, die Richtungsresultate als auf rund 5⁰ und die Geschwindigkeitswerte als auf etwa 1 m/sec genau annehmen.

---

[1] Siehe Beispiel vom 15. Oktober 1909, Fig. 25.

An diese Genauigkeitsgrenze werde ich mich im folgenden halten und insbesondere Richtung und Geschwindigkeit in den einzelnen Kurven stets abgerundet auf 5^0 bzw. 1 m benutzen. Bei außergewöhnlichen Witterungsvorgängen, Gewittern, Tromben usw., können selbstverständlich wesentlich erheblichere Vertikalströmungen auftreten[1]).

Resultate der statistischen Zusammenstellungen.

Bevor ich auf die einzelnen Pilotballonkurven eingehe, möchte ich die allgemeinen statistischen Zusammenstellungen besprechen, deren Resultate ich unten mitteilen werde. Nach dem Vorgange von Herrn Berson[2]) habe ich die Winddrehungen und -geschwindigkeiten zunächst von 500 zu 500 m, bei Höhen über 3000 m von 1000 zu 1000 m festgestellt. Hierbei machte ich drei Unterabteilungen, die mit den Indices H, T und G bezeichnet wurden. H und T entsprechen Hochdruck- und Tiefdruck-Ballonen, während zur Abteilung G alle die Ballone gerechnet wurden, die auf der Grenze solcher Luftdruckgebiete oder bei nicht sicher zu bestimmender Wetterlage visiert wurden. Die Unterscheidung erfolgte lediglich auf Grund der Seewartenkarten. Ich hielt diese Grundlage für geeigneter als die jeweilige lokale Witterung, weil die allgemeine Wetterlage für den Weg des Ballons im allgemeinen maßgebender sein dürfte. Allerdings können auf diese Weise leicht Zweifel auftreten, die mich denn auch zur Einführung der Gruppe G veranlaßten. Ein weiterer Index S wird verwendet, sobald es sich um Mittel aus sämtlichen Ballonen handelt.

Die Drehungsstatistik wurde in der Weise durchgeführt, daß eine Drehung, die im Sinne des Uhrzeigers erfolgte, als Rechtsdrehung und positiv, eine entgegengesetzte als Linksdrehung und negativ bezeichnet wurde. Die Beträge wurden auf 5^0 abgerundet[3]).

Die Bestimmung der Windgeschwindigkeiten erfolgte, sofern es sich nicht um die letzten Punkte der Ballonkurve handelte, nicht auf Grund des einzelnen Minutenwertes, sondern, um die Genauigkeit zu erhöhen, unter Hinzuziehung der angrenzenden Beträge.

Bei Drehung sowohl wie Geschwindigkeit wurden, besonders in großen Höhen, die obersten Werte hin und wieder extrapoliert, wenn nämlich der Ballon diese Schichtgrenze bis auf eine Differenz erreicht hatte, die bei der oben besprochenen Genauigkeit der Pilotballonmethode außer acht gelassen werden konnte. Es handelt sich höchstens um 100 bis 200 m. Mehrfach konnte die Extrapolation wegen der zufälligen Form der Kurve nicht bei Richtung und Geschwindigkeit durchgeführt werden, sondern nur bei einem von beiden, und daraus resultiert eine kleine Differenz

---

[1]) Die Angaben des Herrn Polis im Jahrbuch des Deutschen Luftschiffer-Verbandes 1911 (Teil II, S. 39 u. f.) über Vertikalbewegungen bis zu 23 m/sec. bei heiterem Himmel sind ohne Zweifel auf Irrtümer in der Rechnung, Instrumentalfehler o. ä. zurückzuführen.

[2]) Wissenschaftliche Luftfahrten, III. Bd., S. 199—224. Braunschweig, Vieweg & Sohn, 1900.

[3]) Siehe oben.

in den Angaben über die Zahl der Fälle. Zur Mittelbildung wurden 20 Werte als mindestens notwendig erachtet. Die Berechnung der Mittel erfolgte getrennt für die H-Gruppe und T-Gruppe. Mit Hinzunahme der G-Ballone wurde dann das Gesamtmittel festgestellt. Die tatsächlichen mittleren Windverhältnisse über Straßburg werden allerdings durch dies Gesamtmittel nicht richtig wiedergegeben. Denn abgesehen davon, daß etwaige regelmäßige nächtliche Änderungen nicht mit zur Geltung kommen, kann außerdem die Anzahl der Ballone bei den verschiedenen Wetterlagen nicht dieselben Häufigkeitsverhältnisse aufweisen, wie die Wetterlagen selbst. Es ist ohne Zweifel nicht nur absolut, sondern auch relativ wesentlich häufiger bei heiterem als bei trübem Wetter visiert worden. Die erhaltenen Gesamtmittelwerte werden also zu stark durch die H-Ballone beeinflußt sein.

Als 0 m Höhe habe ich die Höhe des Platzes gewählt, von dem aus die Visierungen stattfanden. Denn die Ballone hatten stets eine abgerundete Minutengeschwindigkeit der Vertikalbewegung, 150 oder 200 m, erhalten, so daß die regelmäßige Addition der Seehöhe von etwa 140 m die Statistik nur unübersichtlicher gestalten müßte. Praktisch kommt im Übrigen diese Differenz von 140 m schon in geringer Höhe kaum in Betracht, und sie ist für die vorliegende Arbeit umsomehr ohne Bedeutung, als nur Straßburger Ballone zur Verarbeitung gelangen.

Wir wollen jetzt zur Betrachtung der Statistik der Drehungen übergehen. Die nachstehende Tabelle gibt untereinander die mittleren Drehungen von einer Schichtgrenze zur nächsthöheren, die mittleren Gesamtdrehungen von 0 m bis zu den betreffenden Höhen und die jeweilige Anzahl der in Rechnung gezogenen Fälle.

	bis 500 m	1000 m	1500 m	2000 m	2500 m	3000 m	4000 m	5000 m	6000 m	7000 m	8000 m	9000 m	10 000 m
Hochdruck-Ballone (H).													
Einzeldrehung .	17,3	11,4	—1,2	0,6	—3,4	—1,9	—4,0	2,0	—0,3	—0,5	—5,1	14,6	—0,9
Gesamtdrehung	17,3	28,7	27,5	28,1	24,7	22,8	18,8	20,8	20,5	20,0	14,9	29,5	28,6
Zahl der Fälle .	147	147	144	135	125	115	103	88	72	59	49	39	35
Tiefdruck-Ballone (T).													
Einzeldrehung .	13,8	21,2	4,3	3,2	2,3	7,2	3,6	—1,8	8,9	2,9	—4,2	—1,7	7,5
Gesamtdrehung	13,8	35,0	39,3	42,5	44,8	52,0	55,6	53,8	62,7	65,6	61,4	59,7	67,2
Zahl der Fälle .	70	68	57	49	41	34	25	14	9	7	6	3	2
Grenz-Ballone (G).													
Einzeldrehung .	20,4	4,9	6,2	—3,6	3,7	6,1	—0,4	—4,7	—7,4	10,2	26,6	6,3	1,0
Gesamtdrehung	20,4	25,3	31,5	27,9	31,6	37,7	37,3	32,6	25,2	35,4	62,0	68,3	69,3
Zahl der Fälle .	78	75	70	64	58	51	42	35	25	23	16	15	10
Sämtliche Ballone (S).													
Einzeldrehung .	17,3	12,1	1,9	0,0	—0,5	1,7	—2,0	0,0	—1,2	2,5	2,1	11,6	—0,1
Gesamtdrehung	17,3	29,4	31,3	31,3	30,8	32,5	30,5	30,5	29,3	31,8	33,9	45,5	45,4
Zahl der Fälle .	295	290	271	248	224	200	170	137	106	89	71	57	47

Auf den ersten Blick zeigt sich, daß bei Tiefdruckwetterlagen die Rechtsdrehung mit der Höhe wesentlich stärker ist als bei Hochdrucklagen. Wenn wir die vorher festgesetzte untere Grenze von 20 Ballonen berücksichtigen, so können wir die Gesamtdrehungen bis zu 4 km vergleichen, da für größere Höhen die Zahl der T-Ballone nicht mehr genügt. Wir haben hier in der H-Tabelle 18,8°, in der T-Tabelle 55,6°. Der Gang der Zahlen ist nun ein recht unregelmäßiger; er wird jedoch viel regelmäßiger, wenn wir einzelne unsichere Werte ausschalten. Dies Verfahren ist in diesem Falle wohl berechtigt. Wenn nämlich ein Ballon eine besonders schnelle Drehung, von mindestens 180°, ausführt, so sprechen verschiedene Gründe dafür, bei der Mittelbildung diesen Wert fortzulassen. Denn erstens wird es sich dann meist mehr um einen Knick als eine Drehung handeln, so daß man im Zweifel sein kann, ob die Drehung positiv oder negativ zu rechnen ist. Aber selbst wenn der Drehungssinn der Kurve einigermaßen zu erkennen ist, werden doch oft Zufälligkeiten mitspielen, die aus einer in der Grenzschicht vorhandenen Windstille resultieren, kurze Zeit später ihr Aussehen bereits völlig geändert haben und speziell in ihrer Drehrichtung nicht charakteristisch sind. Tatsächlich konnten in Straßburg derartige schnelle Wechsel im Drehungssinne bei kurz aufeinanderfolgenden Visierungen mehrfach festgestellt werden, während die Windrichtungen, abgesehen von der Grenzschicht selbst, fast unverändert blieben [1]). Da nun solche unsicheren und dabei großen Werte in die Mittelberechnung sehr stark eingehen, so ist es wohl berechtigt, sie auszuschalten, zumal es sich nur um vereinzelte Ballone handelt. Ich habe daher die Werte von den 12 Ballonen vernachlässigt, die innerhalb einer der gewählten Schichten eine Richtungsänderung von mindestens 180° aufweisen.

Hiervon entfallen 9 Ballone auf Hochdruck-, zwei auf Tiefdruck- und einer auf Grenzwetterlagen. Die Werte, die sich nun ergeben, bezeichne ich als „verbesserte Werte" und gebe sie im folgenden wie die obigen wieder.

Verbesserte Werte.

	bis 500 m	1000 m	1500 m	2000 m	2500 m	3000 m	4000 m	5000 m	6000 m	7000 m	8000 m	9000 m	10000 m
Hochdruck-Ballone (H).													
Einzeldrehung .	18,5	12,0	—3,5	—0,3	—3,5	—0,8	—3,2	—2,2	—1,6	—1,9	—4,1	13,5	0,0
Gesamtdrehung	18,5	30,5	27,0	26,7	23,2	22,4	19,2	17,0	15,4	13,5	9,4	22,9	22,9
Zahl der Fälle .	138	138	136	128	118	109	97	82	66	54	45	37	34
Tiefdruck-Ballone (T).													
Einzeldrehung .	16,7	20,4	6,7	8,4	4,2	7,4	4,2	—1,8	8,9	2,9	—4,2	—1,7	7,5
Gesamtdrehung	16,7	37,1	43,8	52,2	56,4	63,8	68,0	66,2	75,1	78,0	73,8	72,1	79,6
Zahl der Fälle .	68	66	55	47	39	33	24	14	9	7	6	3	2
Grenz-Ballone (G).													
Einzeldrehung .	20,2	4,2	6,9	—3,8	3,6	5,8	—1,2	1,6	—5,0	9,8	29,3	6,1	2,8
Gesamtdrehung	20,2	24,4	31,3	27,5	31,1	36,9	35,7	37,3	32,3	42,1	71,4	77,5	80,3
Zahl der Fälle .	77	74	69	63	57	50	41	34	24	22	15	14	9
Sämtliche-Ballone (S).													
Einzeldrehung .	18,5	11,9	1,4	0,5	—0,2	2,3	—1,6	—1,2	—1,5	1,6	3,5	10,7	0,9
Gesamtdrehung	18,5	30,4	31,8	32,3	32,1	34,4	32,8	31,6	30,1	31,7	35,2	45,9	46,8
Zahl der Fälle .	283	278	260	238	214	192	162	130	99	83	66	54	45

Der Gang der Zahlen ist jetzt weniger sprunghaft, während die faktischen Verhältnisse nur quantitativ geändert worden sind. Wir fanden vorher für die

---

[1]) Siehe Beispiel vom 10. August 1909, Fig. 23.

Gesamtdrehungen bei Hochdruck und Tiefdruck bis zu 4000 m 18,8⁰ und 55,6⁰
und haben statt dessen jetzt 19,2 und 68,0. Nach diesen verbesserten Werten
habe ich zwei Fig. 1 und 2 hergestellt. Fig. 1 enthält vier einzelne Kurven der
Gesamtdrehungen, die den H-, T-, G- und S-Ballonen entsprechen. Die Kurventeile,
deren Grundlage weniger als 20 Ballone bildeten, sind durch Kreuze abgetrennt
worden. Der Unterschied der Hochdruck- und Tiefdruckresultate fällt in dieser
Figur deutlich ins Auge. Die Kurve der Hochdruckballone zeigt Rechtsdrehung

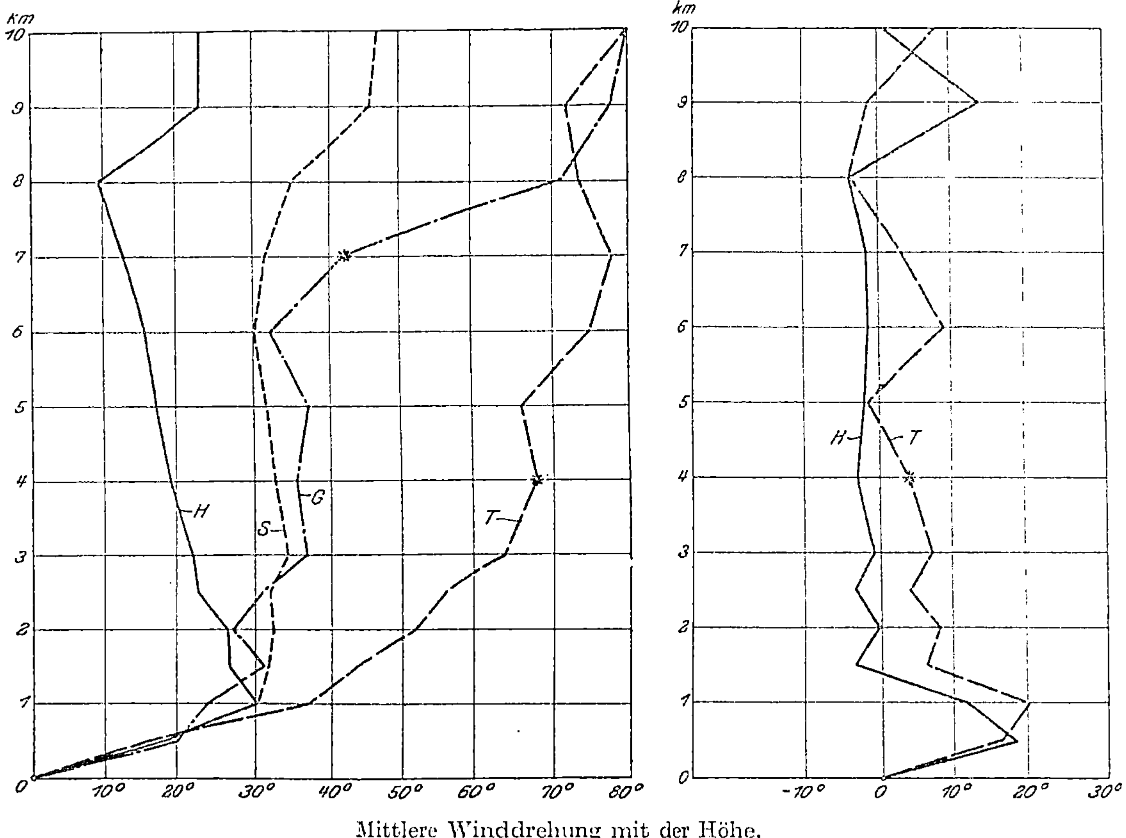

Fig. 1. Die Gesamtdrehung vom Erdboden aus.   Fig. 2. Die Drehung in den
einzelnen Schichten.

nur während der ersten 1000 m, und diese Rechtsdrehung dürfte in der Hauptsache nichts anderes sein als die normale Rechtsdrehung in der Nähe der Erdoberfläche. Bereits von 1000 m an setzt eine langsame gleichmäßige Linksdrehung
ein, die nur bei 9000 m durch einen stark positiven Wert unterbrochen wird. Ob
dieser auf Zufälligkeiten beruht, oder ob er tatsächliche dauernde Grundlagen
besitzt, kann sich wohl erst aus reichhaltigerem Material ergeben. Ich möchte
jedenfalls fürs erste von einer Diskussion dieser Abnormität absehen, zumal gleich
der darauffolgende Wert, für 10 km, sofort wieder auf 0 zurückfällt.

Die Kurve der T-Ballone weist im Gegensatz zu der H-Kurve eine dauernde
Rechtsdrehung auf. Die vereinzelten negativen Drehungswerte entfallen auf

den Teil der Kurve, den wir wegen zu geringer Zahl der Fälle als nicht mehr genügend begründet betrachten wollten.

Die Mittelkurve sämtlicher visierter Ballone verläuft naturgemäß zwischen der H- und T-Kurve. Bis zu 1 km Höhe sehen wir wieder die Rechtsdrehung des Windes; von hier an treten stärkere Drehungen bis zu 8 km nicht mehr auf, so daß die Gesamtdrehung von 1 km bis 8 km nur etwa 5⁰ beträgt. Darüber findet sich dann wieder der schon bei den H-Ballonen beobachtete positive Knick, der natürlich auch in diese Summenkurve übergeht. Wenn wir die oben erwähnte ungleichmäßige Verteilung von Hochdruck- und Tiefdruckballonen mit berücksichtigen, so können wir aus der S-Kurve vielleicht schließen, daß im ganzen für Straßburg eine schwache Rechtsdrehung mit der Höhe vorhanden ist, und daß die aus der Verminderung der Reibung bei Entfernung von der Erdoberfläche resultierende Rechtsdrehung bei etwa 1 km Höhe beendigt ist und im Mittel etwa 30⁰ beträgt.

Eine vierte Kurve, die einen selbständigen Wert nicht besitzt, habe ich trotzdem ebenfalls in die Fig. 1 aufgenommen, die der Grenzballone. Sie soll sozusagen einen Beweis dafür liefern, daß die wegen schwer bestimmbarer Wetterlage in diese Gruppe verwiesenen Ballone tatsächlich mittleren Wetterlagen entsprachen. Denn es war zu erwarten, daß die Mittelkurve dieser Ballone zwar unregelmäßig sein würde, sich aber im ganzen etwa der allgemeinen Summenkurve anschließen müßte. Daß dies tatsächlich der Fall ist, erhellt deutlich aus der Figur.

In der Fig. 2 habe ich nur zwei Kurven einander gegenübergestellt, eine aus Hochdruck- und eine aus Tiefdruckballonen resultierende. Als Ordinate ist wie in Fig. 1 die Höhe bestehen geblieben. Als Abszisse sind jedoch nicht die Gesamtdrehungen, sondern die Einzeldrehungen eingetragen worden. Diese Fig. 2 zeigt einerseits dasselbe wie Fig. 1: Rechtsdrehung bei Hochdruck-, Linksdrehung bei Tiefdruckballonen. Sie zeigt aber weiterhin bis zu 4 km, wo die Zahl der Tiefdruckballone unter die Mindestsumme von 20 sinkt, eine auffallende Parallelität der Kurven. Wenn wir diese nicht als ganz zufällig annehmen wollen, so können wir vielleicht sagen, daß, abgesehen von der allgemein fortschreitenden Rechts- bzw. Linksdrehung, daneben bei beiden Kurven ziemlich gleichmäßig auftretende Richtungsschwankungen vorhanden sind. Diese Schwankungen könnten mit der mittleren Schichtung der Atmosphäre zusammenhängen.

Ich möchte nun dazu übergehen, die erhaltenen Resultate mit den von Herrn Berson aus den Berliner Luftfahrten gefundenen zu vergleichen. Herr Berson gibt in der oben erwähnten Abhandlung die Drehungen in denselben Intervallen, wie ich sie hier im Anschluß an seine Arbeit wählte, bis zu 5000 m Höhe an, und zwar ebenfalls getrennt für H- und T-Ballone. Ich stelle hierunter die Straßburger Ergebnisse neben die seinigen: [1]

Der Unterschied zwischen beiden Ergebnissen ist auffallend groß. Während Herr Berson bis zu 5 km Höhe für Hochdruckgebiete dauernde Rechtsdrehung, für Tiefdruckgebiete überwiegende Linksdrehung fand, ergaben die Straßburger Pilotballone fast das Gegenteil. Nun haben zwar die Windmessungen durch Pilotballonvisierungen gewisse Vorteile vor denen bei bemannten Ballonfahrten; z. B.

---

[1] Siehe folgende Seite.

| Drehungen | | Wissenschaftliche Luftfahrten | | | | | | Straßburger Pilotballone 1909 | | | | | |
| | | Einzeldrehungen | | | Zahl der Fälle | | | Einzeldrehungen | | | Zahl der Fälle | | |
von	bis	H	T	S	H	T	S	H	T	S	H	T	S
0	500	10,3	3,5	7,5	29	22	58	18,5	16,7	18,5	138	68	283
500	1000	16,4	—3,6	7,7	29	22	58	12,0	20,4	11,9	138	66	278
1000	1500	6,4	—1,95	6,1	29	22	58	—3,5	6,7	1,4	136	55	260
1500	2000	10,0	0,05	6,5	28	17	51	—0,3	8,4	0,5	128	47	238
2000	2500	7,2	4,4	6,7	26	12	43	—3,5	4,2	—0,2	118	39	214
2500	3000	6,4	0,7	4,8	23	12	39	—0,8	7,4	2,3	109	33	192
3000	4000	1,4	—6,9	0,9	21	10	35	—3,2	4,2	—1,6	97	24	162
4000	5000	5,0	—3,7	2,7	14	6	22	—2,2	—1,8	—1,2	82	14	130
Gesamtdrehungen von 0 bis 5000 m		63,1	—7,5	42,9				17,0	66,2	31,6			

sind sie zeitlich und örtlich weniger ausgedehnt und bringen daher in größerer
Annäherung als die bei bemannten Ballonfahrten angestellten Beobachtungen
die gleichzeitigen Windverhältnisse aller Schichten über einem bestimmten Orte
zum Ausdruck. Außerdem sind wohl meist die Resultate der Visierungen an sich
exakter. Auch basieren die Resultate des Herrn Berson auf einer relativ geringen
Zahl von Fällen. Andererseits fehlen allerdings bei Pilotballonbeobachtungen
ganz die Windverhältnisse oberhalb der Wolken, die sich durch bemannte Fahrten
wenigstens annähernd bestimmen lassen. Aber alle diese Unterschiede können
zweifellos die Resultate nur quantitativ beeinflussen, zumal Herr Berson die
für Maxima und Minima verschiedene Krümmung der Isobaren mit diskutiert
hat. Er findet, daß der von ihm festgestellte Unterschied zwischen der „antizyklonalen und zyklonalen Gruppe" „nicht ohne ein tatsächliches Substrat" sein kann.
Wir sind also nicht berechtigt, die von Herrn Berson gefundenen Werte zahlenmäßig als unrichtig anzunehmen, wenn sie auch den unsrigen widersprechen;
vielmehr müssen wir aus diesem Gegensatz heraus zu der Überzeugung gelangen,
daß die Unterscheidung zwischen Maximum und Minimum nicht das in erster
Linie zu berücksichtigende Merkmal bildet. Es scheint ein anderes Moment zu
bestehen, das maßgebender ist, und wir finden es leicht an der Hand der von Herrn
Felix M. Exner 1910 veröffentlichten Arbeit:

„Grundzüge einer Theorie der synoptischen Luftdruckveränderungen [1]."

Herr Exner stellt u. a. fest, daß ein Wind, der aus einer warmen in eine kalte
Gegend weht, einen Luftdruckfall hervorruft, und daß umgekehrt eine relativ
kalte Strömung ein Steigen des Luftdrucks mit sich bringt. Hieraus leitet er in
ersterem Falle eine Rechtsdrehung, in letzterem eine Linksdrehung der Isobare
und also auch des Windes ab. Denn wir wollen mit Herrn Exner annehmen,
daß der Wind, abgesehen von der untersten Schicht, ungefähr der Isobare folgt.
Aus der vorher gegebenen Zusammenstellung [2] können wir schließen, daß die Reibung
an der Erdoberfläche im Mittel bei etwa 1000 m Höhe wirkungslos wird. Wir setzen
also zunächst voraus, daß oberhalb dieser Höhe Abweichungen der Windrichtung
von der Isobare um mehr als einige Grade nicht eintreten, und daß selbstverständ-

---

[1] Aus den Sitzungsberichten der Kaiserl. Akademie der Wissenschaften in Wien, Mathem.-
naturw. Kl., Bd. CXIX, Abt. II a. Mai 1910.

[2] Siehe S. 134 und 135.

lich der tiefe Druck sich auf unserer linken Seite befindet, wenn wir uns mit dem Winde vorwärts bewegen.

Auf dieser Grundlage haben wir also Rechtsdrehung bei erwärmenden, Linksdrehung bei abkühlenden Winden zu erwarten, gleichgültig, ob ·ie im Maximum oder Minimum wehen. Um zu konstatieren, ob diese Überlegungen durch die Praxis bestätigt werden, habe ich nun die Pilotballonkurven zu einer weiteren Statistik verarbeitet. Ich stellte für alle Ballone, für alle Schichten und für die Richtungen der 16teiligen Windskala fest, ob die Kurve rechts oder links drehte, oder ob keine ausgesprochene Richtungsänderung vorhanden war. Ich habe also nicht die Windrichtung an der Erdoberfläche oder eine mittlere Richtung des betreffenden Ballons zugrunde gelegt, sondern ich ging jeweils von der Windrichtung an der unteren Schichtgrenze aus und bestimmte den Drehungssinn bis zu ihrer oberen Grenze. Die Drehungsgrößen mußte ich unberücksichtigt lassen; denn da ich zum mindesten eine Teilung in 16 Windrichtungen für notwendig hielt, wurde die Zahl der Fälle ohnehin schon vielfach so klein, daß die Hinzunahme der Drehungsgrößen nur ganz vereinzelt begründete Resultate hätte ergeben können. Wie in der ursprünglichen Drehungsstatistik [1] selbst, wurden auch jetzt auf 5^0 abgerundete Drehungen berücksichtigt. Weiterhin wurden wiederum Hoch- und Tiefdruckballone getrennt behandelt; denn ich wollte feststellen, ob die neuen Gesichtspunkte für den Drehungssinn tatsächlich in erster Linie maßgebend sind, oder ob außerdem noch wesentliche Unterschiede zwischen den beiden Hauptwetterlagen bestehen bleiben. Wenn ich als Unterabteilungen die absoluten Windrichtungen wählte, so ist diese Maßnahme selbstverständlich nicht ganz exakt, sie würde völlige Gültigkeit nur für den Fall einer in ihrer Richtung dauernd in allen Höhen unveränderlichen Isotherme besitzen. Es bestand aber keine Möglichkeit, für die einzelnen Ballone die wirkliche Isothermenlage in den verschiedenen Schichten festzustellen, und es wäre andererseits unberechtigt, die Isotherme an der Erdoberfläche ohne weiteres auf größere Höhen zu übertragen, da Temperaturangaben sich nicht leicht auf ein Normalniveau reduzieren lassen; und die unregelmäßige Beschaffenheit der Erdoberfläche erzeugt natürlich auch eine große Unregelmäßigkeit der unteren Isotherme, während sich sicher in einiger Höhe gleichmäßigere Formen vorfinden. Im übrigen behandeln wir ja nur die mittleren Drehungen, so daß sich hieraus immerhin eine mittlere Isothermenlage ergeben muß. Ursprünglich hatte ich noch eine weitere Unterteilung vorgenommen, nämlich nach den Höhenschichten. Ich hoffte auf diese Weise eine Drehung der mittleren Isotherme mit der Höhe feststellen zu können; doch habe ich nach Beendigung der Zusammenstellung auf die Verwertung der Resultate in dieser Richtung verzichtet, da die Zahl der Fälle in den einzelnen Schichten hierfür nicht mehr genügen konnte. Im folgenden gebe ich daher die Resultate ohne Berücksichtigung der Höhe. Hierbei sah ich mich veranlaßt, die Werte der beiden untersten Schichten (bis 1000 m) zu subtrahieren, um das Resultat möglichst unabhängig von der sonst zu stark mitspielenden Reibung an der Erdoberfläche zu gestalten. Die Ergebnisse der G-Gruppe habe ich nicht besonders aufgeführt. Sie sind an sich wertlos und können eventuell leicht aus den anderen Gruppen abgeleitet werden.

---

[1] Siehe S. 133.

	N	NNE	NE	ENE	E	ESE	SE	SSE	S	SSW	SW	WSW	W	WNW	NW	NNW
H.-Ballone.																
Rechtsdrehung .	27	26	30	19	23	13	10	5	18	13	24	27	30	26	26	21
Linksdrehung . .	47	41	55	42	36	24	8	3	2	10	11	11	22	27	30	23
Keine Drehung .	11	24	25	23	18	14	3	2	2	4	11	16	17	14	17	15
Zahl der Fälle .	85	91	110	84	77	51	21	10	22	27	46	54	69	67	73	59
T.-Ballone.																
Rechtsdrehung .	0	2	1	0	3	3	5	4	14	18	18	16	11	3	2	1
Linksdrehung . .	2	2	0	0	1	0	1	1	5	12	21	10	5	4	7	2
Keine Drehung .	0	0	2	0	0	0	0	0	3	13	36	9	5	3	2	0
Zahl der Fälle .	2	4	3	0	4	3	6	5	22	43	75	35	21	10	11	3
Sämtliche Ballone.																
Rechtsdrehung .	34	34	38	25	31	18	21	15	50	41	73	74	68	38	35	28
Linksdrehung . .	58	50	62	44	41	27	11	4	17	25	42	34	34	42	55	28
Keine Drehung .	21	25	28	26	21	14	6	3	10	25	65	45	29	26	24	19
Zahl der Fälle .	113	109	128	95	93	59	38	22	77	91	180	153	141	106	114	75

Diese Zahlen habe ich, um eine bessere Übersicht zu erlangen, in Prozente umgerechnet, wobei ich die Zahl der Fälle jeweils = 100 % setzte. Ich bildete weiterhin die Differenzen: Prozentzahl der positiven — Prozentzahl der negativen

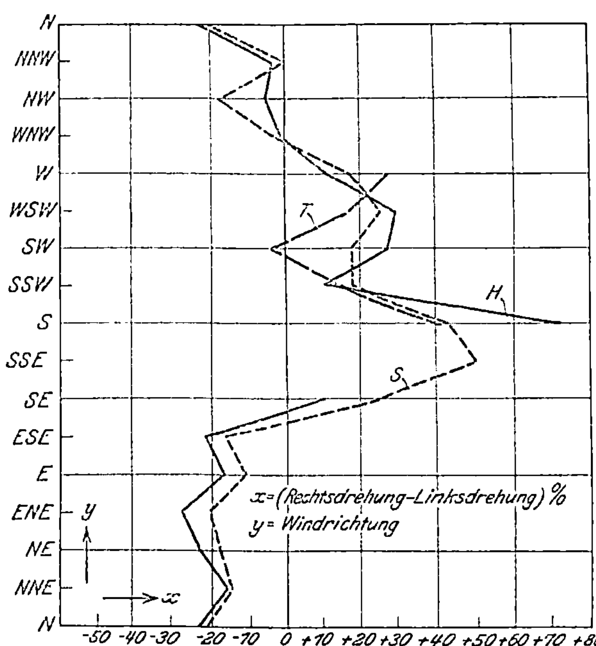

Fig. 3. Der vorherrschende Drehungssinn nach Windrichtungen geordnet.

Drehung. Fortgelassen habe ich dabei wieder die Rubriken, in denen weniger als 20 Fälle vorhanden waren. Dies tritt bei der S-Gruppe niemals, bei der H-Gruppe nur einmal ein, während die T-Gruppe nur für 5 von 16 Windrichtungen eine genügende Anzahl von Ballonen aufweist, nämlich für Süd bis West inkl. Die so gefundenen Werte habe ich in der Fig. 3 dargestellt.

Wir wollen nun die einzelnen Kurven betrachten. Bei den Hochdruckballonen zeigt sich, daß die Winde von WNW über N bis ESE inkl. überwiegende Linksdrehung, die anderen Rechtsdrehung aufweisen. Nur die Südsüdostwinde waren zur Verwertung nicht zahlreich genug vertreten. Jedenfalls sehen wir deutlich, daß die Richtung etwa von WNW nach ESE die Winde in vorwiegend linksdrehende und rechtsdrehende teilt. Dies tritt in derselben Weise bei der S-Kurve zutage. Nur findet sich hier einmal, bei den Nordwestwinden, ein Punkt, der nicht die nach dem Vorigen dort zu erwartende Linksdrehung aufweist, sondern keinen überwiegenden Drehungssinn. Herr Köppen hat nun bereits ebenfalls, aus den Groß-Borsteler Drachenaufstiegen, eine Unstimmigkeit für Nordwestwinde gefunden, nämlich, daß über Nordwestwinden die Rechtsdrehung mit der Höhe viel geringer ist, als bei Süd- und Südostwinden, daß aber dieser Unterschied im Sommer ausgeprägter ist als im Winter [1]). Die Erklärung hierfür hat Herr Exner in seiner mehrfach erwähnten Arbeit gegeben: Nordwestwinde sind für Hamburg Seewinde und als solche im Sommer meist relativ kalt, während im Winter häufig das Umgekehrte der Fall ist. Daher ist auch in unserem Falle im Jahresmittel für diese Winde eine konsequente Linksdrehung nicht zu erwarten. Es fragt sich höchstens, ob wir diese Wirkung der See ohne weiteres auf Straßburger Verhältnisse übertragen können. Der erwähnte Nordwest-Punkt scheint allerdings dafür zu sprechen.

Besonders interessant sind nun die erhaltenen Werte insofern, als sie eine Möglichkeit bieten, die Exnersche Theorie auf ihre Richtigkeit zu prüfen. Denn unter der Voraussetzung, daß sich die mittlere Jahresisotherme in den höheren Luftschichten über Straßburg nicht besonders stark dreht, sollte sie nach unserer Statistik etwa von WNW nach ESE verlaufen; denn in diesen beiden Punkten unserer S-Kurve ist der Drehungswert 0. Tatsächlich fand ich auch diese Richtung für die mittlere Jahresisotherme in verschiedenen Atlanten angegeben [2]). Die Theorie des Herrn Exner wird also durch diese Untersuchung vollauf bestätigt.

Die dritte in Fig. 3 eingetragene Kurve, die der T-Ballone, ist sehr unvollständig. Nach den wenigen Werten scheint es, daß Hoch- und Tiefdruck einen wesentlichen Unterschied nicht aufweisen. Auffallend ist nur, daß der Südwestwind im Mittel eine schwache Linksdrehung zeigt. Doch muß diese Abweichung wohl erst durch eine größere Anzahl von Beobachtungen bestätigt werden. Immerhin ist ja durchaus damit zu rechnen, daß doch noch einige charakteristische Unterschiede im Drehungssinn oder -maß für die verschiedenartigen Luftdruckgebiete bestehen, schon weil ja auch die Temperaturverhältnisse in ihnen selbst gewisse Unterschiede aufweisen. Z. B. kann der in Frage kommende Südwestwind gerade bei warmen Zyklonen leicht zu einem relativ kalten Wind werden. Also auch etwaige Drehungsunterschiede im Maximum und im Minimum lassen sich durchaus durch die Exnersche Theorie erklären.

Im ganzen haben wir aber wohl bei allen Wetterlagen im Mittel einander ähnliche Werte zu erwarten, wenn die Windrichtungen gleichmäßig verteilt sind. Um hierüber einen Überblick zu gewinnen, ziehe ich die Resultate heran, die Herr A. Peppler aus den Lindenberger Drachen- und Fesselballonaufstiegen 1903—1908 berechnet hat [3]). Herr Peppler findet folgende Werte für die Drehungen in den einzelnen Schichten bis 3000 m Höhe:

---

[1]) Die Windrichtung in 800 Drachenaufstiegen und 44 „Abreißern" bei Hamburg 1903 bis 1906, Annalen der Hydrographie und Maritimen Meteorologie 1908, S. 59.

[2]) Z. B. Bartholomew's Physical Atlas - Volume III: Atlas of Meteorology, Westminster 1899.

[3]) „Windgeschwindigkeiten und -drehungen in Zyklonen und Antizyklonen." Beiträge zur Physik der freien Atmosphäre, IV. Bd., Heft 2/3, S. 114.

Winddrehungen über Lindenberg 1903—1908

von	bis	H	T	Zahl der Fälle H	T
122 m[1])	500 m	19,0	19,8	808	1050
500	1000	6,0	6,3	794	1021
1000	1500	2,3	3,1	669	735
1500	2000	2,4	1,5	503	641
2000	2500	0,9	1,4	363	465
2500	3000	0,6	1,5	231	299

Als Gesamtdrehung bis 3000 m Höhe ergeben sich hieraus für das Hochdruckgebiet 31,2⁰, für das Tiefdruckgebiet 33,6 und für sämtliche Beobachtungen 32,5⁰. Dieser letztere Wert stimmt, wie ich nebenbei bemerke, recht gut mit dem entsprechenden Straßburger Ergebnis von 34,4⁰ überein. Besonders fällt aber bei dem Resultat des Herrn Peppler ins Auge, daß die Drehungen bei zyklonaler und antizyklonaler Wetterlage nur unwesentlich voneinander abweichen. Die Verteilung der Windrichtungen ist eben eine viel regelmäßigere, da die Lindenberger Windmessungen weit mehr, als es mittels Pilotballonen möglich ist, bei allen Wetterlagen stattfinden konnten. Die Zahl der Beobachtungen, die Herr Peppler in 3000 m verwertet hat, ist für die Antizyklone 231 und für die Zyklone 299. Hiervon entfallen auf die verschiedenen Quadranten, die Herr Peppler als Unterabteilungen gewählt hat, folgende Zahlen:

	Antizyklone	Zyklone
Südquadrant	42	141
Westquadrant	66	46
Nordquadrant	76	30
Ostquadrant	47	82
	231	299

Naturgemäß überwiegen auch hier noch die südlichen und westlichen Winde. Immerhin sind auch die entgegengesetzten Richtungen stark vertreten. Ich stelle nun hierunter noch einmal die Gesamtdrehungen bis 3000 m nebeneinander, die sich bei den Berliner Luftfahrten, den Lindenberger Drachen- und Fesselballon-Aufstiegen und den Straßburger Pilotballon-Visierungen für die verschiedenen Gruppen ergaben; denn die Verschiedenheit dieser drei Resultate spricht deutlich dafür, daß die Wetterlage für die Winddrehung zum mindesten keine entscheidende Rolle spielt:

	Berliner Luftfahrten	Lindenberg 1903—08	Straßburg 1909
H	56,7	31,2	22,4
T	3,1	33,6	63,8
S	39,1	32,5	34,4

Durch diese Werte wird insbesondere der eventuelle Einwurf entkräftet, daß die großen Differenzen zwischen den Berliner und den Straßburger Ergebnissen

---

[1]) Seehöhe von Lindenberg = 122 m.

etwa auf die Verschiedenheit der geographischen Lage zurückzuführen seien. Denn die Lindenberger Beobachtungen fallen örtlich mit den meisten der Berliner Luftfahrten fast zusammen, widersprechen deren Resultaten aber ebenfalls. Nach all diesen Ergebnissen ist jedenfalls das Charakteristikum für eine Winddrehung nicht so sehr in den Luftdruck-, als vielmehr in den Temperaturverhältnissen der Winde selbst zu suchen.

Wir wollen nun zur Betrachtung der Geschwindigkeitsstatistik übergehen. Die Windgeschwindigkeiten sind hierin ebenso zusammengestellt wie oben die Drehungen. An Stelle der „Gesamtdrehungen" treten die absoluten Geschwindigkeiten, während ihre Änderungen von der betreffenden unteren zur oberen Schichtgrenze den „Einzeldrehungen" entsprechen. Die Feststellung der Mittelwerte fand natürlich nicht durch Mittelbildung aus den Geschwindigkeiten selbst statt, sondern aus deren Änderungen; es wurde also die sogenannte „Differenzenmethode" angewandt, die, wie mehrfach gezeigt worden ist, genauere Resultate ergeben muß [1]). Ich werde unten noch einmal darauf zu sprechen kommen. Auf eine Ausschaltung einzelner Ballone, wie sie sich bei der Drehungsstatistik als geboten erwiesen hatte, wurde bei der Geschwindigkeitsstatistik Verzicht geleistet. Sie wäre hier nicht am Platze gewesen, da die Momente fortfielen, die dort dazu Anlaß gegeben hatten. Außer den absoluten Werten und ihren Änderungen gebe ich in der folgenden Tabelle nach dem Vorgange von Herrn Berson noch das Verhältnis der Geschwindigkeit in den verschiedenen Höhen zu der an der Erdoberfläche an. Ich setze hierbei den Wert in 500 m Höhe = 2. Dies dürfte mit großer Annäherung richtig sein, wie es sich auch aus der mehrfach herangezogenen Arbeit von Herrn A. Peppler ergibt. Herr Peppler findet als Quotienten von 500 m gegen 122 m, d. i. die Höhe des Lindenberger Windenhauses, 1,9. Der Abstand der oberen Grenz-

	500	1000	1500	2000	2500	3000	4000	5000	6000	7000	8000	9000	10000
Hochdruck-Ballone.													
Geschwindigkeit m/sec	4,5	5,8	6,5	6,8	7,4	8,6	9,4	11,4	12,9	14,2	15,9	17,2	18,5
Änderung der Geschwindigkeit		1,3	0,7	0,3	0,6	1,2	0,8	2,0	1,5	1,3	1,7	1,3	1,3
Erde = 1 . . .	2,0	2,6	2,9	3,0	3,3	3,8	4,2	5,1	5,7	6,3	7,1	7,6	8,2
Zahl der Fälle .	147	147	142	132	123	114	99	82	72	58	50	38	33
Tiefdruck-Ballone.													
Geschwindigkeit m/sec	6,1	7,5	9,1	9,9	11,1	12,9	14,6	15,0	16,1	17,4	19,0	20,0	23,5
Änderung der Geschwindigkeit		1,4	1,6	0,8	1,2	1,8	1,7	0,4	1,1	1,3	1,6	1,0	3,5
Erde = 1 . . .	2,0	2,5	3,0	3,2	3,6	4,2	4,8						
Zahl der Fälle .	70	68	56	48	38	34	23	13	8	7	5	3	2
Sämtliche Ballone.													
Geschwindigkeit m/sec	5,1	6,4	7,2	7,8	8,6	9,6	10,8	12,3	13,5	15,2	17,1	18,8	20,0
Änderung der Geschwindigkeit		1,3	0,8	0,6	0,8	1,0	1,2	1,5	1,2	1,7	1,9	1,7	1,2
Erde = 1 . . .	2,0	2,5	2,8	3,1	3,4	3,8	4,2	4,8	5,3	6,0	6,7	7,4	7,8
Zahl der Fälle .	295	289	265	241	217	197	162	129	105	88	72	54	45

[1]) Z. B. A. Wegener, Über die Ableitung von Mittelwerten aus Drachenaufstiegen ungleicher Höhe, Beiträge zur Physik der freien Atmosphäre, Bd. III.

schicht vom Erdboden beträgt bei ihm also nur 378 m, während bei uns volle 500 m in Frage kommen. Der Wert 2,0 dürfte hier also noch genauer sein. Jedenfalls kann es sich nur um eine geringe quantitative Differenz handeln, die festzustellen nicht der Zweck der vorliegenden Arbeit ist. Die Resultate der Berechnungen, die aus den Straßburger Pilotballon-Visierungen 1909 resultieren, sind oben wiedergegeben.

Zur Übersicht habe ich die Geschwindigkeiten in einer Fig. 4 durch drei Kurven dargestellt. Die Werte, die auf weniger als 20 Fällen basierten, sind fortgelassen worden. Es zeigt sich, daß im Tiefdruckgebiet im Mittel überall schnellere Winde herrschen als im Hochdruckgebiet. Das Verhältnis der zyklonalen zur antizyklonalen Lage wird sogar mit der Höhe größer. In 1000 m beträgt es $\frac{7,5}{5,8} = 1,3$, in 2500 m bereits 1,5, und in 4000 m hat es fast 1,6 erreicht. Die unterste Schicht,

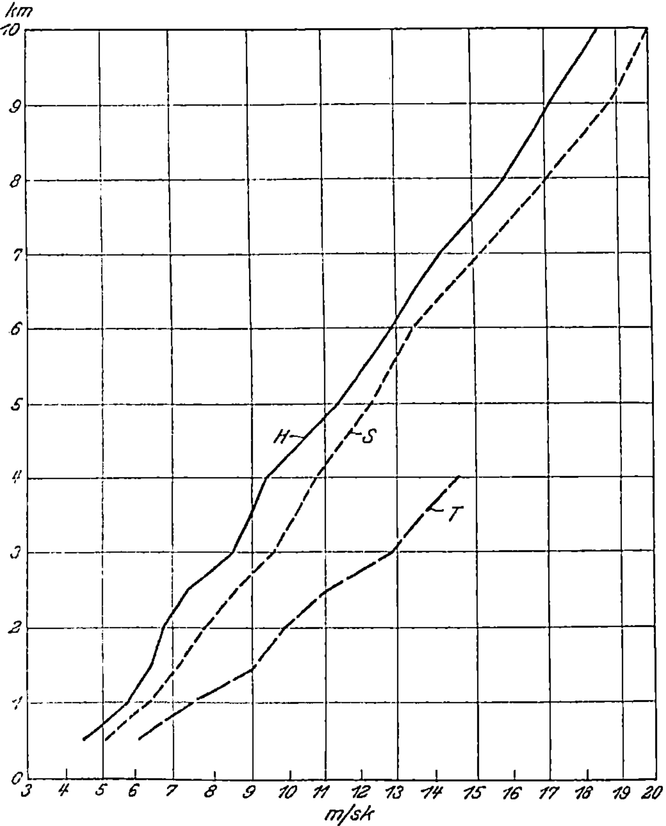

Fig. 4. Mittlere Windgeschwindigkeit.

bis etwa 1000 m, weist in allen drei Kurven eine besonders starke Geschwindigkeitszunahme auf, während sie von dort an sehr gleichmäßig fortschreitet. Von 1 km Höhe bis 10 km steigert sich die Luftbewegung bei der S-Kurve um 13,6 m/sec, was im Mittel für je 1000 m 1,5 m/sec ergibt. Wie die oben zusammengestellte Tabelle zeigt, schwankt dieser Wert nur von 1,2 bis 1,9 m/sec, und zwar weisen die Abweichungen der einzelnen Schichtwerte gegen den Mittelwert keinen konsequenten Gang mit der Höhe auf. Im zweiten, vierten, sechsten und zehnten Höhenkilometer ist die Abweichung negativ, im fünften = 0 und im dritten, siebenten, achten und neunten positiv. Wir können also wohl annehmen, daß die Windgeschwindigkeit mit der Höhe ungefähr linear zunimmt. Bei den Hochdruck-Ballonen ergibt sich als vertikale Zunahme für 1000 m von 1 bis 10 km Höhe 1,4 m/sec, mit Schwankungen von 1,0 bis 1,8, bei Tiefdruck-Ballonen als entsprechender Wert von 1 bis 4 km Höhe 2,4. Das letztere Resultat ist natürlich am wenigsten genau, was sich auch in den wesentlich größeren Schwankungen ausspricht. Von 1 bis 2 km beträgt die Zunahme der Windgeschwindigkeit 2,4 m/sec, von 2 bis 3 km 3,0 m/sec und von 3 bis 4 km 1,2 m/sec. Jedenfalls ist deutlich erkennbar, daß die langsameren Winde auch eine geringere Geschwindigkeitszunahme mit der Höhe aufweisen als die schnelleren. Das ist an sich selbstverständlich; denn das Minimum der Luftbewegung ist in allen Höhen Windstille, während das Maximum mit der Entfernung vom Erdboden wesentlich größere Werte annimmt. Demnach werden die Mittelwerte von beliebig gewählten schnelleren und langsameren Winden an der Erdoberfläche einander näher liegen als in größeren Höhen, und die Differenzen werden also im ersteren Falle größer sein als im letzteren. Praktisch zeigt sich dies eben bei unserer Einteilung in zyklonale und antizyklonale Wetterlagen. Denn während in 500 m Höhe die Tiefdruckwinde im Mittel nur 1,6 m/sec schneller sind als die im Hochdruckgebiet, ist dieser Wert in 4000 m bereits auf 5,2 m/sec gewachsen. So natürlich dies Ergebnis auch erscheinen mag, so halte ich es doch für notwendig, darauf hinzuweisen, weil ich es bei einer weiteren Überlegung verwerten werde.

Die Fig. 4 zeigt nun noch ein interessantes Moment. Die H-Kurve und die T-Kurve weisen nämlich deutlich von etwa 1500 m bis 3000 m Höhe eine gleichmäßige Ausbuchtung nach links auf. Noch klarer ergibt sich dies aus der Fig. 5 Sie steht zur Fig. 4 etwa in demselben Verhältnis wie die Fig. 2 zur Fig. 1. Als Ordinate ist wieder die Höhe gewählt worden; auf der Abszisse sind aber nicht die Geschwindigkeiten aufgetragen, sondern deren Änderungen. Wir sehen hier also wieder, wie schon in Fig. 2 eine Art Parallelität der Kurven, besonders von 1500 m an. Wie oben bereits gesagt, spricht sich darin vielleicht die Schichtenbildung in der Atmosphäre aus, und man könnte schließen, daß sich die mittleren Schichthöhen im Hochdruckgebiet nicht wesentlich von denen im Tiefdruckgebiet unterscheiden. Die untersten Schichten müssen naturgemäß besonders über dem gebirgigen Straßburger Gelände unregelmäßigere Werte ergeben, so daß die Parallelität dort nicht zutage tritt.

Des weiteren stelle ich nun wie zuvor bei der Drehungsstatistik zum Vergleich die Straßburger Ergebnisse neben die des Herrn Berson und des Herrn Peppler. Herr Berson gibt die Quotienten der Windgeschwindigkeiten in den verschiedenen Höhen gegen die an der Erdoberfläche als mittlere Werte von 500-m-Schichten folgendermaßen an [1]:

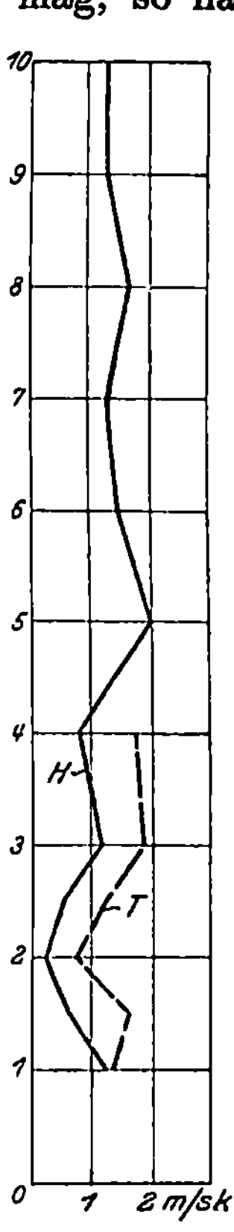

Fig. 5. Die Änderung der mittleren Windgeschwindigkeit in den einzelnen Schichten.

	0 bis 500	500 1000	1000 1500	1500 2000	2000 2500	2500 3000	3000 4000
Erde = 1	1,7	1,8	1,9	2,0	2,1	2,2	2,5

Von den verschiedenen, etwas voneinander abweichenden Werten, die Herr Peppler berechnet hat, benutzte ich die auf S. 110 seiner Arbeit angegebenen

---

[1] Berliner Luftfahrten, Bd. III, S. 205.

und bestimmte daraus folgende Daten, die ebenso wie in der vorliegenden Arbeit, aber anders als bei Herrn Berson, nicht die Mittelwerte der Schichten darstellen, sondern den oberen Schichtgrenzen entsprechen.

	122	500	1000	1500	2000	2500	3000	3500
Geschwindigkeit m/sec	4,7	8,9	9,3	9,4	9,8	10,3	11,0	11,4
Quotient	1	1,9	2,0	2,0	2,1	2,2	2,35	2,45

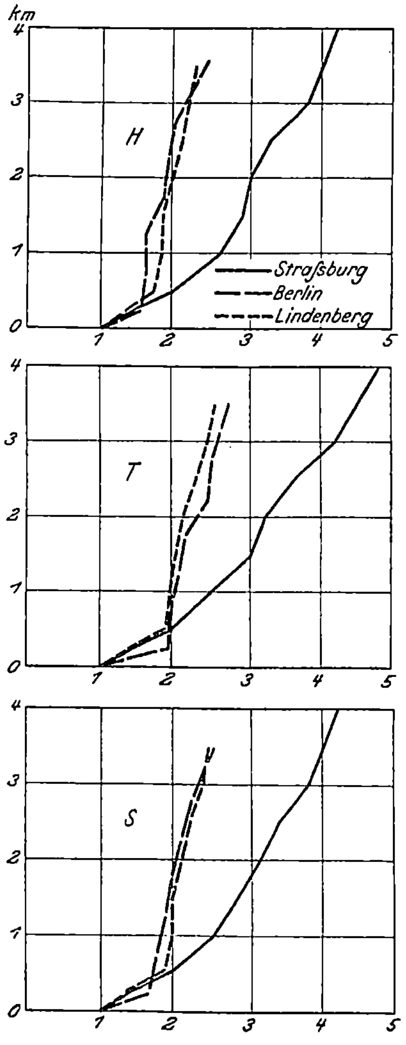

Fig. 6. Mittlere Windgeschwindigkeit relativ zur Erde. (Erde = 1).

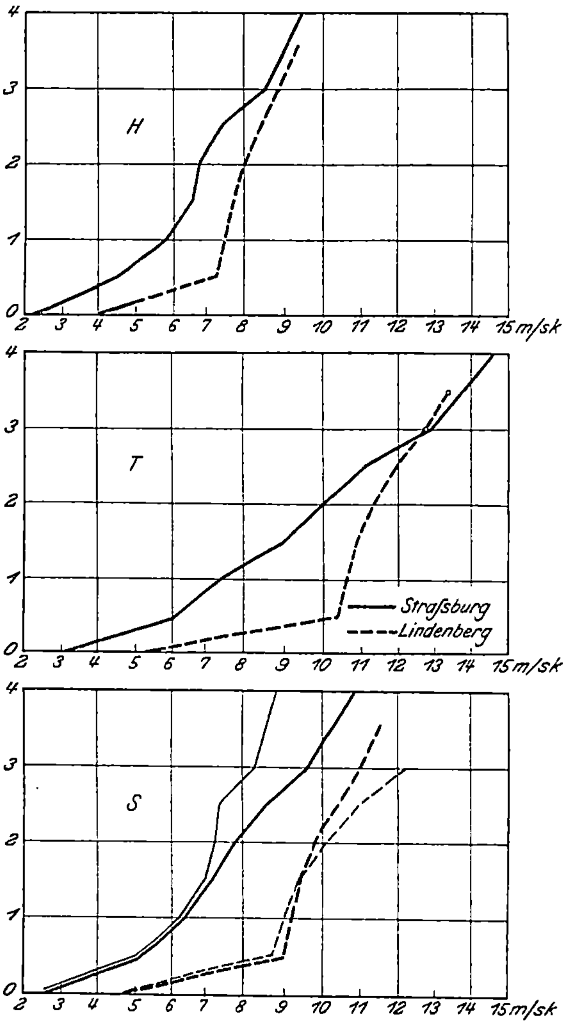

Fig. 7. Mittlere Windgeschwindigkeit in Straßburg und in Lindenberg.

Diese Werte unterscheiden sich von denen der Berliner Luftfahrten nur wenig. Zur Veranschaulichung diene Fig. 6, in der ich in drei einzelnen Teilen, H, T und S, jeweils die Resultate von Berlin, Lindenberg und Straßburg eingetragen habe. Die beiden erstgenannten Kurven fallen, wie man sieht, fast völlig zusammen, während die Straßburger Kurve wesentlich größere Werte aufweist. Die Ursache hierfür ist wohl in erster Linie darin zu suchen, daß Straßburg eine gegen Wind geschützte Lage besitzt, so daß in Berlin und Lindenberg die unteren Schichten eine weit größere Windstärke aufweisen. Der Quotient der Windgeschwindigkeiten in höheren Schichten gegen die in tieferen muß daher in Straßburg im Mittel wesentlich größer sein, als in der freien Ebene, auch wenn die Geschwindigkeiten selbst geringer wären.

Zum Vergleich der Geschwindigkeiten selbst habe ich die Fig. 7 hergestellt. Der Übersichtlichkeit halber sind darin nur die Resultate von Lindenberg und Straßburg eingetragen worden, und zwar wieder getrennt nach H, T und S. Es zeigt sich, daß die in Lindenberg gefundenen Werte fast stets größer sind als die Straßburger. Nur bei einem Punkt, dem letzten der T-Kurve, ist das Umgekehrte der Fall. Der größte Abstand je zweier Kurven voneinander findet sich stets in 500 m Höhe, während von dort an allmählich eine Annäherung eintritt. Dies Resultat ist aus dem bereits erwähnten Gegensatz der geographischen Lage Straßburgs und Lindenbergs ohne weiteres erklärlich; denn die Differenz ist in den untersten Schichten naturgemäß größer, während nach oben hin allmählich eine Annäherung eintritt, da die Terrainunebenheiten an Wirksamkeit abnehmen [1]. Aber auch in den größeren Höhen ist die mittlere Windgeschwindigkeit über Straßburg immer noch deutlich kleiner als über Lindenberg, und hierin können wir wohl einen guten Beleg dafür erblicken, daß die Dichtigkeit der Pilotballone in den in Betracht gezogenen Schichten völlig genügt. Denn Gasverlust würde sich darin äußern, daß die erhaltenen Geschwindigkeitswerte größer als die tatsächlichen sind. Wenn also die Straßburger Pilotballone in nennenswertem Maße Gas verloren hätten, so würden die Geschwindigkeiten noch kleiner anzusetzen sein, als sie sich ergeben haben, und der Abstand zwischen der Lindenberger und Straßburger Kurve würde noch wachsen. Das ist wohl nicht wahrscheinlich, und wir können daher aus dem erhaltenen Resultate schließen, daß die Genauigkeit der Pilotballonmethode durch Undichtigkeit des Materials nicht wesentlich beeinträchtigt wird.

Wenn nun auch die Differenzen der Windstärken über Straßburg und über Lindenberg durchaus erklärlich und zweifellos tatsächlich vorhanden sind, so möchte ich sie doch wenigstens zu einem geringen Teil auf die Berechnungen zurückführen. Zwar sind sowohl die Ergebnisse von Herrn Peppler wie meine eigenen nach der Differenzenmethode gefunden worden. Jedoch leistet diese Methode immerhin nur für eine größere Annäherung an den tatsächlichen Wert Gewähr, als die direkte, und der Fehler, der bei direkter Berechnung entsteht, wird nur verringert, aber nicht behoben, wenigstens nicht in unserem Falle.

Um dies zu erläutern, habe ich die S-Kurven der Fig. 7 doppelt ausgeführt. Neben den dick ausgezogenen, die aus der Differenzenmethode resultieren, habe ich in feinen Strichen die nach der direkten Methode gefundenen eingetragen. Es erhellt daraus, daß mit größerer Höhe bei direkter Berechnung die Lindenberger Windmessungen zu große, die Straßburger dagegen zu kleine Werte aufweisen.

---

[1] Straßburg besitzt sozusagen zwei Reibungsniveaus: Einmal das Rheintal selbst und zweitens die Kämme der umliegenden Gebirge, besonders der Vogesen und des Schwarzwaldes.

Der Grund hierfür ist sehr einfach in dem Unterschied der Meßmethoden zu finden. Pilotballonvisierungen erreichen im Mittel bei starken Winden geringere Höhen als bei schwachen, weil starke Winde den Ballon schneller dem Auge des Beobachters entziehen. Die mit der Höhe allmählich ausscheidenden Ballone werden daher in überwiegender Anzahl solche sein, die mit großer Geschwindigkeit fliegen. Daher würde eine direkte Mittelbildung mehr den langsameren Winden entsprechen und ergibt, wie die Fig. 7 S zeigt, zu geringe Werte. Bei den Lindenberger Windmessungen tritt dagegen die umgekehrte Wirkung ein, jedenfalls soweit es sich um Drachenaufstiege handelt, wie sie ja in der Mehrzahl stattfinden. Dabei ermöglicht gerade stärkerer Wind das Erreichen größerer Höhen, solange er nicht zu bedeutende Geschwindigkeiten annimmt, und es resultiert dann eben, wie dieselbe Figur zeigt, ein Fehler der direkten Methode nach der anderen Seite: Wir erhalten zu große Werte. Die aus der Differenzenverwendung entstandenen Kurven liegen einander also bereits wesentlich näher als die direkt berechneten. Tatsächlich sollte diese Annäherung aber noch größer sein. Denn wie ich oben zeigte, ist bei schnelleren Winden im Mittel auch die Windzunahme mit der Höhe größer als bei langsameren. Bei der Differenzenmethode ist das nicht berücksichtigt. Man vermeidet zwar den Fehler, nur mit den restierenden Aufstiegen zu rechnen; die in unteren Höhen beendigten werden immerhin noch als Basis benutzt. Man baut jedoch auf dieser Basis nur mit den übrigbleibenden weiter. Trotzdem also z. B. bei Pilotballonvisierungen besonders die großen Windstärken mit der Höhe schwächer vertreten werden, kommen doch· zur Weiterberechnung nur mehr Differenzen der geringeren Windstärken zur Verwendung, die, wie erwähnt, auch selbst geringer sind als bei starken Winden. Der bei Anwendung der direkten Methode bestehende Fehler wird also tatsächlich durch die Differenzenmethode nur zum Teil behoben.

Ich möchte diese Überlegung noch kurz mathematisch durchführen. Wir nennen eine Anzahl von Aufstiegen, die wir nach der Windgeschwindigkeit geordnet haben, α, β, γ bis ω, wo α in allen Höhen die kleinsten, β die nächstkleinsten usw. und ω die größten Luftbewegungen aufweisen würde. Alle Aufstiege sollen n Schichten von gleicher Mächtigkeit in der Richtung von a nach n durchmessen haben. Die einzelnen Geschwindigkeitswerte drücken wir dann folgendermaßen aus:

$$\begin{array}{llcccccccc}
a_\alpha & a_\beta & . & . & . & . & . & . & . & a_\omega \\
b_\alpha & b_\beta & . & . & . & . & . & . & . & b_\omega \\
 & . & & . & & . & & . & & . \\
 & . & & . & & . & & . & & . \\
 & . & & . & & . & & . & & . \\
 & . & & . & & . & & . & & . \\
n_\alpha & n_\beta & . & . & . & . & . & . & . & n_\omega
\end{array}$$

Ich führe weiterhin, um die Ergebnisse kürzer zu gestalten, als Mittel der a, der b usw. die großen Buchstaben A, B bis N ein und deute durch ihre Indizes an, auf welche Aufstiege die Mittelbildung Bezug hat. Beispielsweise bedeutet $E_\delta^\varkappa$ das Mittel, das in der e-Schicht aus den Aufstiegen δ bis $\varkappa$ gewonnen wird.

Bei Anwendung der direkten Methode würden wir so als mittlere Geschwindigkeit der n-Schicht erhalten: N_a^ω.

Dasselbe Resultat würde sich natürlich, da zunächst keine Aufstiege ausfallen sollen, bei Einführung der Differenzen ergeben. Bezeichne ich die mittleren Differenzen zwischen den einzelnen Schichten mit $(B\!-\!A)_a^\omega$ und so fort, so erhalte ich folgende Gleichung für die Geschwindigkeit der Endschicht:

$$N_a^\omega = A_a^\omega + (B\!-\!A)_a^\omega + (C\!-\!B)_a^\omega + \ldots (N\!-\!M)_a^\omega$$

oder kürzer:

$$= M_a^\omega + (N\!-\!M)_a^\omega.$$

Jetzt wollen wir unsere Voraussetzung dahin abändern, daß eine Reihe von Aufstiegen mit großen Windgeschwindigkeiten, z. B. von $\varkappa$ bis ω, die Schicht n nicht mehr erreicht, sondern bei m abbricht. Wenn wir nun mit der direkten Methode oder, wie Herr A. Wegener sie nennt, mit der Methode der absoluten Werte rechnen, so würden wir als Mittelwert für die m-Schicht noch richtig finden M_a^ω, für die n-Schicht jedoch N_a^ι. Der Fehler, der hierbei entsteht, ist $N_a^\omega - N_a^\iota$. In anderer Form lautet dieser Ausdruck:

$$\frac{\omega - \iota}{\omega} (N_\varkappa^\omega - N_a^\iota).$$

Der Fehler würde also nur dann gleich Null werden, wenn $N_\varkappa^\omega = N_a^\iota$ wird, d. h. wenn die ausscheidenden Aufstiege in der n-Schicht im Mittel dieselben Geschwindigkeiten aufwiesen wie die restierenden. Nach unserer Voraussetzung ist jedoch $N_\varkappa^\omega > N_a^\iota$; wir würden also in unserem Falle der Windmessung mittels Pilotballonen durch die Methode der absoluten Werte zweifellos zu geringe Werte erhalten.

Kleiner wird der Fehler im allgemeinen, wenn die Differenzenmethode angewendet wird. Wir erhalten nach dieser als Mittelwert der n-Schicht:

$$M_a^\omega + (N\!-\!M)_a^\iota.$$

Als Fehler gegen den wahren Wert N_a^ω läßt sich hieraus der Ausdruck ableiten:

$$\frac{\omega - \iota}{\omega} \big((N\!-\!M)_\varkappa^\omega - (N\!-\!M)_a^\iota\big) = \frac{\omega - \iota}{\omega} (N_\varkappa^\omega - N_a^\iota) - \frac{\omega - \iota}{\omega} (M_\varkappa^\omega - M_a^\iota).$$

Die beiden Glieder der rechten Seite sind nach unseren Voraussetzungen beide positiv, und der absolute Gesamtfehler der Differenzmethode wird so lange kleiner als derjenige der direkten sein, so lange

$$M_\varkappa^\omega - M_a^\iota < 2\,(N_\varkappa^\omega - N_a^\iota)$$

ist. Er würde negativ werden, sobald $M_\varkappa^\omega - M_a^\iota > N_\varkappa^\omega - N_a^\iota$ wird.

Herr A. Wegener sagt nun in seiner obengenannten Arbeit, daß die Differenzenmethode dann wahrheitsgetreuere Werte liefert als die der absoluten Werte, wenn „die Elemente selber stärker variabel als ihr Gradient in Höhe" sind. Das ist nach dem Vorigen nicht exakt richtig. Mathematisch würde sich die Bedingung, die Herr A. Wegener findet, folgendermaßen ausdrücken lassen:

$$N_\varkappa^\omega - N_a^\iota > (N\!-\!M)_\varkappa^\omega - (N\!-\!M)_a^\iota.$$

Die linke Seite dieser Ungleichung gibt die Differenz der Elemente selbst, die rechte diejenige der Differenzen. Der absolute Fehler wird nun eben nicht nur geringer, solange die linke Seite größer ist als die rechte, sondern solange die rechte Seite nicht doppelt so groß wird wie die linke. Wenn Herrn Wegeners Bedingung erfüllt ist, so ist die Differenzenmethode allerdings eine Verbesserung gegenüber der direkten; aber sie ist es auch noch unter anderen Bedingungen, nämlich wenn die Elemente selber nur mehr als halb so variabel sind wie ihr Gradient in Höhe.

Wir können hieraus entnehmen, daß wir unter Umständen eine noch höhere Genauigkeit erlangen können, wenn wir über die gewöhnliche Differenzenmethode hinausgehen; denn vielfach wird nicht nur die notwendigste Bedingung erfüllt sein, daß

$$N_x^\omega - N_a^t > \frac{M_x^\omega - M_a^t}{2}$$

ist, sondern es wird auch die weitere gelten

$$N_x^\omega - N_a^t > M_x^\omega - M_a^t.$$

Das ist z. B. bei der Windzunahme mit der Höhe der Fall. Um dies leichter zu übersehen, schreiben wir die letzte Ungleichung in der Form:

$$(N - M)_x^\omega > (N - M)_a^t.$$

Das heißt dann nichts anderes, als daß die Änderung bei den größeren Windstärken auch ihrerseits größer ist als bei den geringeren, und wir konnten ja mehrfach konstatieren, daß diese Bedingung bei uns erfüllt ist. Wir sind also in der Lage, festzustellen, daß in unserem Falle bei der Anwendung der Differenzenmethode noch ein Fehler resultiert, der dasselbe Vorzeichen besitzt, aber kleiner ist als derjenige bei der direkten Methode. Wenn wir nun aber das Vorzeichen des restierenden Fehlers kennen, so ist es unter Umständen wohl möglich, auch diesen noch zu verringern. Grundbedingung dafür ist ein genügend gleichmäßiger Verlauf der Kurve. Die oben gefundene Regelmäßigkeit der Windzunahme mit der Höhe wird daher voraussichtlich, wenn eine größere Anzahl von verwendbaren Ballonen vorhanden ist, gestatten, den Wert $N_x^\omega - N_a$ in engeren Grenzen zu extrapolieren, als es bereits durch die Differenzenmethode geschieht. Die Resultate könnten also durch eine solche „erweiterte Differenzenmethode" wahrscheinlich den tatsächlichen Verhältnissen noch besser angepaßt werden. Im einzelnen müßte die Extrapolationsformel jeweils aus dem Kurvenverlauf abgeleitet werden.

Einfache theoretische Überlegungen zur praktischen Verwertung von Pilotballonkurven.

Nachdem die Statistik dafür gesprochen hat, daß die Theorie des Herrn Exner begründet ist, wollen wir in einigen allgemeinen Überlegungen daran anknüpfen, um spezielle Schlüsse für die Analysierung von Pilotballonkurven daraus zu ziehen. Zunächst gehen wir kurz auf die an sich wohl weniger in Frage kommende Winddrehung mit der Zeit ein, um dann auf die Drehungen des Windes mit der Höhe zu sprechen zu kommen.

Unsere erste Frage lautet: Wie kommt eine zeitliche Drehung des Windes zustande? Wir wollen dazu einen einfachen Fall annehmen. Geradlinige Isobaren mögen sich mit ebensolchen Isothermen kreuzen, und zwar in der Weise, daß der Wind aus der kälteren Gegend herweht. Dann wird überall kältere Luft an die Stelle der wärmeren gesetzt. Der Luftdruck steigt also auf der ganzen Isobare, und zwar umsomehr, je stärkere Abkühlung zur Wirkung kommt. Umsomehr wird also auch der betreffende Isobarenpunkt nach links hin verlagert, d. h. auf den tiefen Druck hin. Wenn nun diese Verlagerung überall gleichmäßig wäre, so würde es sich um eine Verschiebung der Isobare handeln und keine Drehung. Normalerweise wird dagegen eine Linksdrehung eintreten, da der Wind sich nur langsam erwärmen wird, so daß die Differenz seiner eigenen gegen die bisher vorhandene Temperatur umsogrößer werden muß, je weiter der Wind in wärmere Luftmassen eindringt. Demnach wird die Versetzung im Verlaufe der Isobare wachsen, und daraus resultiert dann eben eine Linksdrehung. Die zeitliche Richtungsänderung der Isobare findet, wie sich leicht zeigen läßt, in der Weise statt, daß man sie kurz in den Satz zusammenfassen kann: Der barische Gradient erstrebt Gleichrichtung mit dem thermischen. Jedoch müssen wir berücksichtigen, daß sehr wohl Ausnahmefälle eintreten können, in denen der Wind eine Erhöhung des Luftdrucks und dennoch Rechtsdrehung verursacht. Das ist z. B. der Fall, wenn der vorhandene Temperaturgradient kein einheitliches Vorzeichen besitzt. Wenn wir z. B. vier parallele Isothermen annehmen von den Temperaturen 0^0, 5^0, 10^0 und wieder 5^0, so wird ein von der 0^0-Isotherme herströmender Wind überall eine Erhöhung des Luftdrucks mit sich bringen können; jedoch wird die Linksdrehung sich auf die Strecke bis zur 10^0-Isotherme beschränken, da von dort aus die Verschiebung der Isobare zwar noch nach links erfolgt, aber abnimmt, so daß eine Rechtsdrehung resultiert. Ein anderer Spezialfall, der dauernd in der Praxis vorkommt, lehrt uns, daß ein Wind, der momentan aus einer wärmeren Gegend herweht, darum noch nicht ein erwärmender zu sein braucht. Wenn wir z. B. eine einheitliche Richtung des Temperaturgradienten annehmen, aber eine stark gekrümmte Isobare, so kann leicht der Fall eintreten, daß die Isobare dieselbe Isotherme zweimal kurz hintereinander in den entgegengesetzten Richtungen kreuzt. Daher wird ein Wind, der aus einer kälteren Gegend stammt, nicht nur bis zum wärmsten Punkt der Isobare linksdrehend wirken, sondern noch etwas darüber hinaus; er wird also für einen kleinen Isobarenteil nur scheinbar aus der wärmeren Gegend herströmen, in Wirklichkeit aber abkühlend wirken; denn er stammt eigentlich aus einer kälteren Gegend und hat die höheren Temperaturen nicht momentan angenommen. Im allgemeinen können wir aber wohl sagen, daß Winde, die relativ warm sind, mit der Zeit nach rechts drehen und eine Verminderung des Luftdrucks herbeiführen, und daß die relativ kalten umgekehrt wirken. Jedoch spielen ja für die Winddrehungen in den erdnahen Schichten nicht nur die Verhältnisse in diesen selbst eine Rolle, sondern die Isobarenrichtung wird zum großen Teil durch die oberen Schichten beeinflußt. Wir kommen also hierdurch ohne weiteres zur zweiten Frage nach

der Winddrehung mit der Höhe, oder, wie wir umfassender sagen können:
Was läßt sich aus der Kombination der Winde in den verschiedenen Schichten
schließen?

Herr Exner hat ja bereits gezeigt [1]), in welcher Weise eine Drehung der Isobaren mit der Höhe Rückschlüsse auf die Luftdruckänderung mit der Zeit gestattet;
jedoch wollen wir im folgenden diese Resultate mit Hilfe einer anderen Methode
nachprüfen, da wir hierdurch eine geeignetere Handhabe für weitere Untersuchungen
erhalten.

Die Luftdrucke in einem beliebigen Niveau nennen wir P, die eines darüberliegenden p. In dem unteren Niveau herrsche in einem Punkte A der Luftdruck P_A
und der Luftdruckgradient Γ_A, während wir einem vertikal über A gelegenen
Punkte B des anderen Niveaus entsprechend p_B und Γ_B zuerteilen. Wir wollen
nun feststellen, wie dann in der zwischen beiden Niveaus befindlichen Schicht
der mittlere Dichtegradient und der mittlere Temperaturgradient gerichtet sind.

Bekanntlich ist $-\,d\,p = \rho\,.\,d\,h$, wenn h die Höhe und ρ die Luftdichte ist.
Hieraus ergibt sich:

$$P - p = \int_0^h \rho\, d\,h = \rho_m \cdot h.$$

ρ_m ist dann die mittlere Dichte zwischen zwei Niveaus, deren Abstand h ist. Die
Linien gleicher Luftdruckdifferenz zwischen zwei gegebenen Niveaus fallen demnach mit den Linien gleicher Dichte der zwischen den Niveaus befindlichen Luftschicht zusammen (denn die ersteren sind an die Bedingung gebunden: P — p
= const, und in diesem Fall ergibt sich aus der obigen Gleichung auch ρ_m = const).
Wir wollen die Linien gleicher Luftdruckdifferenz als „spezielle Isobaren" bezeichnen,
die Linien gleicher mittlerer Dichte als „mittlere Isopyknen". Da also die mittleren
Isopyknen und die speziellen Isobaren gleichgerichtet sind, so fallen auch die
mittleren Dichtegradienten und die speziellen Luftdruckgradienten nach Richtung
zusammen. Wir wollen nunmehr feststellen, wie sich die mittlere Isopykne und der
mittlere Dichtegradient γ_A^B aus den „allgemeinen Luftdruckgradienten" Γ_A und
Γ_B ableiten lassen. Wir wählen zur Darstellung ein horizontales Polarkoordinaten-
system. In den Nullpunkt verlegen wir den Punkt A des unteren und B des oberen
Niveaus (Fig. 8 a). Als skalare Größe der horizontalen Luftdruckgradienten
betrachten wir die Luftdruckdifferenz in der
Längeneinheit und tragen den Kreis, der die
Längeneinheit darstellt, ebenfalls in die Figur ein.
Wir wollen ihn kurz „Einheitskreis" nennen.
Dem Nullpunkt entspricht im unteren Niveau der
Luftdruck P_A, im oberen p_B. Der vom Null-

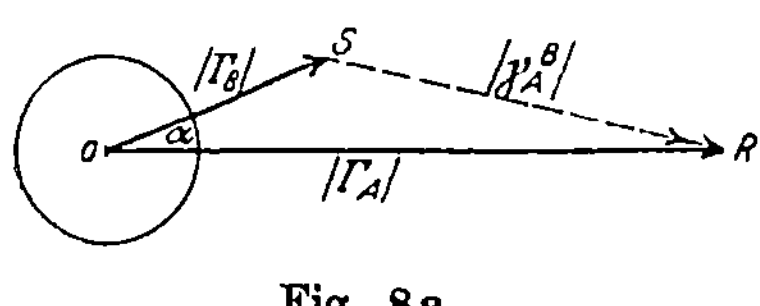

Fig. 8 a.

punkt ausgehende Gradient Γ_B möge gegen Γ_A eine Linksdrehung um α aufweisen.

Dann sind die Luftdrucke an den Endpunkten R und S von Γ_A und Γ_B ent-
sprechend $P_A - |\,\Gamma_A\,|$ und $p_B - |\,\Gamma_B\,|$. Die Strecken O R und O S stellen die

---

[1]) Aus den Sitzungsberichten der Kaiserl. Akademie der Wissenschaften in Wien.
Mathem.-naturw. Kl., Bd. CXIX, Abt. II a. Mai 1910.

skalaren Größen von Γ_A und Γ_B dar. Die sämtlichen Luftdrucke P, die auf dem Einheitskreis im unteren Niveau vorhanden sind, sind gegeben durch:

$$P = P_A - \left|\Gamma_A\right| \cos \varphi,$$

wobei φ der variable Richtungswinkel ist. φ soll, von Γ_A ausgehend, in der üblichen Weise entgegengesetzt dem Sinne des Uhrzeigers gezählt werden. Die Luftdrucke im oberen Niveau auf dem Eintrittskreise sind analog:

$$p = p_B - \left|\Gamma_B\right| \cdot \cos(\varphi - \alpha).$$

Die Druckdifferenzen Δp, die zwischen zwei in den beiden Niveaus auf dem Eintrittskreise vertikal übereinanderliegenden Punkten bestehen, sind demnach:

$$\Delta p = (P_A - \left|\Gamma_A\right| \cos \varphi) - (p_B - \left|\Gamma_B\right| \cdot \cos(\varphi - \alpha)).$$

Im Nullpunkt ist nun $\Delta p = P_A - p_B$. Dieselbe Größe muß Δp in denjenigen Punkten des Eintrittskreises besitzen, durch die die zum Nullpunkt gehörige mittlere Isopykne hindurchgeht. Es muß also sein:

$$\left|\Gamma_A\right| \cos \varphi = \left|\Gamma_B\right| \cdot \cos(\varphi - \alpha).$$

Hieraus berechnet sich:

$$\operatorname{tg} \varphi = \frac{\left|\Gamma_A\right| - \left|\Gamma_B\right| \cos \alpha}{\left|\Gamma_B\right| \cdot \sin \alpha}.$$

φ liegt also im 1. und 3. Quadranten, wenn $\left|\Gamma_A\right| > \left|\Gamma_B\right| \cdot \cos \alpha$ ist, im 2. und 4., wenn $\left|\Gamma_A\right| < \left|\Gamma_B\right| \cos \alpha$ ist. $\sin \alpha$ ist hierbei als > 0 vorausgesetzt.

Wir stellen weiterhin fest, welche Richtung der mittlere Dichtegradient besitzt; denn die Kenntnis der Isopyknenrichtung läßt noch die Frage offen, nach welcher Seite hin Luftdruckfall bzw. Luftdruckanstieg stattfindet. Wir berechnen daher den Richtungswinkel φ' desjenigen Punktes des Eintrittskreises, für den die mittlere Luftdichte zwischen den beiden Niveaus ein Minimum wird. Wo

$$\Delta p = [P_A - \left|\Gamma_A\right| \cdot \cos \varphi] - [p_B - \left|\Gamma_B\right| \cdot \cos(\varphi - \alpha)]$$

ein Minimum wird, dort erreicht die Differenz

$$\pi = \left|\Gamma_A\right| \cdot \cos \varphi - \left|\Gamma_B\right| \cdot \cos(\varphi - \alpha)$$

ihren Maximalwert. Es ergibt sich:

$$\frac{d\pi}{d\varphi} = -\left|\Gamma_A\right| \sin \varphi + \left|\Gamma_B\right| \sin(\varphi - \alpha).$$

Ein Maximum oder ein Minimum ist dort vorhanden, wo $\dfrac{d\pi}{d\varphi} = 0$ ist. Für diesen Punkt ergibt sich:

$$\operatorname{ctg} \varphi' = -\frac{\left|\Gamma_A\right| - \left|\Gamma_B\right| \cdot \cos \alpha}{\left|\Gamma_B\right| \cdot \sin \alpha}.$$

Für ein Maximum muß sein:

$$\frac{d^2\pi}{d\varphi^2} < 0.$$

Wir erhalten:

$$\frac{d^2\pi}{d\varphi^2} = -\left|\Gamma_A\right| \cos \varphi + \left|\Gamma_B\right| \cdot \cos(\varphi - \alpha) = \frac{(\left|\Gamma_A\right| - \left|\Gamma_B\right| \cdot \cos \alpha) - \left|\Gamma_B\right| \cdot \operatorname{tg} \varphi \cdot \sin \alpha}{-\cos \varphi}.$$

Aus der Gleichung, die ctg φ' geliefert hatte, ergibt sich, daß φ' im 2. oder 4. Quadranten liegt, wenn $|\Gamma_A| > |\Gamma_B| \cdot \cos \alpha$ ist, anderenfalls im 1. oder 3. Quadranten. Untersuchen wir nun den Wert von $\dfrac{d^2 \pi}{d \varphi^2}$ zunächst für den ersten Fall! Dann gilt für $\varphi = \varphi'$:

$$|\Gamma_A| - |\Gamma_B| \cos \alpha > 0$$
$$\operatorname{tg} \varphi' < 0, \text{ also } - |\Gamma_B| \operatorname{tg} \varphi' \cdot \sin \alpha > 0.$$

Der Zähler des Bruches ist also > 0. Der Nenner wäre für φ' im 2. Quadranten < 0, für φ' im 4. Quadranten > 0. Da aber $\dfrac{d^2 \pi}{d \varphi^2}$ für ein Maximum < 0 sein muß, so liegt der Richtungswinkel für den mittleren Dichtegradienten φ' in diesem Falle im 4. Quadranten. Analog finden wir für den anderen Fall, wo $|\Gamma_A| - |\Gamma_B| \cos \alpha < 0$ ist, daß φ' im 3. Quadranten liegen muß. Hierdurch ist die Richtung des mittleren Dichtegradienten und gleichzeitig des speziellen Luftdruckgradienten eindeutig bestimmt. Als skalare Größe desselben erhält man durch einfache Rechnung unter allen Umständen:

$$|\gamma_A^B| = \pm \sqrt{|\Gamma_A|^2 + |\Gamma_B|^2 - 2|\Gamma_A| \cdot |\Gamma_B| \cdot \cos \alpha}.$$

Das Vorzeichen kann außer acht gelassen werden, da die Richtung von $|\gamma_A^B|$, wie erwähnt, bereits eindeutig bestimmt ist.

Stellen wir die Resultate nochmals zusammen! Für den Richtungswinkel φ der mittleren Isopykne hatten wir erhalten:

$$\operatorname{tg} \varphi = - \frac{|\Gamma_A| - |\Gamma_B| \cdot \cos \alpha}{|\Gamma_B| \cdot \sin \alpha}.$$

Für den mittleren Dichtegradienten galt:

$$\operatorname{ctg} \varphi' = - \frac{|\Gamma_A| - |\Gamma_B| \cdot \cos \alpha}{|\Gamma_B| \sin \alpha}$$

$$|\gamma_A^B| = \sqrt{|\Gamma_A|^2 + |\Gamma_B|^2 - 2|\Gamma_A| \cdot |\Gamma_B| \cdot \cos \alpha}$$

Da $\operatorname{tg} \varphi = - \operatorname{ctg} \varphi'$ ist, so ergibt sich auch hieraus, daß die Isopykne senkrecht zum mittleren Dichtegradienten verläuft, und daß die Größe des letzteren sich als dritte Seite des Dreiecks ergibt, dessen andere Seiten die Vektoren Γ_A und Γ_B sind (S R in Fig. 8 a). Durch eine einfache geometrische Konstruktion gelangen wir weiterhin zu dem Ergebnis,

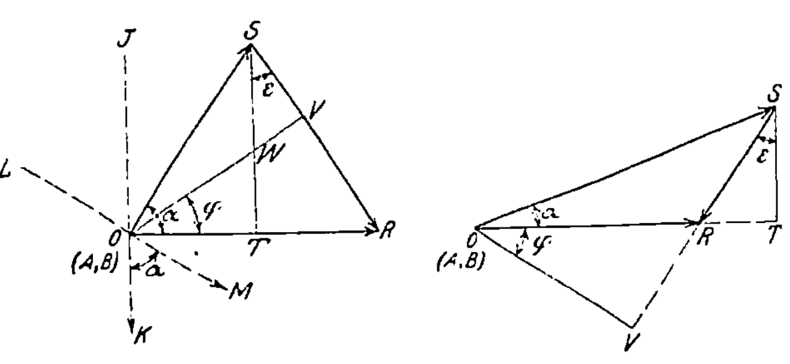

Fig. 8 b.

daß S R auch die Richtung dieses Gradienten angibt, daß also $\gamma_A^B = \Gamma_A - \Gamma_B$ ist. Hierzu diene die Fig. 8 b$_1$.

$$OR = |\Gamma_A|$$
$$OS = |\Gamma_B|$$
$$ST \perp OR$$
$$\sphericalangle\, SOR = \alpha$$
$$OT = |\Gamma_B| \cdot \cos \alpha$$
$$ST = |\Gamma_B| \cdot \sin \alpha$$
$$TR = |\Gamma_A| - |\Gamma_B| \cos \alpha$$
$$\sphericalangle\, TSR = \varepsilon$$

$$\operatorname{tg} \varepsilon = \frac{TR}{ST} = \frac{|\Gamma_A| - |\Gamma_B| \cos \alpha}{|\Gamma_B| \sin \alpha}$$
$$\varepsilon = \varphi.$$
$$OV \perp SR$$
$$\triangle\, TOW \sim VSW$$
$$\sphericalangle\, TOW = VSW = \varphi$$

OV Richtung der mittleren Isopykne

SR Richtung und Größe des mittleren Dichtegradienten.

In der Fig. 8 b_1 ist $|\Gamma_A| - |\Gamma_B| \cdot \cos \alpha > 0$; also liegt φ' im 4. Quadranten, und wir erhalten als Resultat, daß sich der spezielle Luftdruckgradient tatsächlich als die Vektorendifferenz der allgemeinen Luftdruckgradienten darstellt. Die Grundgleichung ist also:

$$\gamma_A^B = \Gamma_A - \Gamma_B.$$

Dasselbe erhellt aus Fig. 8 b_2 für $|\Gamma_A| - |\Gamma_B| \cos \alpha < 0$.

Es erübrigt sich, zu zeigen, daß die Konstruktion von γ_A^B aus Γ_A und Γ_B unter allen Umständen dieselbe bleibt. Stets ist der spezielle Luftdruckgradient γ_A^B durch Vektorensubtraktion $= \Gamma_A - \Gamma_B$ zu finden. Weiterhin läßt sich aus dieser Konstruktion leicht ersehen, wie die Zufuhr von dichterer bzw. dünnerer Luft sich aus der Winddrehung mit der Höhe, also aus der Form der Pilotballonkurve ergibt. Eine Linksdrehung des Windes ist vorhanden, wenn α im 1. oder 2. Quadranten liegt; dies zeigt deutlich z. B. Fig. 8 b_1. In A weht der Wind in der Richtung J K, in B in der Richtung L M; die Windrichtung hat also in der Zwischenschicht um den Winkel α linksgedreht. Wenn nun α im 1. oder 2. Quadranten liegt, so besitzt γ_A^B stets eine Komponente in der Windrichtung J K, d. h. der Wind weht in A stets aus dem Bereich größerer mittlerer Dichte in den Bereich geringerer mittlerer Dichte. Bei einer Rechtsdrehung zeigt sich das Gegenteil.

Lassen wir nun die Schicht zwischen A und B sehr klein werden, so tritt an Stelle des mittleren Dichtegradienten der absolute, und es muß daher in einer wenig mächtigen Schicht unter allen Umständen der Lufttransport in der Weise erfolgen, daß während einer Linksdrehung dichtere Luft an die Stelle von dünnerer strömt, während bei einer Rechtsdrehung das Umgekehrte stattfindet.

Wir gehen nunmehr dazu über, auf demselben Wege die Richtung der mittleren Isotherme und des mittleren Temperaturgradienten zu bestimmen. Die barometrische Höhenformel lautet:

$$\log \frac{P}{p} = \frac{h}{18\,400 \, \alpha \, T_m}.$$

Die mittleren Isothermen für eine Schicht bestimmter Höhe sind also an die Bedingung gebunden $\dfrac{P}{p} = \text{const.}$ Wir benutzen nunmehr wieder unsere Fig. 8 a und berechnen den Winkel ψ, der die Richtung der mittleren Isotherme angibt, welche durch den Mittelpunkt des Einheitskreises hindurchgeht.

Für diese Isotherme lautet die Bedingung $\dfrac{P}{p} = \dfrac{P_A}{p_B}$. Die Luftdrucke auf dem Umfange des Einheitskreises waren im unteren Niveau $P_A - |\Gamma_A| \cdot \cos \varphi$, im oberen $p_B - |\Gamma_B| \cdot \cos (\varphi - \alpha)$. Demnach erhalten wir:

$$\frac{P_A - |\Gamma_A| \cdot \cos \psi}{p_B - |\Gamma_B| \cdot \cos (\psi - \alpha)} = \frac{P_A}{p_B} = \frac{|\Gamma_A| \cdot \cos \psi}{|\Gamma_B| \cdot \cos (\psi - \alpha)}.$$

Dann ist:

$$\left(\frac{p_B}{P_A} \cdot |\Gamma_A|\right) \cdot \cos \psi = |\Gamma_B| \cdot \cos (\psi - \alpha).$$

Diese Gleichung unterscheidet sich von der für die mittlere Isopykne geltenden nur durch den Faktor $\dfrac{p_B}{P_A}$. Die oben für φ und φ' erhaltenen Resultate lassen sich daher auf den vorliegenden Fall, ψ und ψ', übertragen, wenn wir nur an Stelle von $|\Gamma_A|$ stets $\left(\dfrac{p_B}{P_A} |\Gamma_A|\right)$ setzen. Dann ist:

$$\operatorname{tg} \psi = \frac{\dfrac{p_B}{P_A} |\Gamma_A| - |\Gamma_B| \cdot \cos \alpha}{|\Gamma_B| \cdot \sin \alpha}$$

der Richtungswinkel der mittleren Isotherme und

$$\operatorname{ctg} \psi' = - \frac{\dfrac{p_B}{P_A} |\Gamma_A| - |\Gamma_B| \cos \alpha}{|\Gamma_B| \cdot \sin \alpha}$$

der Richtungswinkel des mittleren Temperaturgradienten.

Aus der folgenden Fig. 8 c erhellt die Konstruktion der Lage des mittleren Temperaturgradienten und der mittleren Isotherme. Auf dieselbe Weise wie beim mittleren Dichtegradienten gelangen wir auch hier zur Festlegung der Richtung des Temperaturgefälles, wie es in der Figur dargestellt ist.

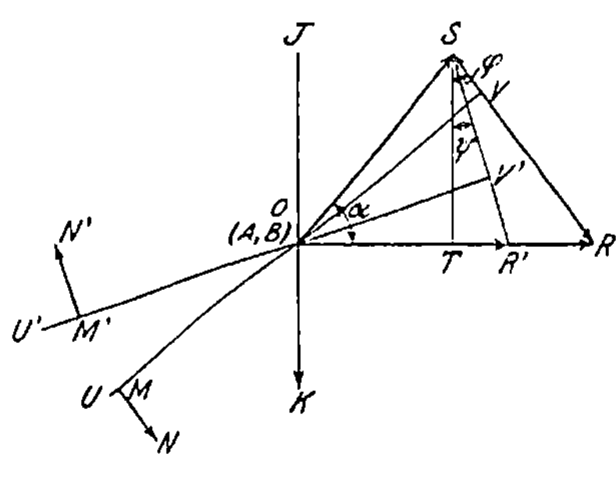

Fig. 8 c.

$$\text{O S} = |\Gamma_B|$$

$$\text{O R} = |\Gamma_A| \qquad \text{O R}' = \frac{p_B}{P_A} \cdot |\Gamma_A|$$

U V mittlere Isopykne.

U′ V′ mittlere Isotherme.

M N ‖ S R Richtung des mittleren Dichtegradienten γ_A^B

M′ N′ ‖ R′ S Richtung des mittleren Temperaturgradienten g_A^B

J K Windrichtung in A.

Es ergibt sich also theoretisch stets ein Richtungsunterschied zwischen dem Temperatur- und dem Dichtegradienten; doch wird dieser Winkel bei Schichten geringer Mächtigkeit nie sehr groß sein, da der Quotient $\dfrac{p_B}{P_A}$ sich bei solchen stets nur wenig von 1 unterscheiden wird. Sollte diese Winkeldifferenz im Einzelfalle aber auch größere Werte annehmen, so herrscht doch insofern Übereinstimmung mit der Wirklichkeit, als während einer Linksdrehung eine Zufuhr sowohl dichterer als auch kälterer Luft stattfindet, und daß bei einer Rechtsdrehung das Gegenteil erfolgt; denn auch der Temperaturgradient weist analog zu γ_A^B stets eine Komponente in der Windrichtung J K auf, wenn eine Rechtsdrehung erfolgt. Es würde dann also wärmere Luft zugeführt werden.

Es wäre noch zu erwähnen, daß diese Resultate nur für die nördliche Halbkugel Gültigkeit besitzen. Auf der südlichen würde eine Linksdrehung dieselbe Bedeutung haben wie eine Rechtsdrehung auf der nördlichen; denn auf der südlichen Halbkugel befindet sich der hohe Luftdruck auf unserer linken Seite, wenn wir in der Windrichtung fortschreiten.

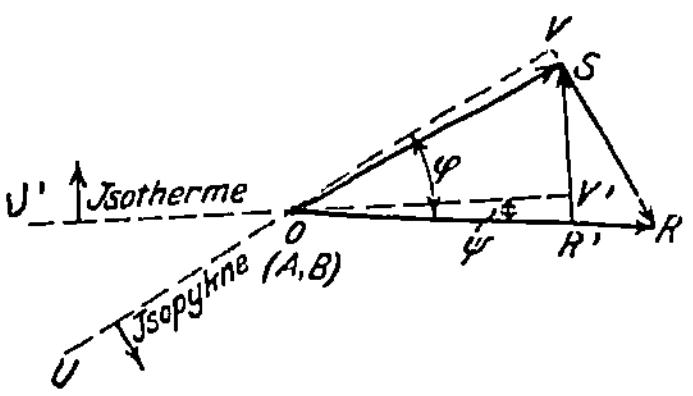

Fig. 9.

Wir wollen nunmehr noch ein praktisches Beispiel (Fig. 9) ausführen; die bisher verwendeten Bezeichnungen behalten wir bei und setzen:

$$
\begin{aligned}
P_A &= 600\ \text{mm} & |\Gamma_A| &= 12\ \text{mm} \\
p_B &= 450\ \text{mm} & |\Gamma_B| &= 10\ \text{mm} \\
h &= 2400\ \text{m} & \alpha &= 30^0
\end{aligned}
$$

Dann wird:

$$
\begin{aligned}
\varphi' &= 303^0\ 45' \\
|\gamma_A^B| &= 6\ \text{mm} \\
\Psi' &= 273^0\ 55'
\end{aligned}
$$

Aus der barometrischen Höhenformel folgen als Mitteltemperaturen zwischen A und B 15° C, und am anderen Ende von $|g_A^B|$ 23° C. Der mittlere Temperaturgradient ist also = 8° C.

Es sei nun noch einmal hervorgehoben, was oben bereits erwähnt wurde: Um die Lage der tatsächlichen Isothermen und Isopyknen zu erhalten, müssen wir zu wenig mächtigen Schichten übergehen.

Wenn wir dagegen nur die allgemeinen Luftdruckgradienten in zwei Niveaus kennen, die durch eine Luftschicht großer Mächtigkeit voneinander getrennt sind, so lassen sich sichere Schlüsse auf die in der Zwischenschicht erfolgende Luftdruckänderung nicht ziehen. Wenn beispielsweise an der Erdoberfläche der allgemeine Luftdruckgradient von Ost nach West gerichtet ist, und wenn in großer Höhe, etwa durch eine Cirrenmessung, ein von Süd nach Nord gerichteter Gradient konstatiert worden ist, so besteht sehr wohl die Möglichkeit, daß keine Rechtsdrehung um 90°, sondern eine Linksdrehung um 270° stattgefunden hat. Die Luftdruckänderung kann also sowohl positiv wie negativ sein. Hierauf müssen wir umsomehr hinweisen, als Herr Exner die Richtigkeit seiner Theorie durch die gleichzeitigen Windverhältnisse auf verschiedenen Bergen geprüft hat. Eine sichere Schlußfolgerung ist auf diese Weise nicht möglich. Dagegen bietet uns eine Pilotballonkurve die Windrichtungen und Windstärken aller Höhen in direkter Aufeinanderfolge.

Wir gehen nunmehr dazu über, unter Zugrundelegung bestimmter Luftdruckgradienten, teils allgemeiner, teils spezieller, die Drehung der Isobaren mit der Höhe zu konstruieren. Wir machen zunächst die Annahme, die in der Fig. 10 dargestellt ist, daß die Richtung des absoluten Dichtegradienten zwischen zwei vertikal übereinanderliegenden Punkten überall die gleiche wäre. Demnach wird, wenn B ein Punkt zwischen D und C ist, $\left|\gamma_D^C\right| > \left|\gamma_B^C\right|$. Weiterhin können wir zwei Fälle unterscheiden: Die γ sind nach der einen oder nach der anderen Seite der Isopykne gerichtet. Beide Fälle sind in Fig. 10 dargestellt (a und b). Wir betrachten zunächst den Fall a und teilen nun die Schicht D C in zwei Teile, D B und B C. Dann gilt, wie gesagt, für D C der spezielle Gradient γ_D^C, für B C entsprechend γ_B^C, von C aus der allgemeine Gradient Γ_C. γ_D^C ist größer als γ_B^C. Die allgemeinen Gradienten Γ_D und Γ_B ergeben sich durch Addition von γ_D^C bzw. γ_B^C zu Γ_C, wie es in der Figur aufgeführt ist. Denken wir uns nun diese Unterteilung der Schicht D C noch weiter bis ins Einzelne durchgeführt, so erhalten wir als Verlauf der Isobare bis C die senkrechte Trajektorie von C aus durch alle einzelnen Γ. Es würde sich also eine nach rechts konkave Kurve A F C E ergeben. Die extremen

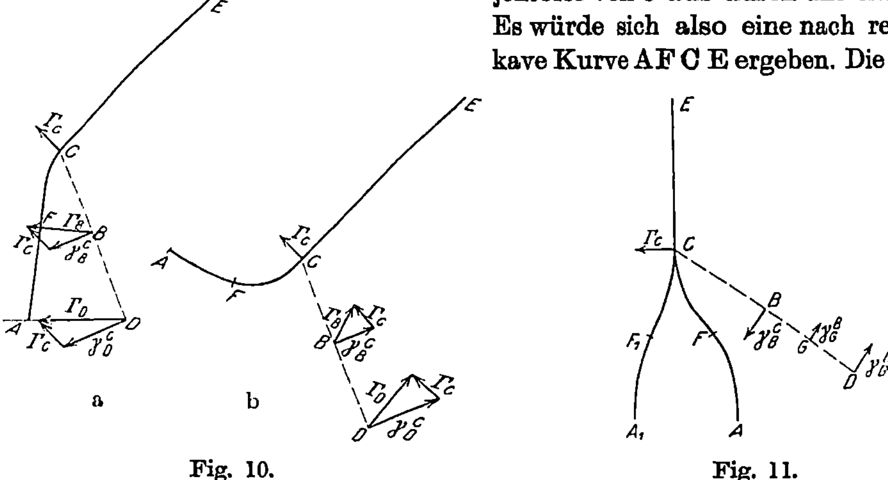

Fig. 10.　　　　　　　　　　　　　　Fig. 11.

Fälle ihrer Lage finden wir, indem wir Γ_C oder die γ sehr klein werden lassen. Dann fällt A C fast in die Richtungen D C bzw. C E. In derselben Weise konstruieren wir uns (Fig. 10 b) die Kurve, wenn γ zwischen C und D dauernd umgekehrt gerichtet ist. Wir erhalten hier im Gegensatz zum vorigen Fall eine nach rechts konvexe Kurve; aber sowohl in 10 a wie in 10 b findet im ganzen Verlaufe der Drehung die normale Erwärmung bzw. Abkühlung statt, wovon man sich leicht durch Hinzufügen der Isothermen überzeugen kann. Dies trifft innerhalb sämtlicher extremen Lagen der Gradienten zu.

Wenn wir nun weiterhin annehmen, daß γ_B^C dem γ_D^B entgegengerichtet ist, so erhalten wir etwas anders geformte Kurven. Wir können wieder verschiedene Fälle unterscheiden, indem wir die Gradienten γ gleich groß in beiden Schichten, den unteren größer oder den oberen größer wählen. Genauer wollen wir hier nur die einfachste Lage besprechen: $\gamma_D^B = - \gamma_B^C$. Aus der Summierung ergibt sich $\gamma_D^C = 0$ und $\Gamma_D = \Gamma_C$. Der Wind würde also unten in der Richtung C E wehen. Zur Veranschaulichung diene die Fig. 11.

Innerhalb der Teilschichten D B und B C kommen wir auf die soeben im Anschluß an Fig. 10 erörterte Frage zurück; denn γ_D^B wäre z. B. $> \gamma_G^B$, wenn G ein Punkt zwischen D und B ist. Nun können die γ wieder von der Isopykne aus nach beiden Seiten gerichtet sein. Wir betrachten zunächst den in der Fig. 11 durch die Richtung von γ_D^B und γ_B^C dargestellten Fall. Als allgemeine Isobare von der Höhe B bis C erhalten wir, wie oben gezeigt wurde, eine nach rechts konkave Kurve F C. Auf dieselbe Weise ergibt sich für D B der Isobarenverlauf A F. Die ganze Pilotballonkurve würde also das Bild A F C E liefern.

Wenn wir nun die Gradienten vertauschen, so resultiert, wie wir nicht im einzelnen ausführen wollen, wie es aber Überlegungen der bisherigen Art ohne weiteres ergeben, eine Kurve von der Form $A_1 F_1 C E$.

Es wäre zwecklos, noch die weiteren, auf derselben Grundlage beruhenden Spezialfälle extensiv zu erörtern. Es genügt, mitzuteilen, daß die Kurven, wie sie Fig. 11 zeigt, in ähnlicher Weise wiederkehren, wenn wir die Gradienten γ_D^B und γ_B^C nicht gleich groß annehmen, sondern zunächst den oberen größer und dann den unteren. Die Unterschiede bestehen nur darin, daß in dem einen Falle die Bogen F C, in dem anderen die A F stärkere Krümmungen aufweisen. Um dagegen zu zeigen, daß auch recht scharfe Wendungen durch unsere Überlegungen ihre einfache Erklärung finden, stellen wir hierunter in einer Fig. 12 a eine derartige Kurve dar, die auf keinen anderen Grundlagen aufgebaut ist als auf denen der Fig. 11, nur daß den Gradienten ziemlich extreme Verhältnisse erteilt wurden. Fig. 12 b gibt in der gewohnten Weise die Grundlagen zur Kurve 12 a; den einander entsprechenden Punkten sind gleiche Bezeichnungen erteilt worden.

Wir können aus dieser und den vorigen Figuren leicht den Satz ableiten, daß große Unterschiede in den Richtungen der speziellen Gradienten stärkere Krüm-

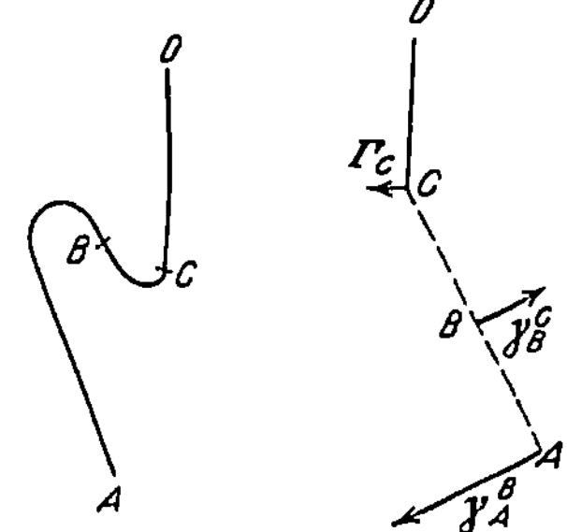

Fig. 12 a, b.

mungen zur Folge haben als kleinere, während starke Größenunterschiede zu kleineren Krümmungen Anlaß geben.

Eine Frage, die eine Erweiterung der eben erörterten darstellt, ist nun die nach der Form der Isobaren, wenn die Isotherme selbst im Verlaufe der Schicht dreht. Diese Frage ist leicht zu lösen, indem wir die Isotherme in kleine, gradlinig zu denkende Teile, zerlegen. Dann ergibt sich durch Konstruktion der jeweiligen Isobarenteile der gesamte Verlauf der Isobare innerhalb der Schicht. Ihre Krümmung würde stärker werden, aber stets geringer bleiben als die der Isotherme. Denn die Fig. 10 zeigt, daß bis zum extremsten Fall der Übergang von A B in C E einen kleineren Winkel erfordert als der von D B in C E. Wenn die geradlinige Isotherme im scheinbaren Gegensatz hierzu eine gekrümmte Isobare

hat, so ist dies daraus erklärlich, daß wir in C einen Knick von D C gegen C E
vorausgesetzt hatten. Es wäre dies also ein spezieller Fall, der uns in ähnlicher
Weise noch zu anderen Überlegungen Anlaß geben wird.

Zunächst wollen wir jedoch noch einmal genauer auf eine einfache, eben schon
berührte Untersuchung zurückkommen, um dann mit ihrer Hilfe einige andere,
besonders häufige und interessante Formen von Pilotballonkurven zu analysieren.
Wir müssen feststellen, was mit der Isobare vorgeht, wenn zwischen zwei vertikal
übereinanderliegenden Punkten A und B die Isothermenrichtung unverändert
bleibt, der Temperaturgradient aber allmählich sein Zeichen wechselt.
Dazu diene die folgende Fig. 13, in der wir uns die Schicht A B in eine
Reihe von kleineren gleichmächtigen Schichten zerlegen, die durch die
Punkte 1, 2, 3 usw. voneinander getrennt sind. Die speziellen Gradienten
der einzelnen Schichten sind in die Fig. 13 a eingetragen.

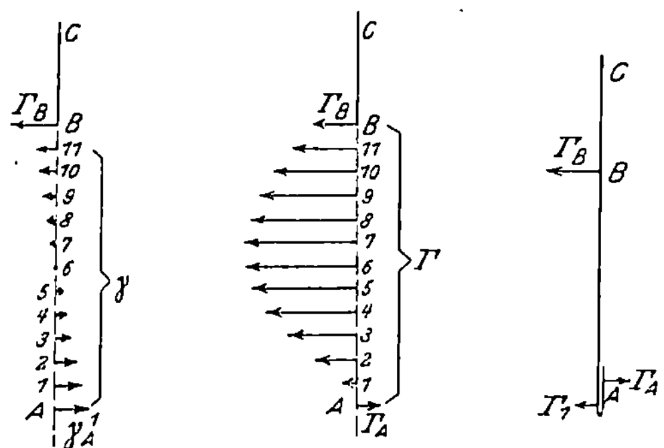

Fig. 13 a—c.

An der oberen Grenze befindet sich der allgemeine Gradient Γ_B. Wir berechnen nun, von Γ_B ausgehend, die Gradienten Γ durch sukzessive Addition
der γ und erhalten etwa das Resultat, das die Fig. 13 b und c zeigt. Zunächst
wird Γ nach unten hin wachsen, erreicht seinen Maximalwert in $\Gamma_7 = \Gamma_6$, da $\gamma_6^7 = 0$
gewählt ist. Von da an wird Γ kleiner werden, bis es in irgendeinem Punkt sein
Vorzeichen wechselt. Dieser Punkt, der eine Isobarenumkehr um 180° angibt,
liegt also unbedingt unterhalb des Punktes 6, der der Isothermenumkehr entspricht. In der Praxis wird eine solche rückläufige Isobare gar nicht immer zustande kommen, da die Schicht in vielen Fällen oberhalb des entsprechenden Punktes
aufhören wird. Aber auch dann wird sich der Wechsel der speziellen Gradienten
darin äußern müssen, daß der Wind der unteren Schicht auffallend schwach ist.
Die völlige Isobarenumkehr würde, nebenbei gesagt, in einem Punkte eintreten,
wo die Summe: $\Gamma_B + \gamma_{11}^B + \gamma_{10}^{11} + \ldots \gamma_6^7$ kleiner wird als die Summe $\gamma_5^6 + \gamma_4^5$
$+ \ldots \gamma_{n-1}^n$.

Auf den weiteren möglichen Fall, daß die speziellen Gradienten die entgegengesetzten Richtungen aufweisen wie diejenigen in Fig. 13 a, brauchen wir
nicht näher einzugehen. Es resultiert im Grunde dasselbe, nur daß entweder
keine oder zwei Isobarenumkehren erfolgen müßten, deren eine oberhalb 6 läge.
Denn da Γ_B den γ_6 bis γ_{11} entgegengerichtet wäre, so käme es darauf an, ob
$\Gamma_B - (\gamma_6^7 + \gamma_7^8 + \frac{9}{8} + \gamma_9^{10} + \gamma_{10}^{11} + \gamma_{11}^B) \gtrless 0$ wird. Im ersteren Falle resultiert
keine Umkehr der allgemeinen Isobare, im letzteren je eine oberhalb und unter-
halb des Punktes 6. Wird die erwähnte Differenz $= 0$, so ergibt sich in 6 eine
Calme.

Nun können wir noch einige häufig vorkommende Pilotballonkurven auf
den Verlauf der speziellen Isobaren untersuchen, und zwar solche, die aus der

Kombination einer gekrümmten Isotherme und einer in ihrem Verlaufe stattfindenden Umkehr des horizontalen Dichtegradienten entspringen. Das sind
z. B. die folgenden Typen (Fig. 14 a und b). In c und d ist die Charakteristik
des Verlaufes der entsprechenden speziellen Isobaren angegeben. Die Bezeichnungen
der Punkte in den zusammengehörigen Kurven entsprechen einander, und D
bedeutet den Punkt, in dem $\gamma = 0$ wird. Man sieht, daß eine ganz einfache spezielle Isobare sehr wohl eine komplizierte allgemeine erzeugen kann.

Die Umkehr des speziellen Gradienten erfolgt natürlich
auch hier stets oberhalb derjenigen des allgemeinen, und die

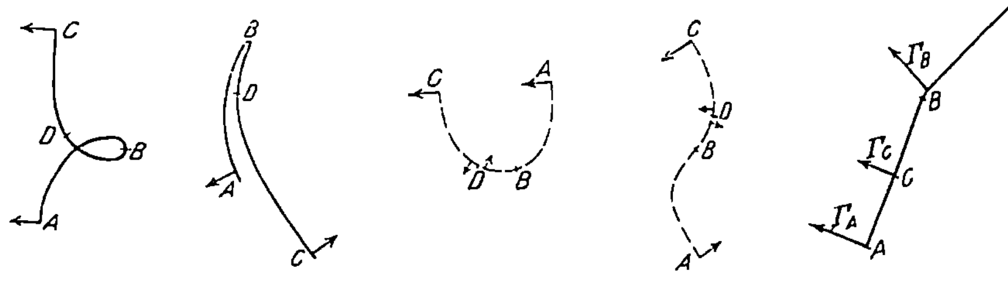

Fig. 14 a—d.Fig. 15.

Drehungsrichtung der Isobaren bleibt in demselben Sinne für die Luftdruckänderung charakteristisch wie bisher. In a würde also eine dauernde Verminderung der Luftmasse, in b von A bis B eine Verminderung, von dort aus
eine Verstärkung erfolgen.

Wir haben nun eingehend eine Reihe verschiedener Formen erörtert, die
Pilotballonkurven annehmen können, und wir könnten hieraus wohl jede gekrümmte
Kurve analysieren, da wir durch Subtraktion der allgemeinen Gradienten voneinander stets die speziellen Gradienten und damit den Verlauf der speziellen Isobare
ableiten könnten. Es gibt jedoch häufig Fälle, in denen die Pilotballonkurve
innerhalb einer Schicht so gut wie geradlinig verläuft, bis sie durch eine Wendung
oder einen Knick eine andere Richtung annimmt. Derartige Formen sind bisher
nicht besprochen worden, und wir wollen daher jetzt untersuchen, wie die spezielle
Isobare einer Schicht sich mit der Höhe ändert, wenn die allgemeine eine gerade
Linie bildet. Dazu diene zunächst die Fig. 15.

Wenn wir den Verlauf der Isotherme von A bis B kennen lernen wollen, so
folgen wir am besten unserem bisherigen Prinzip und betrachten die Pilotballonkurve A B E stückweise und zerlegen sie in die Teile A C und C B; B E bleibe un-
geändert. Dann ist, ganz abgesehen von der Größe der Gradienten, Γ_A parallel Γ_C,
und da $\gamma_A^C = \Gamma_A - \Gamma_C$ ist, so kann es den Γ nur gleich- oder entgegengerichtet
sein. Die Isotherme würde also parallel zu A C verlaufen. Wenn wir mit der Teilung
fortfahren und nun C B ebenso zerlegen wie eben A B, so ergibt sich wieder für den
unteren Teil Parallelität der Isobare und der Isotherme. Wir würden dasselbe
Resultat auf der ganzen Linie bis unmittelbar vor B erhalten. Dabei ist aber nach
unseren früheren Überlegungen die Isobare A B gegen die mittlere Isotherme
dieser Schicht um einen Winkel geneigt, der aus der Differenz $\Gamma_A - \Gamma_B$ resultiert.
Außerdem fanden wir an anderer Stelle, daß im Falle einer geradlinigen Isotherme

die Isobare in bestimmten Krümmungen verläuft. Hierin scheint ein Widerspruch
zu liegen; er erklärt sich jedoch daraus, daß wir es bei einem scharfen Knick mit
einem singulären Fall zu tun haben. Um dies zu übersehen, müssen wir die Änderungen feststellen, die der spezielle Gradient beim Passieren eines Knicks erleidet,
und nehmen diesen zunächst als völlig scharf an. Dann ist eine Windrichtung in
dem Knick selbst nicht vorhanden, also $\Gamma = 0$. Nun können wir ja ganz allgemein
sagen, daß die γ negativ sind, wenn die Γ mit der Höhe wachsen; denn die Differenz
zweier solcher Werte $\Gamma_A - \Gamma_B = \gamma_A^B$ wird eben < 0, wenn $\Gamma_A < \Gamma_B$ ist. Umgekehrt sind die γ positiv, wenn die Γ mit der Höhe abnehmen. In einem Punkt also,
von dem aus ein allgemeiner Gradient sich in anderem Sinne ändert als bisher,
muß eine Drehung des speziellen Gradienten um 180^0 stattfinden. Dies würde
in einem scharfen Knick der Fall sein, da dort $\Gamma = 0$ ist, in den anliegenden Schichten
aber einen positiven Wert besitzt. Wir würden also im Punkte des Knicks ein
negatives γ und unmittelbar darunter ein entgegengesetztes vorfinden. Zu diesem
Sprung um 180^0 tritt außerdem noch der Winkel, um den der Knick erfolgt, und
um den sich also γ ohnehin sprunghaft ändern muß. Ob sich eine Summe oder
eine Differenz dieser Winkel einstellt, werden wir im folgenden feststellen können.
Denn, da es sich bei einem scharfen Knick um eine ganz momentane Änderung
handelt, läßt sich eine Drehungsrichtung nicht feststellen. Es würde dieselbe
Lage des speziellen Gradienten resultieren, wenn es sich um eine Drehung um
$180^0 + \alpha$ oder um eine entgegengesetzte um $180^0 - \alpha$ handelte.

Die tatsächlichen Verhältnisse sind nun gewöhnlich so, daß zwar kein scharfer
Knick, aber eine mehr oder weniger scharfe Biegung der Kurve erfolgt. Innerhalb
der Biegungsschicht ist die Geschwindigkeit gewöhnlich sehr klein, meist kleiner
als in den beiden angrenzenden Schichten. Wir wollen daher zunächst von diesem
häufigsten Fall sprechen. Nun können wir zwar nicht, wenn die Windstärke mit der Höhe wächst, daraus ableiten, daß gleichzeitig Γ wächst,
wohl aber bedeutet eine Windabnahme unbedingt eine Abnahme von Γ. Wir
werden später auf diese Frage noch eingehender zu sprechen kommen und
wollen zunächst nur kon

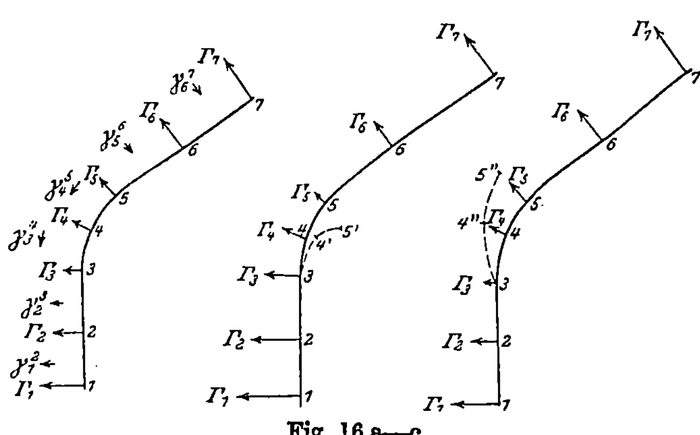

Fig. 16 a—c.

statieren, daß eine Windzunahme mit der Höhe erst von einem gewissen Betrage an
einem Wachsen der Γ gleichzuwerten ist. •Dieser Fall dürfte bei scharfen Biegungen
in der Praxis umso häufiger vorliegen, je niedriger die Drehungsschicht ist; denn
in scharfen Biegungen von geringer Höhenausdehnung pflegt die Windabnahme
ausgeprägter aufzutreten als bei allmählichen ausgedehnteren. Wir können nun
drei verschiedene Möglichkeiten unterscheiden, die sich auf das Verhalten der Γ
innerhalb der Drehungsschicht selbst beziehen:

a) die Γ können unverändert bleiben,

b) sie können sich entsprechend der unteren Schicht ändern,

c) die Änderung kann entsprechend der oberen Schicht erfolgen.

Diese drei Möglichkeiten sind in Fig. 16 dargestellt.

In a werden die Γ von 1 bis 3 kleiner, bleiben von 3 bis 5 unverändert und wachsen von 5 bis 7. Hieraus ergeben sich als spezielle Gradienten für die einzelnen Schichten:

$\gamma_1^2 > 0$ und parallel den Γ_1 bis Γ_3.

γ_2^3 ebenso.

γ_3^4 gleichmäßig stark gegen Γ_3 und Γ_4 geneigt.

γ_4^5 gleichmäßig stark gegen Γ_4 und Γ_5 geneigt.

$\gamma_5^6 < 0$ und parallel den Γ_5 bis Γ_7.

γ_6^7 ebenso.

Die den einzelnen Schichten zugehörigen γ sind zur Übersicht in die Fig. a mit eingetragen. Wir sehen nun, daß eine erste Änderung des speziellen Gradienten in 3 erfolgt; denn wenn wir 4 sehr nahe an 3 heranrücken, würde $\gamma_3^4 \perp \gamma_2^3$ resultieren. Demnach bringt 3 eine Linksdrehung von γ um 90^0. Während der Biegung erfolgt eine langsame Rechtsdrehung um den Winkel der Biegung. In 5 ist wieder $\gamma_4^5 \perp \gamma_5^6$, und dort erfolgt eine zweite Linksdrehung um wieder 90^0. Die Gesamtdrehung von 1 bis 7 ist demnach $180^0 - \alpha$, wenn α der Biegungswinkel ist. Wir können den Gang der γ zwischen 3 und 5 noch genauer feststellen, indem wir uns eine Reihe von Punkten dazwischen eingeschoben denken; dann finden wir, daß die γ der unendlich kleinen Schichten in die Kurve 3, 4, 5 hineinfallen, und zwar so, daß sie von 5 nach 3 gerichtet sind. Wir sehen also, daß in der Biegungsschicht eine durchgehende Verminderung des Luftdrucks stattfindet, daß aber innerhalb der geradlinigen Kurventeile keine Luftdruckänderung hervorgerufen wird.

Betrachten wir nun den Fall b, so haben wir hier einen ganz ähnlichen Gang. γ_1^2 und γ_2^3 sind wie vorher > 0. γ_3^4 entsteht aus $\Gamma_3 - \Gamma_4$, und da Γ_4 jetzt $< \Gamma_3$ ist, so ist $\gamma_3^4 > 0$, ebenso γ_4^5. In 3 findet wieder, wie zuvor beim Falle a eine momentane Linksdrehung des Gradienten statt, und zwar um fast 90^0. Volle 90^0 werden nicht erreicht, weil $\Gamma_3 - \Gamma_4 > 0$ bleibt. Von 3 bis 5 erfolgt dann wieder eine Rechtsdrehung der γ um den Betrag des Biegungswinkels. Während aber in a die γ in die Biegungskurve ganz hineinfielen, würde statt dessen jetzt der Gang der Gradienten etwa durch die Kurve 3, 4', 5' charakterisiert sein. Die speziellen Gradienten behalten also immer einen kleinen Winkel gegen die allgemeine Isobare, dessen Größe von den Differenzen der Γ abhängig ist. Doch bleibt nach wie vor die Richtung des Gradienten der Windrichtung entgegengesetzt, so daß sich dieselbe Wirkungsart ergibt: Verminderung der Luftdichte. In 5 erfolgt dann wieder eine Linksdrehung des Gradienten und diesmal um etwas mehr als 90^0, so daß γ_5^6 dem Γ_5 wieder entgegengerichtet ist. Als Gesamtdrehung des Gradienten von 1 bis 7 resultiert wie vorher $180^0 - \alpha$.

Den Fall c brauchen wir jetzt nicht mehr so genau zu erörtern. Bis 3 bleiben die Verhältnisse ganz unverändert; in 3 springt γ jetzt nach links um einen Winkel, der etwas größer ist als 90°; dann erfolgt wieder bis 5 die Rechtsdrehung um den Winkel γ und in 5 ein weiterer Sprung nach links um etwas weniger als 90°. Darüber sind die Verhältnisse wieder dieselben. Die Kurve, die die Gradientendrehung zwischen 3 und 5 charakterisiert, verläuft jetzt etwa wie 3, 4″, 5″. Die Wirkung der Drehung auf den Luftdruck bleibt gleichartig wie in den Fällen b und a. Am stärksten wäre sie im Falle a, weil dort der ganze Gradient γ in die Isobarenrichtung fällt, in den Fällen b und c dagegen nur eine Komponente desselben.

Die Kurven 3, 4, 5 für a, 3, 4′, 5′, für b und 3, 4″, 5″ für c ergeben nun zwar den Drehungsverlauf der γ, nicht aber ihre Größe. Die Größe des speziellen Gradienten der gesamten Schicht von 3 bis 5, also des Gradienten γ_3^5, resultiert vielmehr allein aus der Differenz $\Gamma_3 - \Gamma_5$. Es wäre also gleichgültig, ob die Drehung sich über eine starke oder eine geringe Schicht erstreckt, ob sie also eine langsame oder eine schnelle ist; wenn nur die Grenzgradienten, Γ_3 und Γ_5, unverändert bleiben, so ergibt sich auch stets wieder ein unverändertes γ_3^5. Die genannten Kurven charakterisieren dagegen die Richtungsänderungen der γ im einzelnen.

Die Tatsache, daß die Mächtigkeit der Schicht auf den Wert des speziellen Gradienten keinen Einfluß hat, bringt uns nun auf die wichtige Frage, ob die Mächtigkeit der Schicht auch auf die Luftdruckänderung ohne Einfluß bleibt. Das ist nun keineswegs der Fall. Wir können diese Frage dahin formulieren, ob zwei Drehungsschichten, die sich nur in ihrer Mächtigkeit voneinander unterscheiden, gleiche Luftdruckänderungen verursachen. Zur Veranschaulichung diene Fig. 17, in der zwei Schichten mit den Höhen h und 2 h dargestellt sind.

Die speziellen Gradienten sind in beiden Fällen γ, und im Falle b gilt von der Mitte der Schicht bis zur oberen Grenze noch ein kleinerer spezieller Gradient γ'. Man sieht ohne weiteres, daß dieselbe Wirkung, die in a erzielt wird, in b bereits entstünde, wenn $\gamma' = 0$ wäre. In Wirklichkeit ist es unbedingt > 0, denn die Schicht sollte ja nur wachsen, im übrigen aber unverändert bleiben. Wir sehen also, daß eine langsame Biegung um denselben Betrag von stärkerer Wirkung sein muß als eine schnelle Biegung. Diese Tatsache kommt in der Praxis umsomehr zur Geltung, als gewöhnlich bei langsamen Drehungen die Windstärken größer sind als bei scharfen Knicken. Dadurch wird die Wirkung also noch erhöht. Die Tatsache, daß langsame Drehungen gewöhnlich stärkere Winde aufweisen als schnelle, erklärt sich wohl einfach daraus, daß die angrenzenden, schneller fließenden Luftströmungen durch Reibung mit in die Biegung hineingezogen werden, woraus gleichzeitig eine größere mittlere Windstärke und eine Ausdehnung der Biegung auf die angrenzenden Luftschichten resultiert.

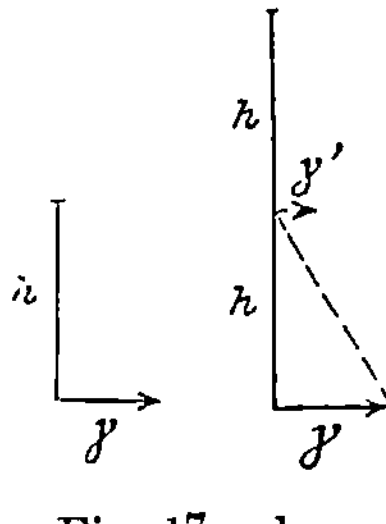

Fig. 17 a, b.

Es fragt sich nun, wie die Verhältnisse sich gestalten würden, wenn doch einmal, entgegen der gewohnten Praxis, die Γ innerhalb einer Drehungsschicht größer wären als in den angrenzenden Schichten. Wie sich leicht zeigen ließe, würde dadurch, was den Effekt anlangt, nichts geändert. Der Gang der speziellen Gradienten wäre nur außerhalb der Drehungsschicht selbst ein anderer. γ wäre in der unteren Schicht negativ, drehte dann an der ersten Grenze um 90° nach rechts, während der Drehung um den Drehungswinkel weiter nach rechts und an der oberen Grenze noch einmal um 90° in derselben Richtung. Als Gesamtdrehung würde sich hierbei nicht wie oben 180° — α nach links, sondern 180° $+$ α nach rechts ergeben. Aber die Wirkungsweise wäre dieselbe wie in dem vorher besprochenen Falle.

Der Wirkungsgrad einer Drehung ist nun eine besonders wichtige Frage, und wir wollen daher kurz untersuchen, wovon er abhängig ist. Abgesehen von der Windstärke wird die Dichte, also die Größe des Luftdrucks und damit die Höhe eingehen; denn die schwereren Luftquanten der unteren Schichten werden naturgemäß unter sonst gleichen Umständen stärkere Änderungen hervorzubringen vermögen als die leichteren oberen. Außerdem ist die Stärke der Drehung zu berücksichtigen; starke Änderungen sind wirksamer als schwache. Dies finden wir ohne weiteres, wenn wir die speziellen Gradienten zweier gleichmächtiger Schichten bestimmen, deren allgemeine Grenzgradienten entsprechend gleich groß sind. Für die stärkere Biegung würde sich dann aus der geometrischen Konstruktion stets ein größeres γ ergeben, und daraus resultiert, wenn wir die Verhältnisse sonst nicht ändern, eine stärkere Massenverschiebung. Wir sehen also, daß die Wertigkeit einer Drehung von sehr verschiedenen Umständen abhängig ist, und zur Vereinfachung der später stattfindenden Besprechung von einer Reihe tatsächlicher Pilotballonkurven im Zusammenhang mit der Wetterlage wird es daher gut sein, wenn wir unter Berücksichtigung all dieser Umstände von hochwertigen und geringwertigen Drehungen sprechen, um die Massenverschiebungen in den verschiedenen Höhenlagen übersichtlicher gegeneinander abwägen zu können.

Die Ergebnisse unserer Überlegungen wollen wir nun wieder zusammenfassen. Pilotballonkurven geben uns über die Luftmassenänderung folgende Aufschlüsse:

1. **Geradlinige Teile bleiben wirkungslos; die Wirkung wächst mit der Krümmung.**

2. **Die Massenänderung nimmt mit der Mächtigkeit der Drehungsschicht zu.**

3. **Größere allgemeine sowohl wie spezielle Luftdruckgradienten erzeugen stärkere Wirkungen.**

4. **Je geringer innerhalb der Drehungsschicht die skalare Änderung des allgemeinen Gradienten mit der Höhe ist, desto größer ist die Massenverschiebung; denn umso größer ist die Komponente des speziellen Gradienten, die in die Isobarenrichtung fällt.**

5. **Luftmassen von größerer Dichte sind wirksamer als weniger dichte; gleiche Drehungen sind daher in geringen Höhen höherwertig als in großen.**

Von den angeführten Punkten lassen sich alle bis auf die Größe der Γ mühelos aus den Pilotballonkurven entnehmen. Dagegen bedarf der Rückschluß von den Windstärken auf die Stärke der allgemeinen Luftdruckgradienten noch einer weiteren Untersuchung. Im allgemeinen werden wir, was die absolute Größe der Γ anlangt, auf Schätzungen angewiesen sein, deren Fehler jedoch in bestimmten

Grenzen liegen. Um dies zu übersehen, benutzen wir die bekannte Formel $\Gamma = c \cdot V \cdot D$, die den Gradienten Γ, die Windgeschwindigkeit V und die Luftdichte D miteinander verbindet. c ist eine Konstante, die an sich nicht schwer zu bestimmen ist. Wir wollen jedoch darauf verzichten; denn der faktische Wert von c ließe sich direkt nur an der Erdoberfläche feststellen, da wir nur hier die wahre Größe von Γ abmessen können. Hier aber wirkt wieder die Reibung in schwer definierbarer Weise, und es wird daher richtiger sein, die Gradientengröße und damit c an der Hand der internationalen Aufstiege in irgend einer anderen Höhe zu ermitteln. Das würde uns aber hier zu weit führen, zumal c für uns wenig Wert hat; denn es handelt sich mehr um die Verhältnisse der Gradienten zueinander, und hierbei verschwindet die Konstante aus der Rechnung. Γ ist nun nach der obigen Formel proportional dem Produkte $V \cdot D$. Hierin können wir D, wenn wir jeweils den bekannten Luftdruck an der Erdoberfläche zugrunde legen und einen mittleren vertikalen Temperaturgradienten G annehmen, mit genügender Annäherung berechnen. Selbst bei extremen Werten von G würde die Dichte auf etwa $\pm 10\%$ richtig sein. In denselben Fehlergrenzen würde sich also auch Γ halten, wenn wir es aus D und dem bekannten V entnehmen. Wir sind also sehr wohl in der Lage, die Windgeschwindigkeiten einer Pilotballonkurve genügend exakt in Gradientengrößen umzuwerten. Eine hohe Genauigkeit ist für unsere Zwecke gar nicht erforderlich; die Resultate würden durch Fehler in der Bestimmung von Γ nur quantitativ wenig beeinflußt werden.

Wir können weiterhin die obige Formel auch dazu benutzen, den mittleren Gang der Luftdruckgradienten mit der Höhe zu berechnen, wenn wir die Resultate des statistischen Teils unserer Arbeit mit heranziehen. Wir fanden dort u. a. die mittleren Windgeschwindigkeiten für die verschiedenen Höhen. Die entsprechenden Dichteverhältnisse erhalten wir durch Einführung von vertikalen Temperaturgradienten, und wir wollen hierzu die Werte verwenden, die Herr A. Wagener in seiner Abhandlung: „Die Temperaturverhältnisse in der freien Atmosphäre" für Mitteleuropa gefunden hat [1]). Diese Werte lassen sich wohl annähernd auf die atmosphärischen Verhältnisse über Straßburg im Jahre 1909 übertragen. Jedenfalls dürfte dabei ein im ganzen richtiges Bild resultieren. Wir erhalten so eine Reihe von Gleichungen der obigen Form, in denen Γ unbekannt ist, und wenn wir diese Gleichungen entsprechend durcheinander dividieren, so ergeben sich die Verhältnisse der Γ zueinander. In der folgenden Tabelle sind die Resultate dieser Rechnung zusammengestellt, das Γ in 1000 m Höhe ist $= 1$ gesetzt worden, weil wir aus schon mehrfach erwähnten Gründen von der untersten Luftschicht absehen wollen. Als V sind die Mittelwerte aus sämtlichen Ballonen gewählt worden.

H m	1000	2000	3000	4000	5000	6000	7000	8000	9000	10 000
V m/s Γ	6,4 1,00	7,8 1,07	9,6 1,14	10,8 1,09	12,3 1,03	13,5 0,92	15,2 0,82	17,1 0,71	18,8 0,59	20,0 0,46
γ		− 0,07	− 0,07	0,05	0,06	0,11	0,10	0,11	0,12	0,13

Wir sehen, daß bis zu einer Höhe von ca. 3000 m der spezielle Gradient im Mittel dem allgemeinen entgegengerichtet ist, daß also Γ mit der Höhe wächst.

---

[1]) Beiträge zur Physik der freien Atmosphäre, III. Bd., Heft 2/3, 1909, S. 122.

Erst in etwa 6 km Höhe ist Γ wieder auf die Größe herabgesunken, die es in der Nähe der Erde besaß. Darüber hinaus nimmt es weiter und schneller ab. Dies Resultat würde also besagen, daß bis zu 3000 m im Mittel ein horizontales Temperaturgefälle vorhanden ist, das dem Luftdruckgefälle gleichgerichtet ist. Zum höheren Luftdruck hin würden die Temperaturen steigen; jedoch ist γ recht klein und bleibt es auch, mit umgekehrten Vorzeichen, von 3000 m bis etwa 5000 m. Dort beginnt eine Schicht, die ein stärkeres Temperaturgefälle vom tiefen zum hohen Druck hin aufweist.

Wir wollen im Anschluß hieran auf das Verhältnis des speziellen Gradienten zum vertikalen Temperaturgradienten G eingehen. Ein spezieller Gradient γ_A^B ist $= \Gamma_A - \Gamma_B$. Andererseits ergibt sich $\Gamma_A - \Gamma_B$ aus dem mittleren horizontalen Temperaturgradienten zwischen A und B oder, anders gesagt, aus einem horizontalen Temperaturgradienten, z. B. in A, und dem vertikalen zwischen A und B. Daraus ersehen wir, daß γ eine Kombination aus dem horizontalen (g) und dem vertikalen (G) Temperaturgradienten darstellt. Wir können demnach aus den γ die G nicht unbedingt ableiten; wohl aber können wir sagen, daß die γ sich in demselben Sinne ändern wie G und g. Ein stärkerer vertikaler wie horizontaler Temperaturgradient würde nach der barometrischen Höhenformel auch eine stärkere Änderung des allgemeinen Luftdruckgradienten, also einen absolut größeren speziellen Gradienten zur Folge haben. Sein Vorzeichen wäre hierbei gleichgültig. Wenn wir nun aber auch bei mittleren Windverhältnissen aus γ nicht direkt auf G schließen können, so ist es doch sehr wohl möglich, einige Grenzfälle zu untersuchen. Wir wollen hier auf diejenigen eingehen, in denen der Wind mit der Höhe sehr stark ab- oder zunimmt. Betrachten wir zunächst den ersten Fall, so würde eine besonders starke Windabnahme dann eintreten, wenn einerseits der Gradient Γ mit der Höhe bedeutend abnimmt, und wenn andererseits die Dichte nur wenig geringer wird. Das letztere erfolgt, wenn ein starker vertikaler Temperaturgradient vorhanden ist, das erstere, wenn der spezielle Gradient positiv und sehr groß ist. Es besteht also in diesem Falle die Wahrscheinlichkeit, daß sowohl G wie g stark sind. Wenn dagegen der Wind mit der Höhe schnell zunimmt, so würde dies besagen, daß einerseits die Luftdichte wesentlich geringer wird, und daß andererseits der spezielle Gradient sehr groß, aber negativ ist. Das Erstere tritt in besonders ausgesprochenem Maße ein, wenn der vertikale Temperaturgradient umkehrt, d. h. wenn eine Inversion vorhanden ist. Da trotzdem auch der spezielle Gradient absolut groß sein muß, so würden wir auf einen starken horizontalen Temperaturgradienten schließen können. Der in der Praxis sehr häufige Fall, daß, besonders bei scharfen Biegungen, aber hin und wieder auch ohne diese, die Windstärke zunächst sehr gering wird, um gleich darauf sprunghaft zu wachsen, würde also dahin ausgelegt werden können, daß in der Biegungsschicht selbst sowohl ein starker horizontaler, vom tieferen zum höheren Druck gerichteter, als auch ein starker vertikaler Temperaturgradient vorhanden ist, daß aber an der oberen Grenze der Biegungsschicht beide Gradienten umkehren. Die bedeutendsten Änderungen der Windgeschwindigkeit würden erzielt werden, wenn diese Temperaturgradienten sämtlich von großer Stärke sind. Andererseits würden mäßige Änderungen der Windstärke durch schwächere Temperaturgradienten erklärlich sein, eventuell wäre eine Inversion nicht unbedingt notwendig, wohl aber, wie wir in Fig. 16 sahen, eine Umkehr des horizontalen Gradienten. Dies Resultat stimmt recht gut mit einer Formel überein, die seinerzeit Herr Hergesell abgeleitet hat, und aus der sich ergibt, daß gleichzeitig mit einer Inversion auch eine Umkehr des horizontalen Temperaturgradienten folgen muß.

Bei dieser Gelegenheit wollen wir darauf hinweisen, daß es voraussichtlich möglich sein wird, für bestimmte Höhendifferenzen bzw. Luftdruckdifferenzen ein Maximum der Windgeschwindigkeitsänderung festzulegen. Hierzu würden wir in erster Linie einer genauen Bestimmung der Konstanten c bedürfen, um dann für zwei Punkte A und B den erwähnten Maximalwert abzuleiten. Denn sowohl die Änderung der Dichte als auch der allgemeinen Gradienten liegt in bestimmten Grenzen. Für die Dichte sind diese genügend genau durch die Praxis gezogen, obwohl hier eventuell mit einer außergewöhnlich starken Inversion gerechnet werden müßte. Wenn man aber bedenkt, wie gering der Effekt von einigen Graden Temperaturdifferenz ist, so lassen sich die Grenzen der Dichteänderung praktisch wohl gut bestimmen. Die Änderung des allgemeinen Gradienten, also die Größe des speziellen ist aber wieder an das maximal mögliche Gewicht der betreffenden Schicht gebunden. Größer als dieses kann der spezielle Gradient offenbar nie werden. Vielleicht lassen sich bei Fortführung dieser Untersuchung hierfür sogar noch engere Grenzen finden. Jedenfalls aber gelten sie sowohl für Zunahme wie für Abnahme der Windgeschwindigkeit. Allerdings setzen wir bisher die völlige Richtigkeit der Formel $\Gamma = c \cdot V \cdot D$ voraus; angenähert dürfte dies wohl berechtigt sein; jedoch ist es auch sehr wohl möglich, daß noch andere Umstände mitwirken. Z. B. sollte man denken, daß der spezielle Gradient mit in Rechnung treten müßte, da es kaum ohne Einfluß auf die Windgeschwindigkeit sein kann, ob dichtere Luft an die Stelle von dünnerer übergeführt wird oder umgekehrt. Immerhin werden diese Unterschiede auch nicht sehr groß sein, und jedenfalls müssen zu ihrer Feststellung eingehende hydrodynamische Untersuchungen stattfinden, die uns bei der vorliegenden Arbeit zu weit führen würden. Sie könnten auch, wie verschiedene andere Einflüsse, die wir schon erwähnten, im Prinzip an unseren Überlegungen nichts ändern.

Wir haben nun gesehen, in welcher Weise eine Pilotballonkurve uns anzeigt, ob in den verschiedenen Höhen eine Verringerung oder Vermehrung der Luftmasse stattfindet, und daß wir unter Umständen auch Schlüsse auf die vertikale Temperaturverteilung zu ziehen berechtigt sind. Es bleiben nun noch einige Punkte übrig, die sich mehr auf die allgemeine Form einer Kurve beziehen, und die wir ebenfalls noch streifen müssen. Einer dieser Punkte ist die Frage nach der Stabilität der Luftschichten. Sehr häufig haben wir Gelegenheit, zu beobachten, daß eine Luftdruckänderung ohne Einfluß auf die Witterung zu bleiben scheint, daß ein starker Luftdruckfall vorübergeht, ohne auch nur Trübung zu verursachen, und daß Niederschläge einsetzen, während das Barometer im intensiven Steigen begriffen ist. Auch hierüber erhalten wir aus Pilotballonkurven einigen Aufschluß. Eine Verstärkung des vertikalen Temperaturgradienten bringt die Atmosphäre der Instabilität näher. Eine solche Verstärkung erfolgt aber dann, wenn in einer unteren Schicht wärmere, in einer darüberliegenden kältere Luft zugeführt wird,

d. h. wenn sich oberhalb einer Rechtsdrehung eine Linksdrehung befindet. Naturgemäß wird die Stärke der Drehungen eine wesentliche Rolle spielen, wenn wir die Änderung der Stabilität hiernach abschätzen wollen, und besonders werden wir im allgemeinen nicht in der Lage sein, anzugeben, wann der vertikale Temperaturgradient die Grenze der Stabilität erreicht, da wir seine momentane Größe nicht kennen. Wir können aber immerhin charakteristische Normalkurven für verschiedene Wetterlagen ohne weiteres festlegen, die durch die Praxis, wie wir später sehen werden, durchaus bestätigt werden. Eine bestehende Wetterlage wird am besten dann gewährleistet sein, wenn die Kurve des Pilotballons keinerlei Biegungen aufweist; denn in diesem Falle tritt weder eine Änderung der Stabilität noch des Luftdrucks ein. Solche Kurven sind annähernd bei ausgesprochenem Hochdruckwetter vorhanden, und vielfach wird das Ende dieser Wetterlage dadurch eingeleitet, daß in großen Höhen eine zeitliche Linksdrehung der Kurve stattfindet. Hierdurch wird zwar noch ein Steigen des Luftdrucks veranlaßt, gleichzeitig wird aber die Schichtung der Atmosphäre weniger stabil. Bei Tiefdruck wird man eine geradlinige Kurve seltener finden, weil die Bewegung der Zyklonen meist eine schnellere ist, und eine Bewegung müßte unbedingt in irgendwelchen Wendungen der Kurve zum Ausdruck gelangen. Besonders häufig und interessant sind Kurvenformen, die am Rande zwischen Hoch und Tief auftreten. Eine nennenswerte Änderung der allgemeinen Richtung ist meist nicht vorhanden; wohl aber liegen eine Reihe von schwachen Rechts- und Linksdrehungen übereinander. Die Änderung des Luftdrucks an der Erdoberfläche kann daher sehr wohl minimal sein, während die verschiedenen Biegungen auf eine geringe Stabilität der Schichtung hinweisen, die sich dann auch gewöhnlich in Niederschlagsschauern äußert. Wir werden im letzten Teile dieser Arbeit noch eine Reihe von Pilotballonkurven besprechen und dabei manche interessanten Einzelheiten kennen lernen.

Auch bezüglich der Stabilität von Inversionen können wir aus den Visierungen Schlüsse ziehen. Inversionen liegen oberhalb von relativ kalten Schichten, in denen, wie wir gesehen haben, der Wind sowohl rechts- wie linksdrehen oder auch geradlinig strömen kann. Da nun eine Rechtsdrehung eine Erwärmung mit sich bringt, so werden offenbar Inversionen oberhalb von Rechtsdrehungen weniger stabil sein als solche, die sich über Linksdrehungen befinden. Die bei Hochdruckwetter sehr häufig über einer Nebelschicht auftretenden Inversionen, die oft lange Zeit anhalten, sind denn auch tatsächlich im allgemeinen mit einer Linksdrehung verbunden. Umgekehrt kann man häufig, besonders gelegentlich von Freiballonfahrten, wahrnehmen, daß eine Inversion über einer Rechtsdrehung schon im Laufe des Tages in ihrer Höhe sehr veränderlich ist und nur kurze Zeit anhält. Gewöhnlich tritt wenig später, nachdem eine solche Beobachtung gemacht ist, ein Wetterumschlag ein.

Wir hatten nun bisher immer nur diejenigen Winde in Betracht gezogen, die in der Isobarenrichtung wehen. Eine Ausnahme hiervon bilden die Bodenwinde. Im einzelnen werden diese sehr verschiedenartig wirken können, da Unebenheiten der Erdoberfläche bei ihnen sehr stark zum Ausdruck kommen müssen. Aus diesem Grunde läßt sich allgemein Gültiges über diesen Punkt nicht sagen, und wir müssen uns darauf beschränken, die Winde zu untersuchen, bei denen andere Umstände

als die normale Reibung an der Erdoberfläche nicht mitspielen, die also je nach
ihrer Stärke in einem größeren oder kleineren Winkel vom hohen zum tiefen Druck
gegen die Isobare wehen.   Hierbei müssen wir drei Hauptfälle unterscheiden:

Erstens kann die Isobarenrichtung sich mit der Höhe zunächst nicht ändern.
Dann würde, wie wir oben gesehen haben, die Isopykne mit ihr zusammenfallen.
Der von rechts wehende Bodenwind würde also dann eine Erhöhung des Luftdrucks
bedingen, wenn der spezielle Gradient mit dem allgemeinen gleichgerichtet ist.
Im umgekehrten Falle würde eine Verringerung des Luftdrucks erfolgen.   Praktisch
kommt dieser Unterschied in einer Pilotballonkurve durch die schwächere oder
stärkere Windzunahme mit der Höhe zum Ausdruck.

Zweitens kann die Isobare mit der Höhe nach links drehen.   Die Isopykne
würde dann, wie sich gleichfalls oben gezeigt hat, noch stärker nach links gedreht
sein, und es würde eine Verringerung des Luftdrucks durch den Unterwind auch in
diesem Falle nur dann eintreten können, wenn der allgemeine Gradient mit der
Höhe wächst, der spezielle also negativ ist.

Der dritte Fall ist der, daß die Isobare rechtsdreht.   Dann würde wieder die
Isopykne noch stärker nach rechts gedreht sein, und der Winkel zwischen Isopykne
und Isobare würde von der Größe der Isobarendrehung abhängen.   Es käme also
ganz auf diese an, ob der erwähnte Winkel so groß wird, daß der faktische Wind
von der Seite der geringeren Dichte herweht.   In diesem Falle könnte also, auch
ohne daß der spezielle Gradient ein anderes Vorzeichen als der allgemeine besitzt,
durch den Bodenwind ein Luftdruckfall erzeugt werden.   Jedoch dürfte dies
relativ selten eintreten.

Die Frage, wie der Bodenwind wirkt, ist aber, wie bereits erwähnt, besser
von Fall zu Fall zu entscheiden, da andere Umstände vielleicht mehr in Rechnung
zu setzen sind als das Verhältnis des speziellen zum allgemeinen Luftdruckgradienten.

Nunmehr müssen wir noch auf eine Annahme zurückkommen, die wir unseren
ganzen Überlegungen zugrunde gelegt hatten, nämlich daß die Windrichtung
tatsächlich annähernd die Isobarenrichtung angibt.   Einen exakten Beweis hierfür
können wir mit unseren Grundlagen nicht liefern.   Es ist auch nicht wahrscheinlich, daß dieser Beweis auf praktischem Wege erfolgen kann.   Selbst mit Hilfe
der Simultanaufstiege an den internationalen Terminen wird er kaum erzielt werden
können.   Denn das Netz der an diesen Aufstiegen beteiligten Stationen wird kaum
je so verdichtet werden können, daß die Isobarenrichtung der verschiedenen Höhen
mit Sicherheit auf einige Grade festgelegt werden könnte.   Theoretisch ist dagegen
verschiedentlich gezeigt worden, daß die Abweichungen jedenfalls sehr gering
sind, und eine gewisse praktische Grundlage für diese Erkenntnis bieten uns die
Resultate, die wir im statistischen Teile unserer Arbeit bezüglich der mittleren
Drehung mit der Höhe erhielten. Wir fanden dort, daß im Mittel sämtlicher Ballone
von 1 bis 8 km Höhe nur eine Rechtsdrehung um 5° stattfindet. Dies spricht jedenfalls dafür, daß die Abweichung der Windrichtung von der Isobare auch in den
für uns in Betracht kommenden größten Höhen nur wenige Grade beträgt.   Falls
sich aber doch in späteren Untersuchungen ergeben sollte, daß stärkere Abweichungen
vorhanden sind, so würde auch dies auf unsere Überlegungen nur insofern Einfluß

haben, als sie den neuen Ergebnissen entsprechend umgeformt werden müßten. Annulliert würden sie dadurch nicht.

Wir haben nun bisher einerseits die zeitliche Drehung des Windes, andererseits die Drehung mit der Höhe erörtert und können jetzt beides vereinigen, indem wir die Frage stellen: Wie ändert sich eine Pilotballonkurve mit der Zeit? Diese Frage wollen wir hier nur prinzipiell beantworten. Wir werden ohnehin gelegentlich der Besprechung von tatsächlichen Pilotballonkurven noch Gelegenheit haben, Einzelheiten anzuführen. Wir wollen jetzt nur im allgemeinen feststellen, welche zeitlichen Änderungen in einer Pilotballonkurve vor sich gehen. Hierbei müssen wir von vornherein bemerken, daß wir nur den Teil dieser Änderungen in Betracht ziehen wollen, der sich ohne weiteres unseren bisherigen Betrachtungen anfügen läßt; wir wollen dagegen von anderen, wahrscheinlich recht häufigen, Verschiebungen absehen, deren Ursache in besonderen atmosphärischen Vorgängen, wie Kondensation usw., liegt. Die letzteren werden jedenfalls noch einer eingehenden Untersuchung bedürfen, die über den Rahmen der vorliegenden Arbeit hinausgehen würde. Wir hatten anfangs gefunden, daß z. B. erwärmende Winde mit der Zeit nach rechts drehen, und nach unseren weiteren Feststellungen dürfen wir als erwärmende Windschichten solche betrachten, innerhalb deren eine Rechtsdrehung des Windes mit der Höhe stattfindet. Demnach wird jeder Teil einer Rechtsbiegung mit der Zeit weiter nach rechts drehen, d. h. sich dem darüberliegenden assimilieren. Es würde also in der Biegungsschicht das Bestreben vorhanden sein, die Richtung der jeweils darüber befindlichen Isobare anzunehmen. Der obere Teil der Isobare würde sich mehr und mehr nach unten ausdehnen, die Krümmung sich nach unten verlagern [1]). Am schnellsten wird dies im allgemeinen bei einer schwachen Krümmung geschehen, da die Assimilierung einer starken längere Zeit in Anspruch nehmen dürfte. Hierdurch tritt zu den früher erwähnten Punkten, die für die Wertigkeit eines Knicks maßgebend waren, ein weiterer, der von der Zeit abhängt; denn es ist klar, daß eine starke Krümmung auch aus dem Grunde höherwertig sein wird als eine schwache, weil ihre Wirksamkeit eine längere Zeit anhält. Es ist nun wahrscheinlich, daß die Schnelligkeit der Verlagerung eines Knicks nach unten noch von anderen Umständen abhängig sein wird, auf die wir aber im einzelnen nicht eingehen wollen. Im allgemeinen dürften höherwertige Biegungen sich schneller verschieben als andere, weil eben ihre Wirksamkeit im großen und ganzen eine stärkere und darum meist eine schnellere sein wird. Es genügt aber für unsere weiteren Untersuchungen, wenn wir die durch die Praxis bestätigte Annahme machen, daß überhaupt Differenzen in der Fortpflanzungsgeschwindigkeit von Biegungen bestehen; denn hierdurch kommen wir in die Lage, die Wirkung mehrerer Knicke zu studieren, wenn sie allmählich zusammenfallen. Am einfachsten ist diese Frage zu lösen, wenn sich über irgendeinem Knick ein anderer, ebenso großer, aber anders gerichteter befindet. Wir wollen, wie schon früher, eine Rechtsdrehung als positiv, eine Linksdrehung als negativ betrachten. Bewegt sich die untere Biegung schneller als die obere, so würde ein Zusammenfallen beider nicht eintreten, ebensowenig wenn die Bewegungen gleichmäßig schnell

---

[1]) Siehe Beispiel Pilotballon vom 9./10. April 1909, Fig. 21.

sind. Diese beiden Möglichkeiten wollen wir also aus unserer Betrachtung ausschalten, da sie uns nichts neues bringen, und uns nur mit der weiteren beschäftigen, daß nämlich ein unterer Knick allmählich von einem oberen eingeholt wird. Haben wir nun, wie gesagt, einen Knick von $+ \alpha$ und darüber einen zweiten von $- \alpha$, so würde die Gesamtwirkung im Moment des Zusammentreffens $= 0$ werden [1]). Dies ist ohne weiteres klar; denn die mittlere Schicht muß sich eben der oberen assimilieren, und da die obere Isobare parallel der unteren ist, so ist die ganze Kurve geradlinig, sobald die beiden Knicke zusammengefallen sind. Dabei ist aber sehr wohl möglich, daß die beiden einzelnen Biegungen ganz verschiedene Wertigkeiten besaßen. Die eine kann die andere in ihrer Wirkung bedeutend überwogen haben, und trotzdem findet bei dem Zusammenfallen ein völliger Ausgleich statt, wenn nur die Drehungswinkel die gleichen waren.

Ein anderer Fall ist der, daß zwei Knicke gleicher Richtung übereinander liegen. Dann müssen wir drei Möglichkeiten unterscheiden. Sind die Knickwinkel α und β, so kann sein: $\alpha + \beta \lessgtr 180^0$. Nehmen wir an, wir hätten es mit Rechtsdrehungen zu tun, so würde im ersten Fall, wo $\alpha + \beta < 180^0$ ist, aus der Kombination ebenfalls eine Rechtsdrehung resultieren. Eine prinzipielle Änderung der Wirksamkeit tritt also nicht ein.

Wird dagegen $\alpha + \beta = 180^0$, so haben wir es mit einer rückläufigen Isobare zu tun, und die bisher stattfindende Luftdruckänderung hört völlig auf. Während also zunächst in zwei Biegungsschichten Luftdruckverringerung stattfand, ist diese Wirkung momentan beendigt, sobald die Biegungen zusammengefallen sind.

Noch extremer ist der Effekt, wenn die Drehungssumme $\alpha + \beta > 180^0$ ist. Wir müssen ja eine Rechtsdrehung von $> 180^0$ als eine Linksdrehung von $< 180^0$ betrachten. Sobald also zwei Rechtsdrehungen von zusammen mehr als 180^0 sich vereinigen, greift an Stelle der bisherigen, an zwei Biegungen stattfindenden Luftdruckverringerung plötzlich eine auf einen Knick lokalisierte Verstärkung der Luftmassen Platz. Dieser Fall ist vielleicht nicht sehr häufig, aber wahrscheinlich sehr wichtig. Wir hatten früher gesehen, daß eine Rechtsdrehung um weniger als 180^0, die man ohne Kenntnis der Zwischenschichten allein aus den Einzelwerten zweier getrennter Schichten als solche annimmt, gelegentlich nur scheinbar eine Rechtsdrehung ist und in Wirklichkeit eine um so stärkere Linksdrehung, um mehr als 180^0, darstellt. Jetzt sehen wir, daß dieser Fall eine gewisse Gefahr für die Prognose in sich birgt; denn eine tatsächliche Linksdrehung und scheinbare Rechtsdrehung kann durch Vereinigung von Knicken plötzlich in eine tatsächliche Rechtsdrehung übergehen. Der Effekt der Drehung kann also schnell ein umgekehrter werden und hierdurch eventl. einen plötzlichen Witterungsumschlag verursachen. Ehe wir nun so weit fortgeschritten sein werden, um von mehreren Knicken allein aus der Kurve sagen zu können, ob sie mit der Zeit zusammenfallen werden oder nicht, werden wir gezwungen sein, nach anderen Mitteln zu suchen, um einer derartigen komplizierten Pilotballonkurve nicht nur ihre momentane, sondern auch die zukünftige Wirkungsweise zu ent-

---

[1]) Der Winkel α ist hierbei in derselben Weise zu rechnen, die in den Fig. 8 und 9 angewendet wurde.

nehmen. Zu diesem Zwecke dürfte die direkte Beobachtung genügen. Wenn eine Visierung eine solche Sachlage ergeben hat, so wird es das Richtigste sein, nach einiger Zeit eine zweite folgen zu lassen, die uns dann über die stattgehabten Verschiebungen Aufschluß gibt und wohl mit genügender Genauigkeit eine zeitliche Extrapolation gestattet. Überhaupt dürfte es zum Studium der Pilotballonkurven sehr vorteilhaft sein, an einem interessanten Tage mehrfach zu visieren; wir lernen zweifellos den etwaigen Zusammenhang der einzelnen Kurventeile mit den Luftdruckgebieten besonders klar erkennen, wenn wir kurzfristige, gleichartige Änderungen miteinander in Zusammenhang bringen. Diese Methode dürfte schneller und sicherer zum Ziele führen, als die Untersuchung einzelner voneinander unabhängiger Kurven.

Eine Ähnlichkeit mit dem zuletzt besprochenen Fall besitzt ein anderer, in dem es sich um die Kombination eines beliebigen Knicks mit einem anderen handelt, der selbst 180^0 beträgt. Dieser Fall ist nicht selten, und dies umso weniger, als ein Knick um 180^0 seine Höhenlage nicht verändert, jedenfalls nicht aus den von uns angeführten Gründen. Denn es findet bei einem völlig scharfen Knick keine Assimilation und demnach keine Verlagerung statt. Diese dürfte auch praktisch zum mindesten sehr gering sein, und deshalb besteht umsomehr die Möglichkeit und sogar die Wahrscheinlichkeit, daß sich ein oberhalb befindlicher Knick mit demjenigen von 180^0 vereinigt, da der obere sich nach unten bewegt. Wir würden als Resultat in diesem Falle, wenn wir den oberen Drehungswinkel wieder α nennen, erhalten $180 + \alpha$, also, was die Wirkung anlangt, — $(180 - \alpha)$; d. h.: jede Biegung wechselt in dem Moment, in dem sie sich mit einer völligen Isobarenumkehr vereinigt, ihre Wirkungsweise. Auch dieser Fall kann überraschend eintreten, da eine vielleicht durch vertikale Luftströmungen hervorgebrachte Änderung des vertikalen oder des horizontalen Temperaturgradienten leicht eine so große Größenänderung des speziellen Luftdruckgradienten hervorbringen kann, daß auch die allgemeine Isobare umkehrt. Wie für den vorigen Fall, so haben wir auch für die Erkennung des letzteren große Vorteile davon zu erwarten, wenn bei zweifelhafter Sachlage die Visierung wiederholt wird.

Zwei aufeinanderfolgende Visierungen können auch insofern von besonderem Werte sein, als die zeitliche Drehung von Schichten eventuell allgemeine Schlüsse auf Biegungen zuläßt, die sich in größeren als den erreichten Höhen befinden; denn nicht immer werden sich die erfolgten Veränderungen aus den durch die Kurve selbst gegebenen Daten erklären lassen.

Im übrigen ist es sehr wohl möglich, daß uns ein genaueres Studium dahin bringt, die zeitliche durch die räumliche Differenz zu ersetzen, daß wir also aus einer Mehrzahl gleichzeitiger Visierungen an verschiedenen Orten dieselben oder noch weitergehende Schlüsse zu ziehen lernen als durch mehrfache Visierungen an einem Ort. Eine derartige Einrichtung ist ja bereits im Sommer 1911, wie eingangs erwähnt, vom Königlich Preußischen Aëronautischen Observatorium getroffen worden, und es besteht wohl kein Zweifel darüber, daß diese Einrichtung wichtige Resultate zeitigen kann. Allerdings müßte wohl — und diese Ansicht wird durch unsere ganzen Untersuchungen gestützt — besonderer Wert auf die Erreichung großer Höhen gelegt werden. Der Wert einer Visierung kann unter

Umständen ganz bedeutend mit der Höhe wachsen, und Visierungen von nur einigen hundert oder auch wenigen tausend Metern Höhe dürften zur Erkennung der Wetterlage im großen und ganzen wertlos sein. Zum mindesten muß ·die Sicherheit der Schlüsse sehr unter zu geringen Höhen leiden, und außerdem wird uns das Studium von Pilotballonkurven lehren, daß die wichtigsten Biegungen sich an den bekannten Schichtgrenzen von etwa 4000 oder 6000 m Höhe befinden. Demnach wird eine Visierung, die unterhalb 4000 m bleibt, nur zu recht wenig sicheren Schlüssen berechtigen, und erst eine solche, die die fragliche Höhe von 6000 m klar überschreitet, also etwa 7 bis 8 km Höhe erreicht, dürfte als wirklich brauchbar für den Wetterdienst bezeichnet werden können. Aus diesem Grunde wird eine einzelne Station im allgemeinen nur in der Lage sein, bei Hochdruck die Annäherung von Tiefdruck festzustellen, und geringeren Nutzen werden Pilotballone im umgekehrten Falle bringen können. Aber hier zeigt sich wieder, wie wichtig es ist, wenn an einer Mehrzahl von Stationen diese einfachen Sondierungen der Atmosphäre vorgenommen werden, denn in vielen Fällen befindet sich wenigstens die eine oder andere Station in einem Gebiet vorübergehenden Aufklarens, und dort müßte dann desto mehr Wert auf die Erreichung einer großen Höhe gelegt werden, wie es leider bisher nur selten gelungen ist.

Wir wollen weiterhin untersuchen, in welcher Weise die Verlagerung von Biegungen an der Erdoberfläche zum Ausdruck kommt. Wenn es sich um eine Verlagerung nach unten handelt, wie wir sie bisher besprochen haben, so würde jede oberhalb einer Biegung vorhandene Isobarenrichtung sich allmählich auf die darunterliegenden Schichten übertragen, bis sie den ganzen Raum bis zur Erde durchmessen hat. Etwaige Kombinierungen von Biegungen während dieses Vorganges ändern am Prinzip nichts, ebensowenig der sicher häufige Fall, daß inzwischen in der Höhe, in der ursprünglich die betreffende Isobarenrichtung vorhanden war, bereits unter dem Einfluß eines noch höheren Knicks eine andere Richtung eingetreten ist. Eine Wendung würde also allmählich die Erde erreichen, und damit würde ihre Wirkung ausscheiden; sie wäre von der Gesamtwirkung sämtlicher gleichzeitig vorhandener Biegungen zu subtrahieren. Das Anlangen einer Rechtsdrehung an der Erdoberfläche würde also einen relativen Luftdruckanstieg zur Folge haben, und das Umgekehrte würde bei einer Linksdrehung eintreten. Hieraus erklärt sich ohne weiteres, daß hin und wieder eine Pilotballonkurve den ganzen Gang der Barographenkurve für die nächste Zeit, gelegentlich für mehrere Tage, bildlich wiedergibt. Denn wenn eine Kurve aus einer Reihe von Drehungen wechselnder Richtung besteht, so wird die Barographenkurve ihr entsprechen, falls die Verlagerung der Biegungen mit gleichmäßiger Geschwindigkeit erfolgt. Nehmen wir beispielsweise an, daß es sich um eine Reihe von gleichwertigen Biegungen wechselnden Vorzeichens handelt, die sich mit einheitlicher Geschwindigkeit nach unten verlagern, und die sich in ihrer Wirkung zunächst gegenseitig aufheben, so würde die Barographenkurve anfangs horizontal verlaufen. Sobald aber die unterste Drehung, z. B. eine Rechtsdrehung, den Erdboden erreicht, erfolgt ein Anstieg des Barometers; dieser wird durch das Eintreffen der zweiten Wendung, einer Linkswendung, beendigt; die Barographenkurve geht wieder in einen horizontalen Verlauf über usw. Sie würde also alles in allem den Typ der

Pilotballonkurve wiedergeben. In dem besprochenen Falle würde daneben im ganzen ein Anstieg stattfinden; umgekehrt wäre es, wenn die unterste Biegung eine Linksbiegung gewesen wäre. Falls sich nun unter den Drehungen eine solche von überwiegender Wertigkeit befinden sollte, so würde dies in der Barographenkurve ebenfalls zum Ausdruck kommen. Neben den sonstigen Schwankungen würde sie einen ausgesprochenen Anstieg oder Fall so lange anzeigen, bis die erwähnte hochwertige Drehung den Erdboden erreicht hat. Meist werden die Verhältnisse nicht ganz so einfach liegen; immerhin ist dies ein schönes Beispiel für den prognostischen Wert der Pilotballonvisierungen, und wir werden ähnliches im letzten Teile dieser Arbeit tatsächlich vorfinden.

Ein anderer Fall ist folgender: Eine Pilotballonkurve möge wieder einen besonders scharfen Knick, sonst aber nur schwache Biegungen aufweisen; dann wird dieser Knick sich eventuell fast unverändert fortpflanzen und erscheint später als auffallende Isobarenform an der Erdoberfläche. Naturgemäß wird dies eben nur bei sehr typischen Kurven nachweisbar sein, und es ist interessant, zu überlegen und auch in der Praxis wahrzunehmen, daß ein solcher Typ gelegentlich umgekehrt, d. h. spiegelbildlich in der Isobarenform wiederkehrt. Die Erklärung hierfür ist nach dem Vorigen einfach zu finden; z. B. erzeugt die Kombination einer etwa rechtwinkeligen Wendung mit einer anderen von ca. 180⁰, wie wir oben sahen, einen ähnlichen, aber umgekehrten Knick. Auch bei sonstigen geeigneten Winkeln kann der Typus des ursprünglichen Knicks durchaus gewahrt bleiben, und die Praxis bietet hierfür manches auffallende Beispiel.

Es soll jedoch keineswegs behauptet werden, daß derartige Fälle besonders häufig sind. Vielmehr werden die Verlagerungen von Biegungen gewöhnlich sehr viel unregelmäßiger vor sich gehen, und andere Einflüsse als die besprochenen werden hinzutreten. Wir haben z. B. bisher nur Verlagerungen nach unten angenommen, während sich Wendungen in Wirklichkeit auch nach oben verschieben [1]. Dies muß wohl auf andere Ursachen als die bisher angeführten zurückgeführt werden, und wir werden kaum fehlgehen, wenn wir den vertikalen Luftbewegungen und damit den Kondensationsvorgängen eine Rolle hierbei zuweisen. Wenn wir nun auch von einer eingehenden Besprechung der thermodynamischen Effekte bei Kondensationsprozessen absehen wollen, so können wir doch im allgemeinen feststellen, unter welchen Umständen solche Prozesse einsetzen, und in welcher Weise sie etwa wirken. In einer rechtsdrehenden Schicht wurde, wie wir gesehen haben, leichtere Luft an die Stelle von schwererer übergeführt. Es ist nun klar, daß dieser Vorgang, wenn er genügend lange anhält, zu einer Aufwärtsbewegung der Luft Anlaß gibt. Infolgedessen bildet eine Rechtsdrehung eine sehr geeignete Grundlage zur Kondensation. Dies wird auch durch die Tatsachen vollauf bestätigt; denn die Winddrehung war nach unseren Feststellungen besonders im Tiefdruckgebiet nach rechts gerichtet. Bei Linksdrehungen ergibt sich ganz analog, daß mit der Zeit absteigende Luftströme einsetzen. Demnach wirken die Drehungen auch im einzelnen nicht nur luftdruckerniedrigend bzw. -erhöhend, sondern instabilisierend bzw. stabilisierend. Jedoch können beide zur Kondensation Anlaß

---

[1] Siehe Beispiel vom 28. Mai 1910, Fig. 26.

geben, Rechtsdrehungen besonders an ihrer oberen, Linksdrehungen an ihrer unteren Grenze. Weiterhin erklärt sich aus dem Hinzutreten einer vertikalen Komponente auch die Ausbreitung und Konzentrierung von Biegungen auf mächtige oder weniger mächtige Schichten, und ganz entsprechend ist wohl ohne nähere Darlegungen verständlich, daß sich jedenfalls eine Rechtsdrehung auch leicht nach oben verlagern kann, während dies bei einer Linksdrehung unwahrscheinlich ist. Jedoch könnte z. B. in eine mächtige rechtsdrehende Schicht eine schwache Linksdrehung eingebettet sein, die nun durch den stärkeren nach oben gerichteten Luftstrom eventuell auch selbst gehoben werden könnte. Ob aber noch andere Umstände veranlassen können, daß sich auch isolierte Linksdrehungen nach oben verlagern, wollen wir unentschieden lassen. Jedenfalls können wir aber sagen, daß im allgemeinen die Verlagerung einer Rechtsbiegung nach unten langsamer vor sich gehen wird als die einer Linksbiegung.

Zum Schluß wollen wir noch einmal kurz auf die Genauigkeit der Pilotballonmethode zu sprechen kommen. Herr O. Tetens hat inzwischen eine wichtige Arbeit veröffentlicht [1]), in der er die Fehler dieser Methode vom mathematischen Standpunkte aus behandelt. Herr Tetens findet einerseits dasselbe, was Herr Hergesell bereits in dem oben erwähnten Bericht über die Konferenz von Monaco niedergelegt hatte, nämlich, daß in den untersten Schichten, bis etwa 3 km Höhe, zu der normalen Aufstiegsgeschwindigkeit des Pilotballons noch etwa 20 bis 30 m pro Minute zu addieren wären [2]). Dieser Fehler ließe sich also vermeiden. Dagegen findet Herr Tetens auch, daß gelegentlich infolge von Vertikalströmungen die Ungenauigkeit der Richtungs- und Geschwindigkeitswerte die Grenzen überschreiten kann, die wir eingangs angenommen hatten. Dies Resultat muß uns zwar veranlassen, auf die Richtigkeit einzelner Werte nicht zu sehr zu vertrauen; andererseits werden selbst wesentlich größere Ungenauigkeiten, als wir voraussetzten, im allgemeinen die Kurvenform nicht prinzipiell ändern können. Einige Kurventeile können zweifellos in ihrer scheinbaren Lage bedeutende Abweichungen von der Wirklichkeit aufweisen. Doch wird es wohl nur in ganz extremen Fällen möglich sein, daß uns die Pilotballonkurve ein im ganzen falsches Bild der atmosphärischen Schichtung liefert. Hier wird die Praxis ein entscheidendes Wort mitzusprechen haben. Wir ersehen aber aus den Ergebnissen des Herrn Tetens, daß wir umso weniger berechtigt sind, die Resultate einer Visierung nach einzelnen Minutenwerten festzustellen. Zum mindesten wird es nötig sein, stets das Mittel aus mehreren Minuten zu bilden. Dadurch wird der Einfluß sowohl der Beobachtungsfehler als auch der anderen reduziert, die aus Vertikalbewegungen der Luft entstehen. Noch geeigneter aber wird die bisher z. B. in Straßburg übliche Methode sein, die Resultate je nach der Form der Kurve für verschieden hohe Schichten auszudrücken und mittlere Schichtwerte anzugeben. Hierdurch werden einerseits die genannten Fehler noch geringer, und andererseits ist die Form der Kurve, auf

---

1) O. Tetens, Über die Sicherheit der Pilotvisierungen mittels eines einzigen Theodolithen. Ergebnisse der Arbeiten des Kgl. Preuß. Aeronautischen Observatoriums bei Lindenberg im Jahre 1910, VI. Bd.

2) Sixième Réunion de la commission internationale pour l'aérostation scientifique à Monaco. Straßburg 1910.

die es nach dem Vorigen wesentlich ankommt, auf diese Weise besser erkennbar, als wenn die Angaben gleichmäßig für alle Kurven nach bestimmten Höhenstufen erfolgen. Die letztere Art der Darstellung wäre für statistische Zwecke, die erstere für die momentane praktische Verwertung im Wetterdienst brauchbarer.

Endlich wollen wir noch ganz allgemein den Zusammenhang zwischen dem statistischen Teile unserer Arbeit und den Resultaten der theoretischen Überlegungen herstellen. Wir hatten dort gefunden, daß die Rechts- und Linksdrehung des Windes nicht charakteristisch für Hoch- und Tiefdruck war, schon deshalb, weil sich die Ergebnisse der Berliner Luftfahrten und unsere eigenen in dieser Hinsicht widersprachen. Wir können jetzt sagen, daß diese Drehungen zwar nicht maßgebend für die Luftdruckgebiete selbst sind, wohl aber für die Luftdruckänderungen, und zwar, daß den Fallgebieten Rechtsdrehung, den Steigegebieten Linksdrehung entspricht. Jedoch bietet uns die Hinzuziehung von Pilotballonkurven wesentlich mehr Vorteile, als wir aus den Steige- und Fallgebieten zu gewinnen vermögen. Die letzteren stellen die Summe sämtlicher in allen Höhen während eines bestimmten Zeitraumes stattgehabten Luftmassenveränderungen dar. Die Pilotballonvisierungen zerlegen die Gesamtänderung des Luftdrucks räumlich und zeitlich, lassen die zukünftigen Verschiebungen nicht nur mit Wahrscheinlichkeit erkennen, sondern großenteils direkt ableiten und geben außerdem einen Überblick über die Stabilität der Atmosphäre und ihre Änderung.

Einige praktische Anwendungen.

Nunmehr wollen wir einige Straßburger Pilotballonkurven aus dem Jahre 1909 besprechen. Um uns in ihrer Zahl möglichst beschränken zu können, werden wir bei der Auswahl besonders zwei Punkte im Auge behalten: Einerseits ist es notwendig, hohe Aufstiege auszuwählen, weil wir nur an solchen einen Überblick über die Brauchbarkeit unserer Betrachtungen gewinnen können. Andererseits haben wir naturgemäß Interesse daran, eine möglichst große Anzahl der oben besprochenen Spezialfälle an der Hand konkreten Materials kennen zu lernen. Wir werden daher gelegentlich auch weniger hohe Visierungen hinzuziehen, wenn sie besonders typisch sind.

1. Pilotballon vom 10. Januar 1909 11^{10} a (Fig. 18).

Ergebnisse		Luftdruck im Straßburger Niveau.			
m	m/sec		7 a	2 p	9 p
140 bis 600	ENE 1	9. Jan.	745,0	749,2	752,0
600 „ 1100	SSE 2	10. „	752,2	752,9	753,2
1100 „ 1300	S 3	11. „	749,5	746,1	744,3
1300 „ 1500	N 3	12. „	744,0	745,3	746,9
1500 „ 1900	NE 3	13. „	746,2	739,8	737,4
1900 „ 3000	NE 7	14. „	736,6	740,3	742,3
3000 „ 3600	NNE 10				

Wir besprechen zunächst die Form der Kurve selbst. Besonders ins Auge fallend sind zwei Punkte, 1300 m und 1900 m. In 1300 m befindet sich ein scharfer

Knick um 180⁰, scheinbar nach links, in 1900 m eine sprunghafte Windzunahme
von 3 auf 7 m/sec. Diese beiden Punkte hängen zweifellos voneinander ab. Im
oberen findet eine Umkehr des speziellen Gradienten statt, die im unteren zur
Isobarenumkehr führt. Wenn wir uns den Verlauf der Isopykne klar machen,

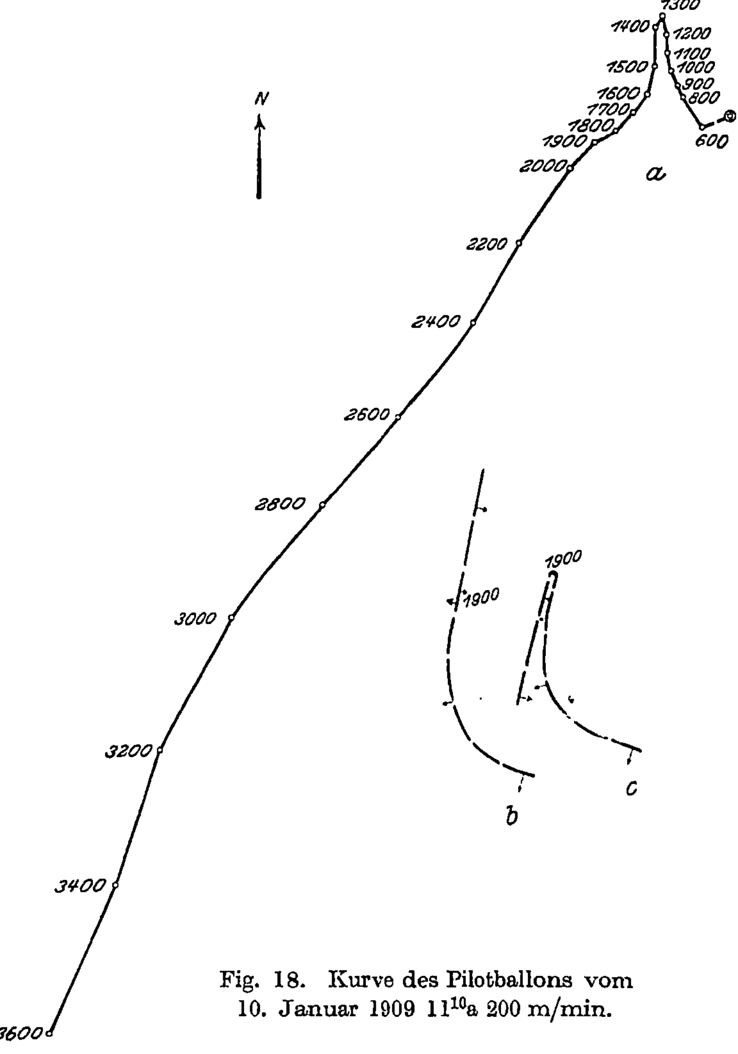

Fig. 18. Kurve des Pilotballons vom
10. Januar 1909 11¹⁰a 200 m/min.

so ergibt sich eine einfache Kurve, wie sie in die Figur mit eingetragen ist (b).
Ihre Richtung ist unten etwa südöstlich, später südlich und darüber südsüdwest-
lich. Der Punkt 1300 m kommt gar nicht zum Ausdruck, während in 1900 m der
Gradient sein Vorzeichen wechselt. Wir könnten also die Isopykne z. B. auch in
der Form darstellen, wie sie in c wiedergegeben ist, wenn wir ihr eine dem speziellen
Gradienten entsprechende Richtung zuerteilen. Der weitere Verlauf oberhalb
1900 m ist etwa der Isobare angeschmiegt und weist besondere Eigenarten nicht
mehr auf. Die Pilotballonkurve besitzt nun, abgesehen von dem besprochenen Knick,
folgende Form: Bis 1300 m und von da an bis 1900 m Rechtsbiegung, bis 3000 m

ziemlich geradlinigen Verlauf und bis 3600 m Linksdrehung. Die Abschätzung der Wertigkeiten dieser Drehungen ist ·nicht ganz leicht. Die Rechtsdrehung ist mächtiger als die Linksdrehung, sie liegt auch tiefer, und ihr Drehungswinkel ist größer. Andererseits ist die Windstärke im linksdrehenden Teil unserer Kurve wesentlich bedeutender als im rechtsdrehenden. Demnach werden die Wertigkeiten kaum sehr verschieden sein.

Fragen wir uns nun, welche Schlüsse wir aus dieser Kurve ziehen, so müssen wir unterscheiden:

  1. die absolute Luftdruckänderung, d. h. der allgemeine Verlauf der Barographenkurve,

  2. die relativen Luftdruckänderungen, d. h. die Schwankungen der Barographenkurve,

  3. die Stabilität der Atmosphäre, d. h. die Witterung.

Über den ersten Punkt gibt diese Visierung nur sehr unvollkommenen Aufschluß, da sie die geringe Höhe von 3600 m erreicht hat. Eine oberhalb dieser Höhe befindliche starke Rechts- oder Linksdrehung könnte die Resultate, die die Kurve selbst liefert, illusorisch machen. Jedoch besitzen wir ein Hilfsmittel in der momentanen Barographenkurve; sie zeigt, wie wir der oben mitgeteilten Tabelle entnehmen, einen schwachen Anstieg. Da die in der Kurve selbst vorhandenen Biegungen einander ziemlich gleichwertig zu sein schienen, so können wir schließen, daß oberhalb von 3600 m die Wertigkeit von Linksdrehungen vielleicht etwas überwiegt. Bedeutend kann diese Wirkung nicht sein, weil sie sich sonst intensiver in der Barographenkurve ausprägen müßte. Diese Erkenntnis kann uns jedoch nur wenig bieten. Immerhin läßt sich feststellen, daß oberhalb 3600 m entweder nur eine schwache Linkskrümmung wirksam ist, oder daß abwechselnd Rechts- und Linkswendungen vorhanden sind, von denen die letztere an Wertigkeit etwas überwiegt. D. h. wir haben im Mittel zunächst schwachen Luftdruckanstieg zu erwarten, der aber sowohl gleichmäßig wie auch mehr oder weniger unregelmäßig sein kann. Wir wissen also eigentlich nur, daß eine gleichmäßig andauernde Luftdruckänderung nicht unmittelbar in Aussicht steht. Wir können also in diesem Punkte aus unserer Kurve nur wenig schließen, und es ist leicht einzusehen, daß niedere Aufstiege im allgemeinen nur selten bessere Resultate werden liefern können. Dies gelangt besonders in der Zeitdauer zum Ausdruck, für die eine Prognose Giltigkeit besitzen soll. Denn da Biegungen sich in der Hauptsache nach unten verlagern, so wird eine Visierung geringer Höhe im besten Falle Aufschluß über eine kurze Frist geben können.

Etwas günstiger liegen die Verhältnisse für die Besprechung der relativen Luftdruckänderungen. Wenn wir wieder die Verlagerung nach unten zugrunde legen wollen, so haben wir zunächst eine Schwankung der Barographenkurve nach der positiven Seite zu erwarten, während nämlich die Rechtsdrehung bis 1300 m sich zum Erdboden verschiebt. Die zweite Rechtsdrehung bis 1900 m wirkt umgekehrt. Denn da der Knick um 180^0 seine Höhe jedenfalls nur unmerklich ändert, so verbindet er sich mit der oberen Rechtsdrehung, und diese Kombination erzeugt, wie wir gesehen haben, eine Linksdrehung. Damit verschwindet der Knick, und die ganze Kurve bis 3600 m weist nur noch Linkswendungen auf. Während diese sich nach unten verschieben, tritt dauernd relativer Luftdruckfall, und wenn in den oberen Schichten keine wesentlichen Änderungen vor sich gehen, auch absoluter Luftdruckfall ein. Über das weitere bleiben wir im unklaren: wir wissen, wie schon vorher, nur, daß ein regelmäßiger Fall oder Anstieg noch nicht direkt folgt.

Ziemlich günstig ist die Sachlage für die Beurteilung der Stabilität. Eine untere Rechtsdrehung, die von einer Linksdrehung überlagert wird, vermindert, worauf oben bereits hingewiesen wurde, die Stabilität der Schichtung. Da es nun nach dem Vorigen auch wahrscheinlich ist, daß sich derselbe Wechsel von Drehungen auch in größeren Höhen vorfindet, so ist mit unbeständiger Witterung nicht nur für die nächste, sondern auch für etwas längere Zeit zu rechnen.

Hierüber können wir uns ein noch besseres Urteil bilden, wenn wir die momentane Witterung mit in Betracht ziehen. Schon zur Zeit der Visierung war der Himmel wolkig, und deshalb deutete eine weitere Verringerung der Stabilität durchaus auf zunehmende Trübung und spätere Niederschläge. Die allgemeine Wetterlage war folgende: Im Laufe des vorigen Tages hatte sich ein Hochdruckgebiet vom Golf von Biscaya nach Osten vorgeschoben, und am Morgen des 10. Januar erstreckte sich eine Zunge hohen Druckes bis nach Polen. Wenn wir die einzelnen Teile der Kurve mit dieser Lage im Zusammenhang bringen, so finden wir eine einfache Erklärung. Ein östlicher Hochdruckkern liegt bereits in geringer Höhe vom westlichen getrennt. Seine Wirkung überwiegt bis 1300 m und erzeugt bis dahin südsüdöstlichen Wind. Darüber gelangt das westliche Maximum zur Vorherrschaft, so daß der Wind eine nordnordöstliche Richtung annimmt. Ob der östliche Kern in dieser Höhe schon verflacht oder nur weiter nach Osten gerückt ist, können wir nicht entscheiden. Hierüber würde uns vielleicht eine gleichzeitige Visierung, z. B. von München, Aufschluß geben. Ein Überblick über die allgemeine Sachlage ist also auch ohne unsere früheren Überlegungen möglich. Jedoch könnte es sich ebensowohl um eine allmähliche Trennung wie um eine Vereinigung der Kerne handeln, und hier zeigt nun die Pilotballonkurve durch ihre Rechtsdrehung, daß die Trennung fortschreitet. Eine Visierung, die statt zweier Rechtsdrehungen und eines Linksknicks eine ununterbrochene Linksdrehung gezeigt hätte, würde derselben momentanen Lage entsprechen, aber eine allmähliche Vereinigung der Kerne wahrscheinlich machen.

Wir wollen nun hiermit den tatsächlichen Verlauf des Luftdrucks und der Witterung vergleichen. Wie die oben gegebene Tabelle der Luftdrucke zeigt, fand bis zum Abend des 10. ein Anstieg statt. Ihm folgte für weitere etwa 30 Stunden ein mäßig starker Fall, der dann wieder in einen Anstieg überging. Die Luftdruckänderung wechselte noch weiterhin mehrfach ihr Vorzeichen. Unsere Kurve umfaßt nur den ersten Anstieg und einen Teil des ersten Falles. Eine hierauf fußende Prognose würde sich also nur auf 24 Stunden erstreckt haben; im Laufe des folgenden Tages kamen bereits Schichten zur Geltung an der Erdoberfläche, die nicht erreicht worden waren. Außerdem hätte in anderen Fällen die Verlagerung der Wendungen auch schneller oder langsamer erfolgen können; denn hierüber fehlt uns noch ein Überblick, den wohl in erster Linie die Praxis bringen wird.

Was die Witterung anlangt, so nahm die Trübung im Laufe des 10. zu, und am 11. herrschte im ganzen südwestlichen Deutschland unbeständiges Wetter mit Niederschlägen, stellenweise mit Landregen. Die Hochdruckzunge war im Zerfall begriffen; bereits die Wetterkarte vom 11. wies zwei getrennte Kerne auf, die sich im Laufe dieses Tages immer mehr voneinander entfernten. Eine Depression, die am 10. ein Minimum von ca. 735 mm zwischen Island und Nordskandinavien aufwies, vertiefte sich in der folgenden Zeit auf 725 mm. Dieser Kern drang bis zum südlichen Skandinavien vor, und gleichzeitig breitete sich die Zyklone über ganz Mitteleuropa aus. Der tatsächliche Verlauf entsprach also ganz den Aussichten, die nach der Pilotballonvisierung zu bestehen schienen. Dagegen wollen wir nun zum Vergleich die Prognosen heranziehen, die von den beiden für dieses Gebiet besonders in Frage kommenden Wetterdienststellen Straßburg und Frankfurt a. M. gestellt wurden. Von beiden wurde die Witterung an sich richtig bestimmt, jedoch beiderseits nur, weil mit Randdepressionen gerechnet wurde. Dies ist in beiden Prognosen klar zum Ausdruck gebracht worden, und aus den Texten der Wetterkarten ergibt sich zweifellos, daß ein Vordringen der Depression nach Süden nicht angenommen wurde. Die Frankfurter Prognose vom 10. sagt, daß das nördliche Tiefdruckgebiet sich dem Kontinent nicht weiter nähern und das Hochdruckgebiet standhalten würde, und die Straßburger Vorhersage vom 12. beginnt mit den Worten: „Die nördliche Depression hat ihren Kern wider Erwarten nicht verlagert, sondern ihren Wirkungskreis noch weiter südlich ausgedehnt". Es ist also in diesem Falle offenbar, daß die Verwertung der Pilotballonkurve zu einer besseren Erkennung der zu erwartenden Änderung geführt hätte, obwohl auch die Visierung völlig sichere Grundlagen nicht bot, weil sie eben keine genügenden Höhen erreichte.

Schon bei dieser ersten praktischen Anwendung tritt deutlich hervor, daß wir bei jeder Biegung zwischen zwei entgegengesetzten Wirkungsarten scharf unterscheiden müssen. Einerseits ist es die Luftdruckerhöhung oder -verringerung, die durch Lufttransport in einer Linksdrehung oder Rechtsdrehung erzeugt wird, solange sie überhaupt vorhanden ist. Andererseits wirkt das Verschwinden einer Wendung in dem Moment, wo sie die Erde erreicht, im umgekehrten Sinne. Denn durch das Ausscheiden einer Links- bzw. Rechtswendung würde eben Luftdruckfall bzw. -anstieg hervorgebracht werden. Dies haben wir bereits früher gesehen, und wir wollen im folgenden diese Doppelseitigkeit in einfacher Weise zum Ausdruck bringen, indem wir bei jeder Drehung einen positiven und einen negativen Effekt unterscheiden. Der erstere wird durch ihr Vorhandensein, der letztere durch ihr Verschwinden ausgelöst. Wenn wir annehmen wollten, daß eine Verlagerung von Drehungen nicht stattfindet, daß sich vielmehr die zeitliche Änderung nur in einem Ausgleich der Winkel, also in einer fortschreitenden Streckung der Kurve vollzieht, so würden wir damit den negativen Effekt ausschalten. Der übrigbleibende positive müßte in dem momentanen Sinne auch weiterhin wirksam sein, jedoch in abnehmenden Maße, bis die Barographenkurve asymptotisch einen horizontalen Verlauf angenommen hat. Es würde sich also nur ein einziger allmählich ausklingender Vorgang abspielen. Der negative Effekt dagegen erzeugt den dauernden Wechsel im Verlauf unserer Witterung. Das letztere ist allerdings nicht ganz exakt; denn einerseits können vorhandene Wendungen durch ihre Kombinierung, wie wir gesehen haben, ihre Wirkung ebenfalls wechseln und auch

sich gegenseitig aufheben. Andererseits dürfen wir nicht außeracht lassen, daß
eine nach unten erfolgende Verschiebung Neubildungen in großer Höhe nach
sich ziehen kann, die natürlich im Sinne des positiven Effektes wirken. Beide
Punkte hängen jedoch innig mit dem negativen Effekt zusammen; denn sie gründen
ebenfalls auf vertikalen Verlagerungen, und unter diesen Verlagerungen nimmt
eben der negative Effekt die erste Stelle ein. Es wird eine interessante und wichtige
Aufgabe sein, die genannten Neubildungen an der oberen Grenze der Schicht, in
der sich unsere Witterung abspielt, zu studieren. Wahrscheinlich wird die obere
Inversion besondere Änderungen hervorzubringen vermögen, und deshalb werden
wir für diesen Zweck wichtige Aufschlüsse durch solche Visierungen erhalten,
die über diese Höhe hinausgehen. Aber schon auf der bisherigen Grundlage können
wir uns einen Normalverlauf der Pilotballonkurven während des Vorüberganges
von großen Luftdruckgebieten klar machen. Gehen wir z. B. von einer Kurve
aus, die in zwei gleichwertige langsame Drehungen zerfällt, eine untere
Rechtsdrehung und eine obere Linksdrehung. Im Anfangsstadium mögen die
Wirkungen sich also aufheben, so daß die Barographenkurve horizontal verläuft.
Nunmehr verlagern sich die Wendungen nach unten, die Rechtsdrehung übt ihren
negativen Effekt aus, und der Luftdruck steigt. Dies findet so lange in zunehmender
Stärke statt, wie von oben Linksdrehung nachfolgt. Sobald sich dagegen eine
Rechtsdrehung einstellt, verursacht diese im Herabsinken der Reihe nach Ver-
langsamung und allmähliches Aufhören des Anstieges und endlich Fall. Dieser
Fall wird stärker, je mehr die jetzt unten befindliche Linksdrehung verschwindet,
und je intensiver eventuell Rechtsdrehung nachfolgt, bis auch hier durch das
Auftreten einer neuen Linksdrehung ein Wechsel eingeleitet wird. In dieser Weise
dürfte im allgemeinen der Windwechsel mit dem Witterungswechsel Hand in
Hand gehen, naturgemäß meist in komplizierteren Formen. Wenn wir nun unsere
frühere Überlegung verwerten, nach der sich durchschnittlich Rechtsbiegungen
langsamer nach unten verlagern als Linksbiegungen, so können wir hiernach wieder
eine Beziehung zum Normalverlauf der Witterung herstellen. Wenn das Nahen
einer Depression durch eine in großen Höhen auftretende Rechtsdrehung eingeleitet wird, während der Wind unten vorwiegend linksdreht, so wird sich eben die
Hauptkondensationsschicht zunächst durch hohe Wolken andeuten und erst
allmählich in tieferen Lagen zum Ausdruck kommen. Unstetigkeiten, wie sie bei
Kombinationen von Knicken entstehen, werden hierbei relativ selten sein, da die
schneller wandernden Linkswendungen sich in der Hauptsache unterhalb der
wichtigsten Rechtsdrehung befinden. Daher liegt zu plötzlichen Veränderungen

2. Pilotballon vom 28. März 1909 11^{20} a (Fig. 19).

Ergebnisse		Luftdruck im Straßburger Niveau			
m	m/sec		7 a	2 p	9 p
0 bis 500	SE 3	27. März	745,7	747,6	748,8
500 „ 1000	S 6	28. „	748,2	743,7	741,7
1000 „ 2000	SW 7	29. „	738,8	736,6	736,4
2000 „ 3600	W 10	30. „	738,3	741,2	744,2
3600 „ 5600	WNW 18				
5600 „ 7000	WNW 24				

jedenfalls ein geringerer Anlaß vor als auf der Rückseite einer Zyklone, wo die Linksdrehung sich zunächst oberhalb der Rechtsdrehung befindet. Hiermit stimmen gut überein die auf der Vorderseite eines Tiefs normale gleichmäßig zunehmende Trübung und das für ein abziehendes Tief charakteristische Rückseitenwetter.

Die Kurve in Fig. 19 ist typisch für einen Barometersturz. Von 1000 m an bis 5600 m dreht der Wind dauernd nach rechts; darüber verläuft die Isobare bis zur größten Höhe von 7000 m fast geradlinig. Hieraus ergibt sich, daß die Winde der Kurve durchaus Luftdruckfall herbeiführen. Was den negativen Effekt anlangt, so ist es in diesem Falle nicht notwendig, ihn ins einzelne zu verfolgen, da die Rechtsdrehung alle anderen Wirkungen bedeutend überwiegt. Wir können jedoch sagen, daß der intensivste Fall schon während der Visierung vorhanden sein muß und nach einiger Zeit schwächer werden wird; denn die stärkste Krümmung der Kurve erstreckt sich etwa über das zweite Höhenkilometer und wird oberhalb desselben wesentlich geringer. Diese Wendung von 1000 bis 2000 m dürfte also gegenüber anderen gleichmächtigen Drehungen eine höhere Wertigkeit besitzen, so daß die Luftdruckverminderung erheblich langsamer vor sich gehen muß, wenn mit der Zeit die untere Biegung ausscheidet. Die dritte Frage, nach der Stabilität, läßt sich einerseits dahin beantworten, daß Drehungen, und besonders Rechtsdrehungen, an sich instabilisierend wirken, wie wir oben sahen. Deshalb sind Trübung und Niederschläge anzunehmen. Andererseits wird ja, wie sich ebenfalls gezeigt hat, die Stabilität der Atmosphäre besonders dann sehr vermindert werden, wenn über Rechtsdrehungen noch Linksdrehungen lagern. Dies ist hier nicht der Fall, und starke Niederschläge sind demnach nicht zu erwarten. Wollen wir weiterhin die Verlagerung der Luftdruckgebiete prognostizieren, so ist auch hierüber an diesem Tage kein Zweifel. Über Deutschland lag ein flaches Maximum, während ein kräftiges Minimum den Westen Europas bedeckte. Es konnte sich der ganzen Sachlage entsprechend nur um ein Vordringen des letzteren handeln.

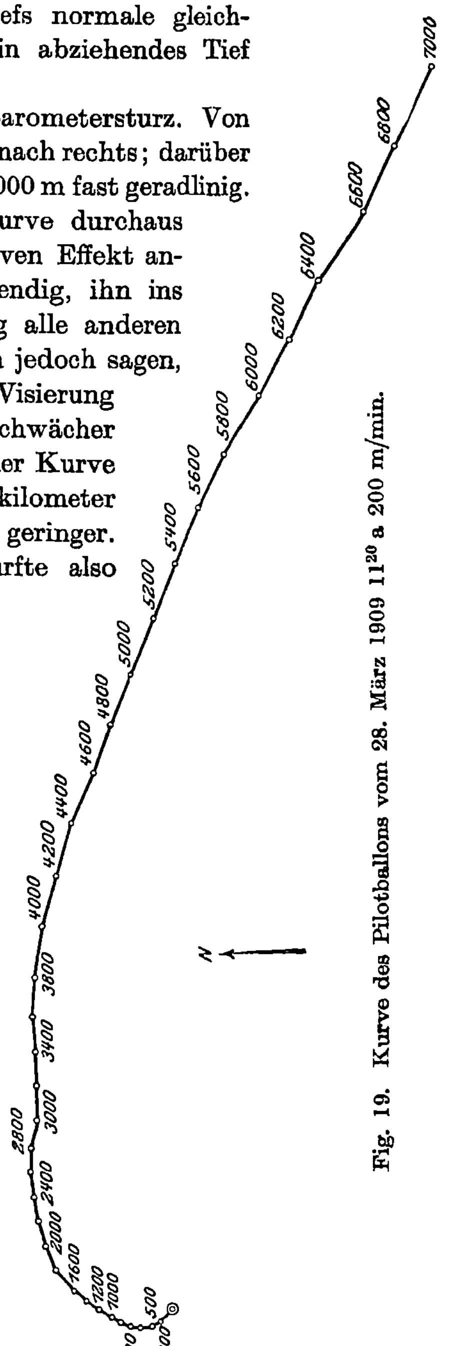

Fig. 19. Kurve des Pilotballons vom 28. März 1909 11²⁰ a 200 m/min.

Die Änderung der Wetterlage gestaltete sich denn auch ganz den Aussichten entsprechend, die durch die Kurve des Pilotballons gegeben waren. Wie die Tabelle der Luftdrucke zeigt, sank das Barometer bis zum Abend des 29. März, und zwar am stärksten im Laufe des 28., besonders um die Mittagsstunden. Niederschläge fielen am 28. überhaupt noch nicht und auch am 29. und 30. nur in geringem Maße. Vereinzelt gingen 4 mm, teilweise noch weniger nieder; vielfach waren die gemessenen Mengen minimal. Großenteils blieb die Witterung noch am 29. heiter, trotzdem die Depression bedeutend näher gekommen war. Eine Verbesserung der Prognose hätte der Pilotballon in diesem Falle jedoch nicht gebracht; denn die Wetterlage war sowohl von Straßburg wie von Frankfurt völlig richtig erkannt. Der ganze regelmäßige Verlauf unserer Kurve spricht auch dafür, daß die Wetterlage einfach und normal war, und unter diesen Umständen wird ja die Wetterkartenprognose nicht versagen.

Wenn sich nun auch in dem besprochenen Falle die Witterungsänderung völlig den Ergebnissen der Visierung entsprechend vollzog, so werden wir bei dieser Gelegenheit doch unwillkürlich zu der Frage gedrängt, ob sich nicht wesentliche Formänderungen unvermutet einstellen und den regelmäßigen Verlauf stören können, ganz abgesehen von der gewöhnlichen Verlagerung schon vorhandener Knicke. Diese Frage wird durch die Praxis bejahend beantwortet. Denn unter den Straßburger Kurven des Jahres 1909 befindet sich eine große Anzahl, die sehr schnelle Verschiebungen der ganzen Kurve oder einzelner Teile aufweisen, ohne daß aus dem Bisherigen eine Erklärung hierfür vorhanden wäre. Beispielsweise hatten wir oben als sehr natürlich gefunden, daß zwei Knicke, die gleich große Winkel, aber entgegengesetzte Vorzeichen aufweisen, sich vereinigen und hierdurch eine geradlinige Kurve erzeugen. Dagegen läßt sich der umgekehrte Vorgang nicht ohne weiteres erklären. Trotzdem ist der Fall gar nicht selten, daß ein Teil einer zunächst geradlinigen Kurve einige Zeit später, scheinbar unmotiviert, eine andere Richtung aufweist. Um hierüber Klarheit zu gewinnen, ist es nur nötig, auf unsere Anfangsgleichung zurückzukommen. Sie lautete $\Gamma_A = \Gamma_B + \gamma_A^B$. Eine Änderung von Γ_A mit der Zeit kann hiernach erstens zustande kommen, wenn Γ_B sich ändert. Dies wäre der besprochene Fall einer Verlagerung von Biegungen nach unten, und hierüber orientiert uns eine genügend hohe Pilotballonvisierung. Zweitens kann aber γ_A^B eine Änderung erfahren, und diese hängt nicht allein von unserer Kurve ab. Wahrscheinlich wird es möglich sein, die vertikalen Luftströmungen der Größenordnung nach in Anrechnung zu bringen; vielleicht gelingt es auch, die Kondensationsprozesse mit zu berücksichtigen; jedoch können noch außerdem zeitliche Änderungen des speziellen Gradienten vor sich gehen, die sich aus einer einzigen Visierung keinesfalls entnehmen lassen. Setzen wir z. B. den einfachen Fall, daß über einem Orte die Pilotballonlinie geradlinig verläuft, daß aber über einem anderen Visierungspunkt in irgendeiner Höhe eine Drehung vorhanden ist, so kann diese Drehung nicht ohne Einfluß auf die erste Kurve bleiben, wenn die Entfernung beider Punkte nicht zu groß ist. Die in der Drehungsschicht vor sich gehende Dichteänderung muß sich vielmehr in eine Änderung des speziellen Gradienten der geradlinigen Kurve nach Größe und Richtung äußern, so daß also auch der allgemeine Gradient nicht unverändert bleiben kann. Infolgedessen wird eine spätere Visierung sehr wohl Unstetigkeiten aufweisen können, die aus der ersten Kurve nicht zu entnehmen waren, da sie nicht aus schon vorhandenen Knicken resultieren, sondern durch äußere Einflüsse verursacht sind. Wir müssen also feststellen, daß die Prognose aus einer einzigen Pilotballonkurve eine absolute Sicherheit nie beanspruchen kann, daß vielmehr entweder wiederholte Visierungen an einem Ort oder noch besser gleichzeitige Visierungen an mehreren, nicht zu weit voneinander entfernten Punkten notwendig sind. Im einzelnen können wir hierauf jetzt noch nicht eingehen, da bisher zu wenig Grundlagen für ein solches Studium vorhanden, und wir werden daher im folgenden von Kurven solcher Art absehen, obwohl sie zahlreich vorhanden sind. Relativ sichere Schlüsse können wir dagegen in vielen Fällen auch aus einer einzelnen Kurve ziehen; denn es ist ohne nähere Darlegung anzunehmen, daß plötzliche Deformierungen um so häufiger auftreten werden, je unruhiger die Kurve an sich, und je schwächer der Wind ist. Je gleichmäßiger und stärker die Winde wehen, umso größer wird die Wahrscheinlichkeit sein, daß sie auch in weiterer Umgebung herrschen, und daß eine schnelle Verschiebung von Kurventeilen nicht eintritt. Hiermit müssen wir uns zunächst begnügen und uns im übrigen darauf beschränken, solche Änderungen praktisch nachzuweisen, die wir aus unseren früheren Betrachtungen abzuleiten in der Lage sind.

3. Pilotballone vom 5. April 1909. (Fig. 20.)

Ergebnisse.

8^{50} a		3^{50} p	
m	m/sec	m	m/sec
0 bis 450	NE 5	0 bis 1500	E 6
450 „ 1350	ESE 9	1500 „ 2550	ESE 7
1350 „ 1800	E 10	2550 „ 3600	ENE 4
1800 „ 3600	E 7	3600 „ 3900	C
3600 „ 4700	ENE 3	3900 „ 4650	NE 2
4700 „ 5000	S 3	4650 „ 5850	NNW 4
5000 „ 7200	W 7	5850 „ 6750	NW 7
7200 „ 8300	WSW 8	6750 „ 8250	WNW 8
8300 „ 9000	W 7	8250 „ 9000	NW 8
9000 „ 10800	ENE 10	9000 „ 9300	N 5
10800 „ 11700	NE 9	9300 „ 9900	NE 5
11700 „ 12600	NNE 11	9900 „ 10950	ENE 7
12600 „ 14400	NNE 15	10950 „ 12300	NE 9
		12300 „ 14100	NNE 13
		14100 „ 16800	NNE 18

Vom 6. April 4^{20} p.		Luftdrucke im Straßburger Niveau			
m	m/sec		7 a	2 p	9 p
0 bis 600	NE 6	4. April	759,9	756,7	755,9
600 „ 750	E 5	5. „	755,8	753,5	754,0
750 „ 2100	ESE 10	6. „	755,7	755,0	755,9
2100 „ 3000	ENE 6	7. „	757,9	756,5	756,4
3000 „ 4800	ENE 10				
4800 „ 6000	NE 17				

Zunächst besprechen wir die erste Kurve im einzelnen. An dem Bild, das die Morgenvisierung lieferte, fallen am meisten zwei scharfe Knicke von je etwa

180° in den Höhen 4900 m und 9000 m ins Auge. Ihre Wertigkeit ist jedenfalls unerheblich. Zwischen beiden erstreckt sich eine mäßige Linksdrehung von etwa 7000 bis 7500 m; eine zweite findet sich bei 11 000 m. In der untersten Schicht liegen bei 1400 m ein Linksknick von sehr geringer Mächtigkeit und demnach auch geringer Wertigkeit, eine mäßig starke Rechtsdrehung von 1400 bis 3400 m und in den darüberliegenden etwa 1000 m wieder eine schwache Linksbiegung. Die höchste Wertigkeit dürfte die 2000 m mächtige Rechtsdrehung besitzen. Doch ist zweifellos der momentane positive Gesamteffekt klein, da sehr hochwertige Drehungen überhaupt nicht vorhanden sind, und die vorhandenen Biegungen außerdem sich zum großen Teile aufheben. Auch wenn wir aus dem negativen Effekt die weiteren Änderungen des Luftdrucks ableiten wollen, so kommen wir zu dem Resultat, daß mehrfach Schwankungen in der Barographenkurve, aber im ganzen weder ein Fall noch ein Anstieg zu erwarten sind. Weiterhin zeigt die Unregelmäßigkeit der Kurve, besonders in der untersten Schicht, daß die Stabilität der Atmosphäre gegen ihren momentanen Zustand im Abnehmen begriffen ist. Jedoch können wir, wie oben hervorgehoben wurde, aus Pilotballonkurven nur auf die Änderung der Stabilität, nicht aber auf ihre tatsächliche Größe schließen. Da nun zur Zeit der Visierung bereits seit mehreren Tagen wolkenloses Hochdruckwetter herrschte, so liegt kein Anlaß vor, auf trübes Wetter oder gar Niederschläge zu schließen.

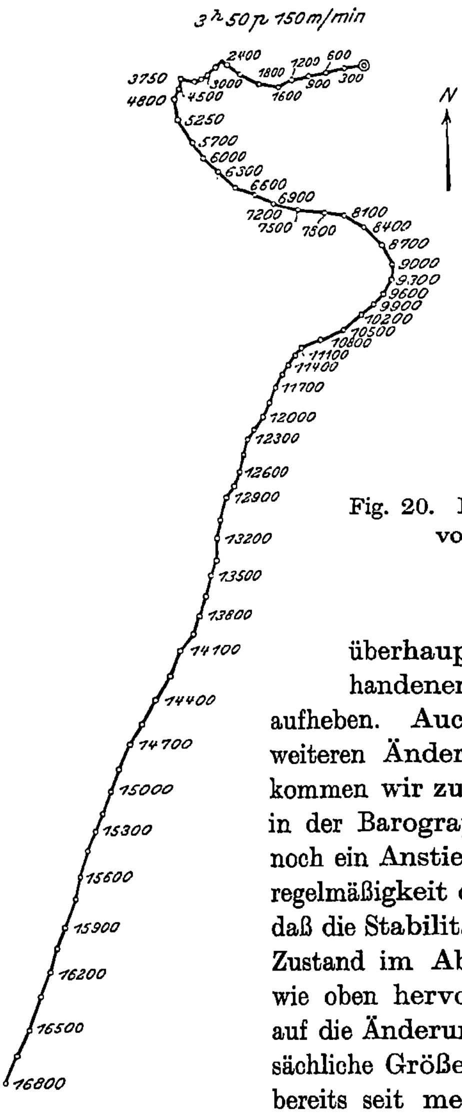

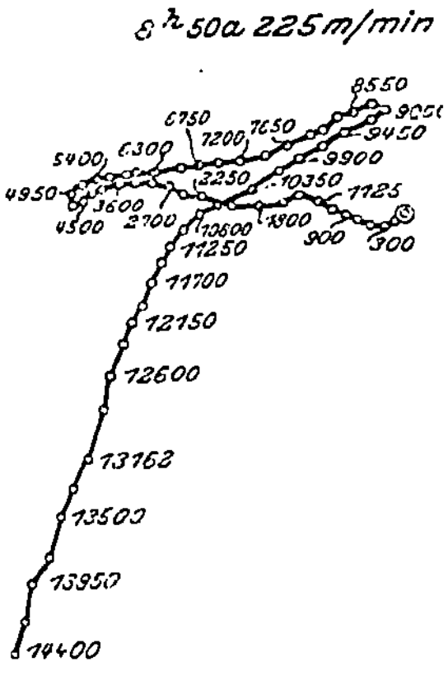

Nachdem die Kurve der Morgenvisierung einen so interessanten Verlauf gezeigt hatte, wurde am Nachmittage eine zweite vorgenommen, um etwaige Verschiebungen studieren zu können. Es zeigte sich, daß die obere und die untere Hauptschicht ziemlich unverändert geblieben waren, daß dagegen die mittlere Schicht eine Rechtsdrehung von ca. 40° aufwies. Dies Resultat bringt uns etwas

Fig. 20. Kurven der Pilotballone vom 5. April 1909.

Neues, ist aber nach unseren Überlegungen durchaus erklärlich. Wir hatten gesehen, daß die zeitliche Drehung eines luftdruckändernden Windes in der Weise stattfinden muß, daß ein Ausgleich der Biegung erstrebt wird, und zwar im allgemeinen durch Verlagerung nach unten. Hierbei wird nun eine Drehung, zumal wenn sie aus einem scharfen Knick besteht, ihre Form gewöhnlich nicht genau beibehalten. Dies wäre nur der Fall, wenn alle Teile des Knicks sich gleichmäßig schnell verlagern, und das wird an sich selten sein. Wenn aber eine scharfe Drehung aus irgendwelchen Gründen, vielleicht infolge einer Inversion, sich im ganzen nicht wesentlich verschiebt, so muß das vorhandene Ausgleichungsbestreben sich durch eine allmähliche Ausdehnung des Knicks äußern, und zwar naturgemäß wieder nach unten, da dies der erforderlichen zeitlichen Winddrehung entspricht. Demnach würde ein Kurventeil unterhalb eines Rechtsknickes allmählich rechts drehen können, selbst wenn das Zentrum des Knicks seine Höhe nicht ändert. Ein derartiger Fall scheint hier vorzuliegen. Der Rechtsknick ist in 9000 m Höhe liegen geblieben, hat aber die ganze Schicht bis 4900 m mit in seine Biegung hineingezogen. Dadurch ist eine Linksdrehung in 4900 m entstanden, und die darunterliegende Schicht könnte eventuell nunmehr selbst nach links drehen. In unserem Falle sind jedoch die Wirkungen beider Hauptdrehungen, der Linksdrehung in 4900 m und der Rechtsdrehung in 9000 m, scheinbar ziemlich gleich groß, so daß in Wirklichkeit nur eine Drehung des gesamten mittleren Kurventeils resultiert. Diese zeitliche Drehung dürfte sich in derselben Weise fortgesetzt haben; denn eine am Nachmittage des 6. April stattgehabte Visierung lieferte, wie die obige Tabelle zeigt, eine gleichmäßig linksdrehende Kurve. Der Wind in der größten Höhe von 6000 m war NE 17, entsprach also sehr gut dem Winde oberhalb 9000 m am Vortage.

Der Verlauf der Kurven vom 5. April ist ein charakteristisches Beispiel dafür, wie leicht niedere Visierungen zu Irrtümern Anlaß geben können. Wäre nur am Nachmittage visiert worden, und wären hierbei weniger als 9000 m erreicht, so hätte die einzige vorhandene ausgesprochene Linksdrehung zu dem Schlusse führen können, daß starker Luftdruckanstieg erfolgen würde, und hätte die Visierung sogar unterhalb 3700 m geendigt, so hätte die bis dahin wesentlich überwiegende Rechtsdrehung umgekehrt zu einer Prognose auf starken Luftdruckfall veranlaßt.

Vergleichen wir nun unsere Ergebnisse mit den tatsächlichen Verhältnissen, so zeigt sich wieder eine gute Übereinstimmung. In der Tabelle der Luftdrucke sehen wir, daß stärkere Änderungen in der nächsten Zeit nicht auftraten, daß aber Schwankungen häufig waren. Die Witterung blieb am 5. noch völlig, am 6. fast wolkenlos. Dieselbe Prognose war auch von den Wetterdienststellen ausgegeben worden; denn ein Zweifel konnte bei dem zentral über Mitteleuropa liegenden Maximum von 780 mm nicht vorhanden sein.

Wir haben aber die Kurven dieses Tages, obwohl sie dem Wetterdienst besondere momentane Vorteile nicht bieten, doch zur Besprechung herangezogen, weil sie für das Studium besonders geeignet sind. Denn außer der erörterten zeitlichen Drehung zwischen 4900 und 9000 m sind noch einige andere Punkte zu erwähnen.

Zunächst zeigen diese Kurven klar, daß ein direkter Zusammenhang zwischen Luftdruckgebieten und den verschiedenen Windschichten nicht zu bestehen braucht. Die Wetterkarte wies ein ganz einheitliches, in sich geschlossenes Hochdruckgebiet auf mit sehr regelmäßigem Isobarenverlauf. Wir können hieraus entnehmen, daß auch bei sehr stabiler Schichtung der Atmosphäre starke Windwechsel durchaus vorhanden sein und doch auf die Witterung ohne jeden Einfluß bleiben können. Es wäre deshalb ein verfehltes Unternehmen, alle Windströmungen, die in größerer Höhe auftreten, mit anderen auf der Wetterkarte vorhandenen Luftdruckgebieten in Zusammenhang bringen zu wollen. Dieser Zusammenhang kann gewiß unter Umständen bestehen, ist aber jedenfalls nicht erforderlich.

Schließlich können wir bei näherer Betrachtung der Kurven noch wahrnehmen, daß tatsächlich mit der Zeit eine Verlagerung von Biegungen nach unten stattgefunden hat. Es muß auffallen, daß die normale Rechtsdrehung des Windes mit der Höhe unmittelbar über der Erdoberfläche bei der Nachmittagskurve des 5. April nicht auftritt. Vielmehr erstreckt sich bis etwa 1500 m eine minimale Linksdrehung. Daraus können wir schließen, daß die Isobare mit der Höhe entsprechend stärker nach links drehen muß, wodurch die gewöhnliche Rechtsdrehung aufgehoben wird. Nun weist die Morgenkurve einen Linksknick bei 1500 m auf, und es liegt nach dem Vorigen nahe, anzunehmen, daß dieser Knick sich im Laufe des Tages auf den unteren Kurventeil übertragen hat. Diese Auffassung wird bestätigt, wenn wir die aufeinanderfolgenden Links- und Rechtsdrehungen beider Kurven nebeneinanderstellen.

	a	p
Linksdrehung.	1500 m	ca. 500 m
Rechtsdrehung	2000	1500
Linksdrehung.	3400	2700?
Rechtsdrehung	4950	Linksdrehung 4800
Rechtsdrehung	9000	9000

Der Rechtsknick in 4950 m hat sich, wie wir oben besprachen, in eine Linksdrehung umgewandelt, und dicht unterhalb dieser Höhe haben sich im Laufe des Tages noch mehrere kleinere Wendungen ausgebildet, so daß die angegebene Höhe von 2700 m nicht genau festliegt. Am Morgen befand sich jedoch ebenfalls, in der Fig. 20 nicht erkennbar, eine plötzliche Windstille von sehr geringer Mächtigkeit in etwa 3400 m Höhe, so daß die Ausbildung einer besonderen Windschicht an dieser Stelle ohne weiteres erklärlich erscheint. Eine Verlagerung der Biegungen innerhalb der unteren Hauptschicht ist hiernach wohl anzunehmen. Dagegen scheint der Knick bei 9000 m seine Höhe nicht nennenswert verändert zu haben. Wir wollen im Anschluß hieran noch ein deutlicheres Beispiel für die Verlagerung von Biegungen nach unten anführen.

4. Pilotballone vom 8., 9. und 10. April 1909 (Fig. 21).

8. April 12^{20} p		9. April 11^{10} a	
m	m/sec	m	m/sec
0 bis 400	N 5	0 bis 800	NNE 4
400 „ 1200	NNE 4	800 „ 1050	NE 4
1200 „ 1600	ENE 5	1050 „ 2600	NNE 5
1600 „ 3000	NNE 8	2600 „ 5250	NW 8
3000 „ 5400	N 10		
5400 „ 7000	NNE 13		
7000 „ 9000	NE 14		
9000 „ 9600	ENE 13		

9. April 5³⁵ p		10. April 11⁴⁰ a	
m	m/sec	m	m/sec
0 bis 250	NNE 4	0 bis 150	NE 3
250 „ 650	N 5	150 „ 900	N 3
650 „ 1550	NNE 2	900 „ 1500	NNW 5
1550 „ 2100	N 6	1500 „ 3300	N 7
2100 „ 4000	NNW 8	3300 „ 4800	NNW 10
4000 „ 5500	NW 9		
5500 „ 6100	NW 12		

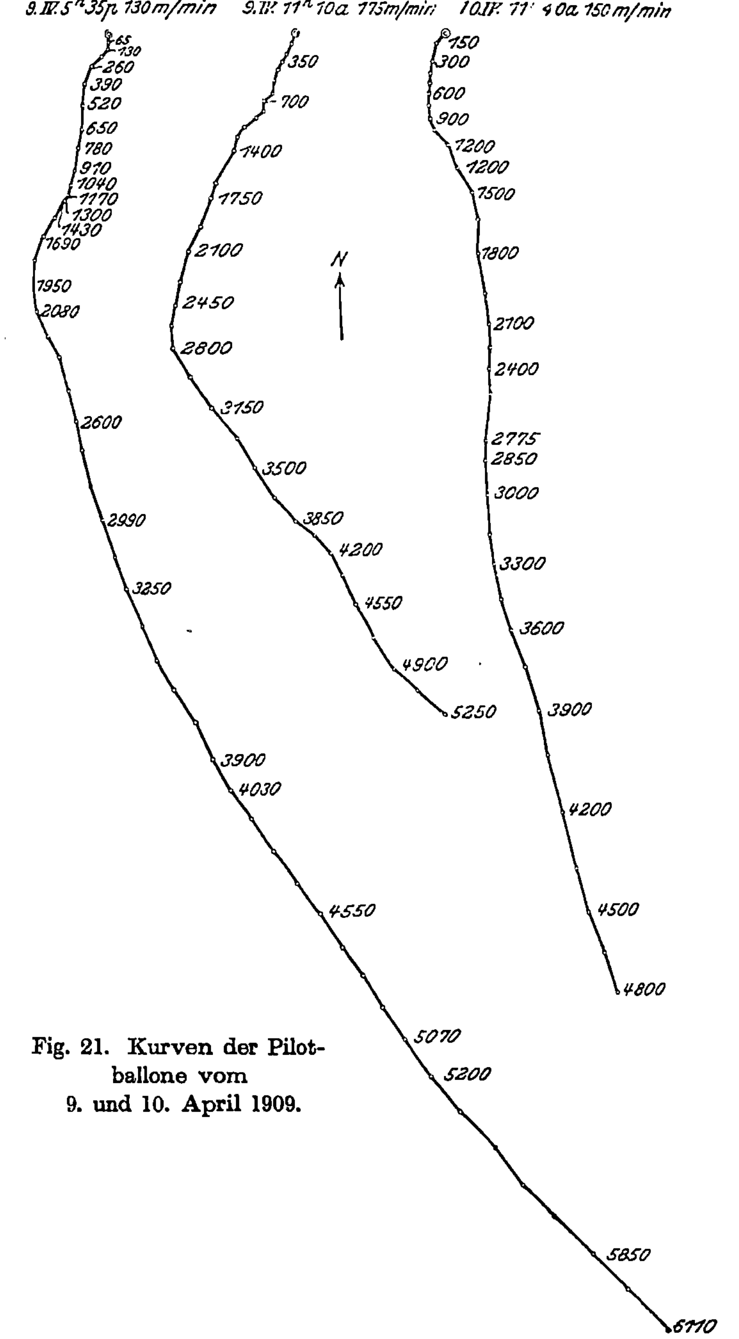

Fig. 21. Kurven der Pilotballone vom
9. und 10. April 1909.

Luftdrucke im Straßburger Niveau

	7 a	2 p	9 p
8. April	756,7	754,8	755,0
9. „	54,4	52,3	51,2
10. „	50,7	49,1	48,2
11. „	47,1	44,4	43,7
12. „	41,4	43,9	44,2

Die Visierungen vom 9. und 10. April, besonders aber die vom 9., sind geeignet, zu falschen Vorhersagen zu verleiten, und zwar wegen zu geringer Höhe. Die Krümmungen der beiden Kurven des erstgenannten Tages sind zwar etwas unregelmäßig, aber weit überwiegend nach links gerichtet. Man könnte daher leicht auf Luftdruckanstieg schließen. Dies wäre aber unberechtigt; denn das Barometer ist zur Zeit der Visierung, wie wir der Luftdrucktabelle entnehmen, im deutlichen Fallen begriffen, und schon hieraus allein ergibt sich, daß die Linksdrehung in ihrer Wertigkeit durch eine noch höher liegende Rechtsdrehung überwogen wird. Dieser Schluß wird unterstützt durch die Visierung des Vortages, deren Ergebnisse oben nur zahlenmäßig mitgeteilt sind. Wir sehen hier, daß von 5400 m an eine starke Rechtsdrehung des dortigen Nordwindes einsetzt, so daß in 9600 m bereits Ostnordostwind herrscht. Diese Rechtsdrehung hat sich später etwas nach oben verlagert, so daß sie in den Kurven der folgenden Tage, an denen nur bis höchstens 6100 m visiert wurde, nicht mehr auftritt. Am 8. April hat sie also nachgewiesenermaßen existiert und ist während der weiteren Tage wahrscheinlich noch vorhanden gewesen. Eine Prognose hierauf war aber zum mindesten unsicher, und nur der tatsächliche momentane Fall des Barometers konnte zur annähernd richtigen Erkennung der Sachlage führen.

Die Stabilität ist leichter zu beurteilen. Die Kurven zeigen zwar Unstetigkeiten; jedoch ist die Wetterlage noch dieselbe wie in dem zuvor besprochenen Fall, nämlich seit mehreren Tagen fast wolkenloses Hochdruckwetter. Mit stärkerer Trübung war daher jedenfalls noch nicht zu rechnen.

Die Wetterlage gestaltete sich auch in Wirklichkeit so. Trotzdem sich verschiedentlich Teildepressionen in Südwestdeutschland ausbildeten, hielt die heitere Witterung noch am 10. und 11. April an, trotz des starken Barometerfalles. Die Prognosen der Wetterdienststellen trafen auch in diesem Falle im ganzen zu.

Die Besprechung der Kurven erfolgte aus dem Grunde, weil sie die Verlagerung von Drehungen nach unten deutlich erkennen lassen. Hierfür ist die geeignetste Biegung diejenige, die in der Morgenkurve des 9. April in 2600 m Höhe liegt. Die Abendkurve zeigt sie deutlich in 1900 m Höhe, so daß sie sich innerhalb von 6½ Stunden um ca. 700 m verschoben hat. Die Kurve des nächsten Vormittags besitzt schon eine sehr veränderte Form. Nichtsdestoweniger können wir die eben genannte Linkswendung mit Wahrscheinlichkeit in ca. 600 m Höhe wiedererkennen. Die Bewegung betrüge dann in 18 Stunden 1300 m, und insgesamt hat sich der Knick in 24 Stunden um 2000 m verschoben. Recht gut läßt sich noch eine zweite Linkskrümmung verfolgen, die in der Vormittagskurve des 9. in etwa 1000 m, in der Nachmittagskurve in etwa 250 m liegt. Dies wären in 6½ Stunden ca. 750 m. Schwächer ausgeprägt ist in denselben Kurven noch eine dritte Linkskrümmung vorhanden. Die erste Visierung zeigt sie deutlich in 4200 m; bei der zweiten ist sie jedoch fast verschwunden. Immerhin läßt sie sich noch auf ca. 3750 m festlegen. Dies entspricht einer Bewegung von 450 m in $6\frac{1}{2}$ Stunden. Im ganzen können wir aus diesen verschiedenen Werten als mittlere stündliche Verlagerungsgeschwindigkeit rund 100 m berechnen. Jedoch dürften die Abweichungen hiervon häufig recht groß sein.

5. Pilotballone vom 23. und 28. Mai 1909 (Fig. 22).

Ergebnisse.

23. Mai 11^{10} a		28. Mai 6^{45} p	
m	m/sec	m	m/sec
0 bis 600	W 1	0 bis 1500	WNW 3
600 „ 1800	N 3	1500 „ 3000	NW 4
1800 „ 5400	WNW 4	3000 „ 4200	NW 2
5400 „ 8100	NNE 7	4200 „ 6000	WSW 3
8100 „ 10050	N 13	6000 „ 6450	W 2
		6450 „ 7200	S 4
		7200 „ 8100	NNW 14

Luftdrucke im Straßburger Niveau.

	7 a	2 p	9 p		7 a	2 p	9 p
22. Mai	753,5	752,3	752,8	27. Mai	746,4	745,2	744,9
23. „	754,7	754,4	755,6	28. „	745,7	747,2	749,5
24. „	756,4	754,5	753,6	29. „	751,5	751,5	754,0
25. „	749,4	742,7	·747,8	30. „	756,0	755,3	755,2
				31. „	753,7	749,9	748,8

Die Wahl dieser Visierungen, die in keinem Zusammenhang miteinander stehen, erfolgte aus dem Grunde, weil in beiden Fällen die Form der Ballonkurve in der Wetterkarte des folgenden Tages als Isobare wiederkehrt. Diese Isobaren sind in die Fig. 22 mit eingetragen worden, und zwar auf Grund der Seewartenkarten vom 24. und 29. Mai. Die typische Form befindet sich im ersten Falle über Frankreich, Nordwestdeutschland und der Nordsee, im zweiten hauptsächlich über Ostdeutschland. Es soll nun keineswegs die bestimmte Behauptung aufgestellt werden, daß gerade in diesen Fällen ein tatsächlicher Zusammenhang zwischen der Pilotballonkurve und der Isobare besteht. Aber da ein solcher Zusammenhang, wie wir gesehen haben, ganz erklärlich ist, und da andererseits alle diese Kurven auffallende und doch einander entsprechende Knicke enthalten, so ist die Möglichkeit einer fast unveränderten Übertragung wohl nicht von der Hand zu weisen.

Wir wollen nunmehr auch die Ergebnisse dieser Visierungen kurz mit den Tatsachen vergleichen. In der Kurve vom 23. Mai überwiegt, wie wir der Luftdrucktabelle entnehmen, momentan keine Drehung die entgegengesetzte bedeutend an Wertigkeit; denn die Barographenkurve verläuft fast horizontal. An Änderungen haben wir nun folgende zu erwarten: Der am meisten ins Auge fallende Rechtsknick in 5400 m ist von sehr geringer Mächtigkeit und Windstärke. Daher ist auch seine Wertigkeit zurzeit noch klein, und diese Tatsache spricht sich ja darin aus, daß im Augenblick der Visierung nur ganz schwacher Luftdruckfall herrscht, obwohl besonders hochwertige Linksdrehungen nicht vorhanden sind. Wie wir aber oben sahen, dehnen sich scharfe Knicke mit der Zeit im allgemeinen

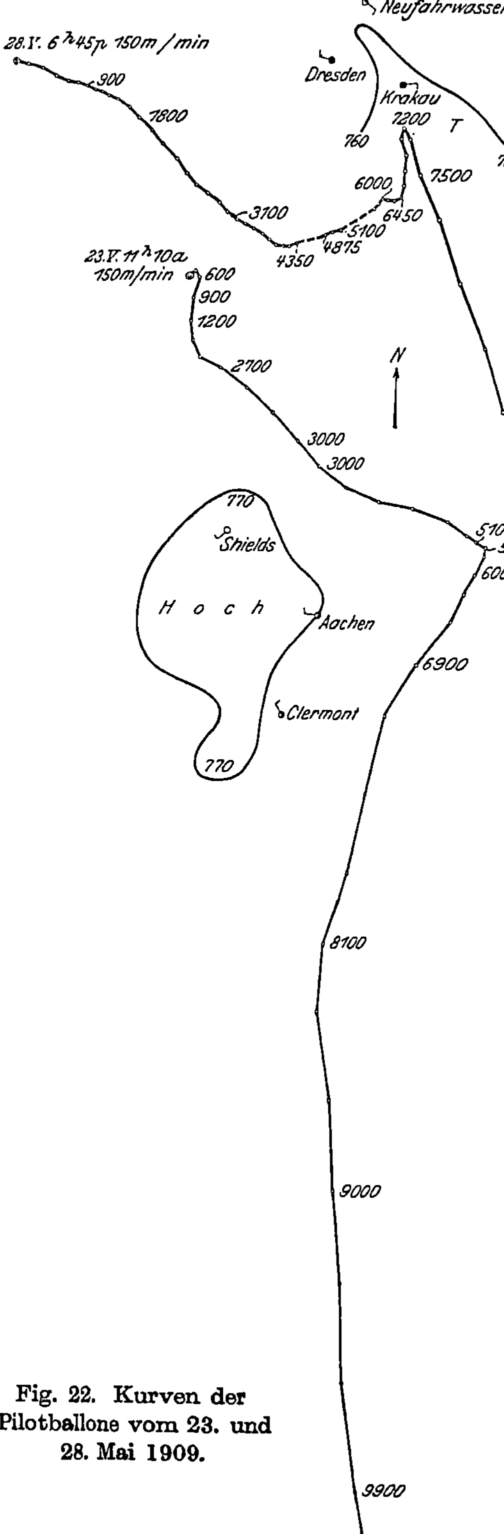

Fig. 22. Kurven der
Pilotballone vom 23. und
28. Mai 1909.

aus, d. h. sie nehmen an Mächtigkeit und demnach an Wertigkeit zu. Hiermit müssen wir auch in unserem Falle rechnen, und wir kommen zu dem Resultat, daß nach einiger Zeit ein starker Luftdruckfall eintreten wird. Den Zeitpunkt können wir nicht genau bestimmen, da es hierbei sehr auf die Ausbreitungsgeschwindigkeit des Knicks ankommt. Was den negativen Effekt anlangt, so befindet sich in sehr geringer Höhe über dem Erdboden, in ca. 400 m, zweifellos eine starke Rechtsdrehung der Isobare; denn die dort auftretende Rechtsdrehung des Windes übertrifft bei weitem die normale Reibungsdrehung. Wir müssen nun zunächst mit dem Ausscheiden dieser Rechtsdrehung rechnen und können daher erwarten, daß der momentan schwach sinkende Luftdruck vorübergehend steigen wird, bevor der besprochene starke Fall einsetzt.

Die Stabilität wird jedenfalls durch die mehrfachen Schwankungen der Winde vermindert, und da schon am 23. Mai Wolken vorhanden waren, so ist mit weiterer Trübung zu rechnen. Sobald der Rechtsknick in 5400 m durch Ausdehnung seine Wertigkeit erhöht hat, muß die Instabilisierung sogar außergewöhnlich groß werden, da über dieser Rechtsdrehung eine sehr mächtige Linksdrehung liegt. Infolgedessen ist für später auch mit starken Niederschlägen zu rechnen; doch kann dieser letzte Teil der Prognose eine große Sicherheit nicht beanspruchen, da er von der zeitlich schwer bestimmbaren Entwickelung des mehrfach erwähnten Rechtsknicks abhängt.

Die tatsächlichen Änderungen vollzogen sich ganz diesen Überlegungen entsprechend. Aus der Tabelle ersehen wir, daß der Luftdruck bis zum Morgen des 24. Mai schwach stieg, im Laufe dieses Tages schon mäßig und bis zum 25. mittags bereits sehr stark fiel. Die Witterung war am 24. wolkig und gewitterhaft, ohne daß nennenswerte Niederschläge fielen. Dagegen brachte der 25. verbreitete, starke Gewitterregen. Die Wetterlage gestaltete sich hierbei folgendermaßen um: Am 23. Mai bewegte sich ein Maximum von Spanien her schnell nordwärts und lag am 24. morgens über dem Ärmelkanal. Die Prognose der Wetterdienststellen für den 24. erwies sich als richtig. Dagegen zeigte die Wetterkarte des 25. eine ausgebreitete Depression, hauptsächlich über Großbritannien, und einer ihrer Ausläufer bedeckte ganz Frankreich. Dieser Umschlag kam völlig überraschend, da die Wetterkarte des Vortages noch keinerlei Anzeichen für eine plötzlich von Nordwesten vordringende Zyklone enthielt. Daher versagten an diesem Tage die Wetterkartenprognosen. Die Frankfurter Vorhersage lautete auf „weiterhin warmes Wetter mit nur vereinzelten Gewitterregen". In Wirklichkeit waren die Morgentemperaturen vom 24. zum 25. schon um 7^0 gesunken, und abgesehen vom Vormittage herrschte trübes Wetter mit häufigen und starken Gewitterregen, die überall 9 bis 30 mm niederführten. Der Straßburger Wetterdienst erwartete für den 25. Mai gewitterhaftes Wetter, jedoch ohne erhebliche Niederschläge, während sich die tatsächlichen Verhältnisse ganz ähnlich denjenigen des Frankfurter Bezirkes gestalteten. Es sei noch erwähnt, daß auch die Deutsche Seewarte diese plötzliche Verschiebung der Luftdruckgebiete nicht erkannt hat. Dagegen hätte der Pilotballon vom 23. Mai einen guten Fingerzeig bieten können; denn der scharfe Rechtsknick zwischen den beiden mächtigen, in der Hauptsache linksdrehenden Windschichten deutete, wie wir besprochen haben, mit großer Wahrscheinlichkeit sowohl auf einen Barometersturz als auf starke Niederschläge. Dadurch, daß der Knick zunächst wenig mächtig war, wurde seine Wirksamkeit verzögert, und es wurde einerseits die Gültigkeitsfrist der Prognose verlängert, andererseits ihre Sicherheit vermindert. Jedenfalls aber hätte die Pilotballonkurve schon sehr frühzeitig auf eine plötzliche energische Änderung der Wetterlage aufmerksam machen können.

Auch die Kurve vom 28. Mai charakterisiert einen unvermittelt einsetzenden starken Luftdruckfall. Vom Erdboden reicht eine Schicht mit fast ununterbrochener Linksdrehung bis 7200 m Höhe hinauf. Dort findet ein starker Rechtsknick statt. Die Windstärke, die in der unteren Schicht nirgends über 4 m/sec hinausgeht, schnellt hier plötzlich auf 14 m/sec. Was die Wertigkeit der Wendungen anlangt, so überwiegt zweifellos die Linkswendung. Zwar sind in dieser Schicht die Winde überall schwach; doch sind sie innerhalb des Rechtsknicks kaum viel stärker, und die Mächtigkeit der Drehungsschichten dürfte deshalb hier entscheiden. Während sich aber der Rechtsknick innerhalb von höchstens 100 m vollzieht, erstreckt sich die Linksdrehung über etwa 7000 m. Ihr positiver Effekt ist also jedenfalls ausschlaggebend. Es ist jedoch zu erwarten, daß infolge des negativen Effektes, allerdings erst nach längerer Zeit, ein scharfer Wechsel stattfinden wird, daß also ein erhebliches Sinken des Luftdrucks in Aussicht steht. Schwerer läßt sich die Frage nach der Stabilität beantworten. Der Verlauf der Kurve ist nicht besonders unregelmäßig; immerhin sind Schwankungen vorhanden, und besonders dürfte die sehr geringe Windstärke das Entstehen von neuen Krümmungen begünstigen. Da sich nun derartige Neubildungen nicht aus einer einzigen Kurve voraussehen lassen, so können eventuell überraschende Änderungen eintreten. Mit wolkigem Wetter ist aber jedenfalls zu rechnen. Doch ist, wie gesagt, der untere Teil unserer Kurve wegen der zu geringen Windstärken für eine Prognose auf Grund allein dieser Kurve wenig geeignet.

Die tatsächliche Änderung der Wetterlage entsprach auch in diesem Falle den durch die Visierung gegebenen Aussichten. Die oben mitgeteilte Tabelle zeigt, daß der Luftdruck bis zum Morgen des 30. Mai stieg, im Laufe dieses Tages langsam zu sinken begann und am 31. Mai bedeutend fiel. Die Witterung blieb dauernd heiter bis wolkig, und erst im Laufe des 31. leitete eine überraschend heranziehende Furche tiefen Druckes einen Umschlag ein. Die Prognosen der Wetterdienststellen bewahrheiteten sich, abgesehen vom letztgenannten Tag; denn das plötzliche Erscheinen der Depression war nirgends, selbst noch nicht am 31. Mai, erkannt worden. Die Pilotballonkurve machte jedoch bereits am 28. darauf aufmerksam, wenn auch der Zeitpunkt des Umschlages wie schon im vorigen Fall wieder nicht leicht zu bestimmen war. Leider gelangen im Laufe der nächsten Tage in Straßburg wegen eintretender Bewölkung keine genügend hohen Visierungen, um die weiteren Änderungen fortlaufend verfolgen zu können. Schon während der Visierung am 28. Mai war der Ballon mehrfach minutenlang durch Wolken verdeckt worden, wie sich in der Fig. 22 aus der in etwa 4500 und 5500 m Höhe nur gestrichelten Kurve ergibt. Auch in diesem Falle hätten vielleicht anderweitige hohe Visierungen ein näheres Studium ermöglicht.

6. Pilotballone vom 10. und 11. August 1909 (Fig. 23).

Ergebnisse

10. August 9²⁵ a		10. August 11⁵⁰ a	
m	m/sec	m	m/sec
0 bis 600	C	0 bis 450	C
600 „ 2400	N 4	450 „ 2500	N 3
2400 „ 3000	NNW 3	2500 „ 4000	NNE 3
3000 „ 4000	NNE 3	4000 „ 5000	N 3
4000 „ 5200	N 4	5000 „ 6000	ENE 2
5200 „ 5600	W 3	6000 „ 6800	SE 4
5600 „ 6400	C	6800 „ 8100	S 6
6400 „ 8800	S 4		

10. August 5³⁰ p		11. August 10¹⁵ a	
m	m/sec	m	m/sec
0 bis 600	N 5	0 bis 2000	NNE 6
600 „ 2600	NNE 6	2000 „ 4000	NNE 9
2600 „ 4000	NNE 4	4000 „ 6000	NNE 14
4000 „ 5000	NE 6		
5000 „ 6400	ENE 4		
6400 „ 7000	E 4		

11. August 6^{30} p		Luftdrucke im Straßburger Niveau			
m	m/sec		7 a	2 p	9 p
0 bis 1000	NNE 10	9. August	752,3	751,5	751,1
1000 „ 1800	N 5	10. „	751,0	750,5	751,8
1800 „ 8600	NNE 9	11. „	753,8	753,9	754,3
8600 „ 11400	NE 12	12. „	754,8	753,6	753,3
11400 „ 12800	NNW 11				
12800 „ 16400	NW 9				
16400 „ 17200	WSW 5				

Die Kurven dieser Tage bieten ein Beispiel für den oben erwähnten Fall, daß Formänderungen in unvorhergesehener Weise eintreten können. Es hatte sich an derselben Stelle auch als wahrscheinlich herausgestellt, daß geringe Windstärken in besonderem Maße die Einwirkung äußerer Umstände ermöglichen. Wir sehen nun in unserer ersten Kurve, daß bis ca. 5000 m Nordwind von maximal 4 m/sec, und daß von 6500 m Südwind von derselben Stärke weht; in der Zwischenschicht vollzieht sich der Übergang durch eine Linksdrehung, die zum Teil sehr minimale Windstärken aufweist.

Die nächste Visierung wurde bereits $2\frac{1}{2}$ Stunden später vorgenommen, und es zeigte sich, daß Nord- und Südwind erhalten geblieben waren, während an die Stelle der Linksdrehung eine Rechtsdrehung getreten ist. Dies läßt sich leicht aus vertikalen Luftbewegungen erklären, ohne daß wir im einzelnen darauf eingehen wollen; denn es ist offenbar, daß sich in einer fast windstillen Schicht ziemlich jeder Wind ausbilden kann. Umstände, die sonst nebensächlicher Natur sind, dürften hierbei die Hauptrolle spielen. Dieser schnelle Wechsel ist also durchaus erklärlich, selbst wenn wir seine Entstehung nicht genau verfolgen können. Anders steht es mit den weiterhin stattfindenden Veränderungen. Betrachten wir die Visierung vom Nachmittage des 10. August und diejenige vom 11. vormittags, so zeigt sich, daß mit der Zeit eine vollständige Streckung der Kurve stattgefunden hat. Es ist sehr unwahrscheinlich, daß diese Änderung etwa durch das Sinken einer höheren Windschicht entstanden ist. Die Geschwindigkeit dieser Bewegung müßte dann eine weit größere gewesen sein, als nach unseren früheren Überlegungen zu erwarten wäre. Es hat vielmehr offenbar eine allgemeine Linksdrehung des ganzen oberen Kurventeils von etwa 5000 m an stattgefunden. Am Nachmittage des 10. tritt diese zeitliche Drehung schon deutlich zutage, und am Morgen ist die Kurve beinahe geradlinig. Immerhin war die Krümmung der Kurve am 10. während der ganzen Zeit von der zweiten Visierung an zweifellos eine überwiegende Rechtskrümmung, und desto auffallender ist es, daß trotzdem ein langsames Ansteigen des Luftdrucks stattfand. Dies können wir nur erklären, wenn wir annehmen, daß sich noch oberhalb der erreichten Höhen eine starke Linksbiegung befindet. In unserem Falle ist es denn auch am Nachmittage des 11. gelungen, durch eine höhere Visierung diese obere Linksdrehung nachzuweisen. Es fand sich, daß die Kurve erst in 8600 m begann, nach links zu drehen, daß aber diese Drehung von dort an bis 17 200 m anhielt. Die Drehung begann bei Nordostwind und führte über Nordwest bis zum Westsüdwestwind. Eine so starke Biegung erklärt wohl ohne weiteres den trotz der unteren Rechtsdrehung stattfindenden Luftdruckanstieg. Dagegen muß die erwähnte zeitliche Drehung auf andere, von außen

H. Rotzoll.

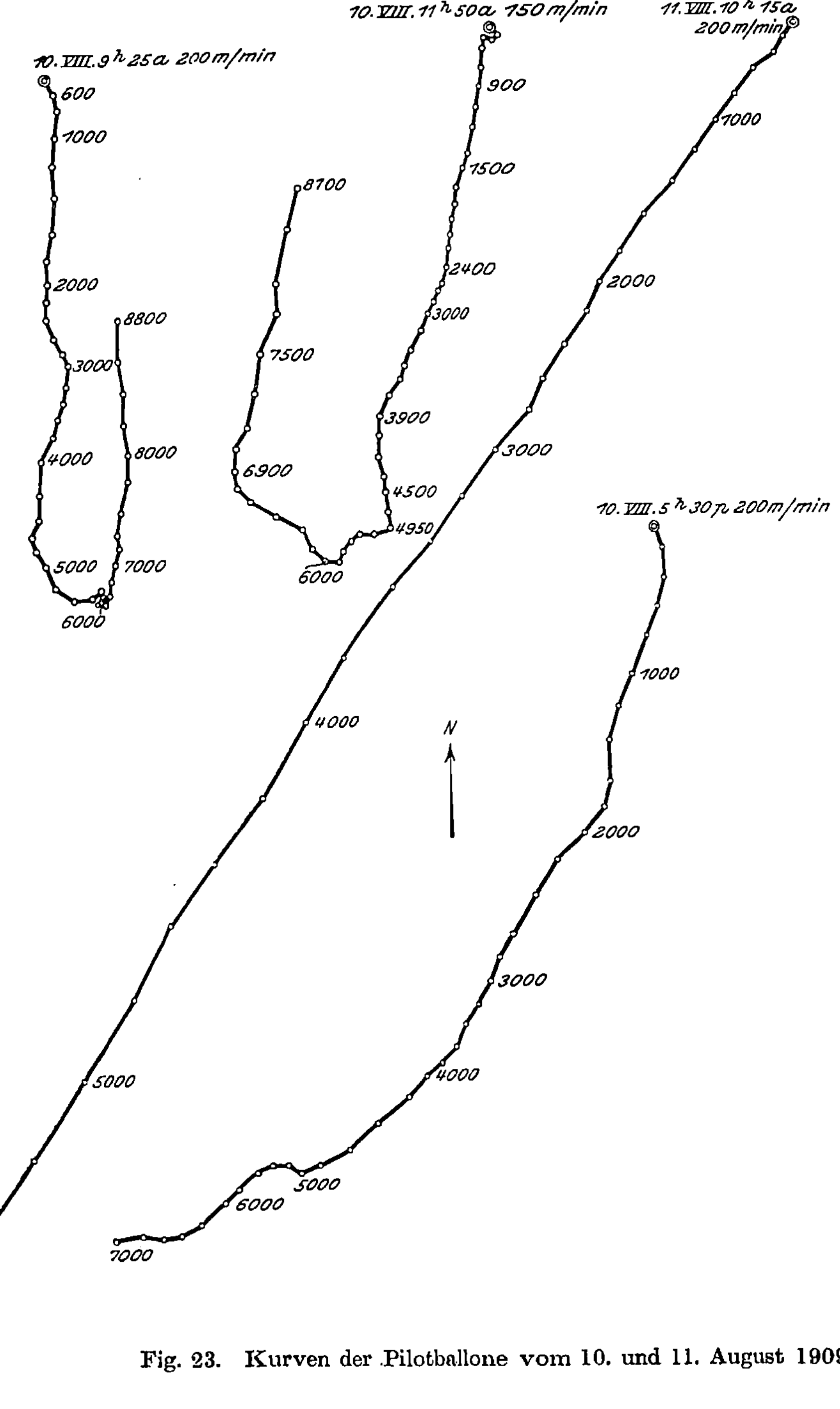

Fig. 23.   Kurven der Pilotballone vom 10. und 11. August 1909.

hinzutretende Wirkungen zurückzuführen sein. In der Weise, wie sie stattgefunden hat, war sie keineswegs aus den einzelnen Kurven vorauszusehen, und wir können aus diesem Fall entnehmen, wie vorsichtig wir bei der Verwertung von Visierungen mit sehr schwachen Winden zu Werke gehen müssen. Die Beurteilung der Stabilitätsfrage gestaltet sich, wie fast stets, auch bei dieser Kurve etwas einfacher. Die im Laufe des 10. August vorhandenen wechselhaften Biegungen sind durchaus geeignet, die Stabilität sehr zu verringern. Das hat sich an diesem Tage in verbreiteten Gewittern geäußert, und wir erwähnen bei dieser Gelegenheit, daß die Straßburger Visierungen bei Gewitterlagen stets sehr unregelmäßige Kurven lieferten. Doch sind solche Kurven hin und wieder aufgetreten, ohne Gewitter im Gefolge zu haben. Ein solches Beispiel zeigt uns die nächste Kurve.

7. Pilotballone vom 4. und 5. September 1909 (Fig. 24).

Ergebnisse.

3. Sept. 8^{35} a		3. Sept. 11^{50} a	
m	m/sec	m	m/sec
0 bis 200	NNE 4	0 bis 800	NNE 3
200 „ 1000	ENE 5	800 „ 6400	ENE 7
1000 „ 2200	NE 7	6400 „ 8600	NE 12
2200 „ 5400	NE 8	8600 „ 10800	NE 20
5400 „ 5800	E 9		
5800 „ 7000	NE 12		
7000 „ 8600	NNE 14		

3. Sept. 6^{30} p		4. Sept. 7^{30} a	
m	m/sec	m	m/sec
0 bis 900	NNE 8	0 bis 700	S 3
900 „ 1400	E 4	700 „ 1400	E 2
1400 „ 2300	ESE 2	1400 „ 2100	SE 3
2300 „ 2800	E 4	2100 „ 2800	NNE 2
2800 „ 4000	ENE 5	2800 „ 3850	C
4000 „ 4550	E 3	3850 „ 4500	E 1
4550 „ 4900	ENE 7	4500 „ 5600	N 3
4900 „ 5400	NE 4	5600 „ 7200	WNW 4
		7200 „ 7350	S 6

5. Sept. 5^{35} p		Luftdrucke im Straßburger Niveau			
m	m/sec		7 a	2 p	9 p
0 bis 2400	NW 9	3. Sept.	755,2	755,1	755,1
2400 „ 3750	NW 14	4. „	754,5	751,2	749,6
		5. „	743,4	746,0	750,8
		6. „	752,8	749,9	748,1

Dieser Fall besitzt mit dem soeben besprochenen manche Ähnlichkeit. Die resultierende Kurve vom 4. September weist in noch höherem Maße als die des 10. August einen unregelmäßigen Verlauf auf. Es wäre ein aussichtsloser Versuch, aus dieser Kurve die Luftdruckänderungen ableiten zu wollen. Zwar überwiegt im ganzen die Linksdrehung; doch hängt die Wertigkeit hiermit nicht unmittelbar zusammen. Deshalb bleibt es durchaus unklar, ob der tatsächlich stattfindende Luftdruckfall innerhalb oder oberhalb der Visierungsschicht erzeugt wird. Dagegen läßt sich die

Stabilität wieder recht gut beurteilen; diese muß unbedingt schnell und bedeutend abnehmen, und in diesem Falle hätten die Wetterdienststellen zweifellos durch Verwertung der Visierung eine Fehlprognose vermeiden können.

Die Wetterlage war ähnlich wie in dem Fall vom 10. Januar 1909, den wir an erster Stelle besprachen. Im Westen befand sich ein Maximum, und von dort

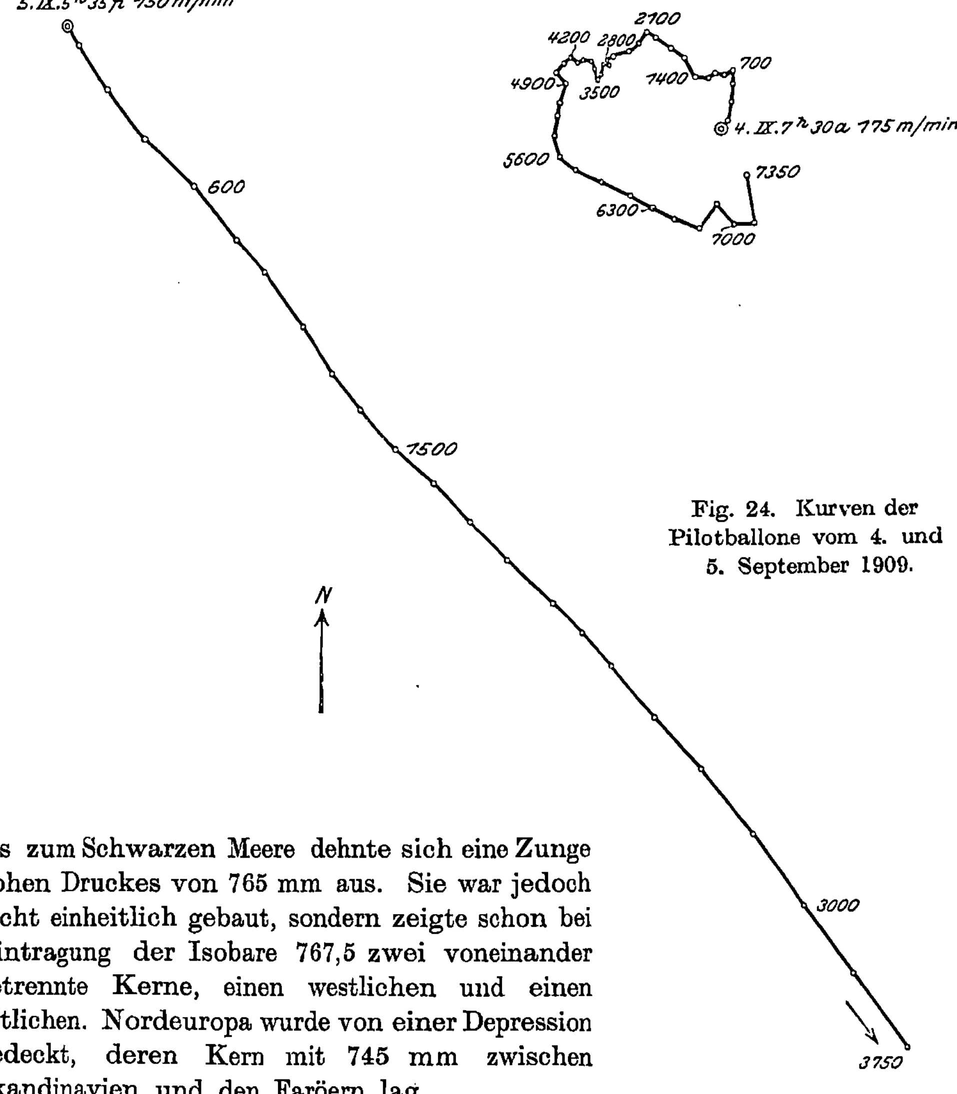

Fig. 24. Kurven der Pilotballone vom 4. und 5. September 1909.

bis zum Schwarzen Meere dehnte sich eine Zunge hohen Druckes von 765 mm aus. Sie war jedoch nicht einheitlich gebaut, sondern zeigte schon bei Eintragung der Isobare 767,5 zwei voneinander getrennte Kerne, einen westlichen und einen östlichen. Nordeuropa wurde von einer Depression bedeckt, deren Kern mit 745 mm zwischen Skandinavien und den Faröern lag.

Im Zusammenhang mit dieser Wetterlage mußte die Visierung unbedingt darüber Klarheit schaffen, daß die Hochdruckzunge in schnellem Zerfall begriffen war, und daß die nördliche Zyklone rapide nach Süden vordrang. Dies trat denn auch noch im Laufe des 4. September ein. In Straßburg fielen bis zum Morgen des 5. bereits 4 mm, in Frankfurt 10 mm Niederschlag, und die weiteren Tagesstunden führten in Frankfurt noch 1 mm, in Straßburg 17 mm nieder. In einzelnen Teilen Südwestdeutschlands waren die Regenmengen noch erheblicher. Trotzdem lauteten die Prognosen der beiden genannten Wetterdienststellen kurz und klar auf Fortdauer des bestehenden Hochdruckwetters. Diese Vorhersagen wurden also wenige Stunden vor dem Witterungsumschlag ausgegeben, ohne daß die Wetterkarte diesen hätte erkennen lassen, während nach der Pilotballonvisierung vom Morgen kaum ein Zweifel mehr darüber bestehen könnte. Auch drei Visierungen vom Vortage, deren Ergebnisse ebenfalls am Kopfe dieser Besprechung mitgeteilt sind, deuteten zweifellos auf den Witterungswechsel hin. Im einzelnen wollen wir auf diese Kurven nicht eingehen, da sie nichts neues bringen würden. Der Typ der Morgenvisierung entspricht etwa dem früher besprochenen vom 23. Mai, und die weiteren Kurven zeigen deutlich die zunehmende Instabilisierung.

Besonders auffällig ist nun aber die weitere Entwickelung unserer Kurve vom 4. September. Die nächste Pilotballonverfolgung fand am Nachmittage des 5. statt und lieferte im Gegensatz zum Vortage eine fast völlig geradlinig verlaufende Isobare. Praktisch brauchbar ist diese Visierung wegen zu geringer Höhe nicht. Jedoch ist die Aufeinanderfolge zweier so verschiedenartiger Kurven überraschend, und sie ist besonders deshalb interessant, weil die oben besprochenen Visierungen vom 10. und 11. August eine ganz ähnliche Änderung aufwiesen. Auch dort folgte auf einen Tag mit mehrfachen komplizierten Pilotballonkurven eine Visierung, bei der das Azimut des Ballons dauernd fast unverändert blieb. Dies Resultat ist gewiß auffallend, aber durchaus nicht unerklärlich. Wir haben ja mehrfach Gelegenheit genommen, festzustellen, daß äußere Einflüsse umso schneller und intensiver wirksam sein müssen, je weniger einheitlich die vorhandenen Windwerte sind. Hieraus ergibt sich, daß außergewöhnlich gleichmäßige Kurven sich häufig gerade dann einstellen werden, wenn kurz vorher sehr unregelmäßige und schwache Winde ein geeignetes Feld zum allgemeinen Durchbruch einer einzigen stärkeren Luftströmung geschaffen hatten.

8. Pilotballon vom 15. Oktober 1909 (Fig. 25).

Ergebnisse.

15. Oktober 10^0 a		15. Oktober 4^0 p	
m	m/sec	m	m/sec
0 bis 1400	SSW 5	0 bis 800	S 3
1400 „ 3200	SW 4	800 „ 1400	W 5
3200 „ 4200	C	1400 „ 3000	SW 6
4200 „ 5000	NNW 5	3000 „ 4400	W 4
5000 „ 7000	NNE 9	4400 „ 5000	S 3
7000 „ 11800	NNE 16	5000 „ 6000	N 2
11800 „ 12600	N 21	6000 „ 12400	N 14

Luftdrucke im Straßburger Niveau.

	7 a	2 p	9 p
14. Oktober	750,9	752,1	756,0
15. „	756,1	753,5	753,1
16. „	752,2	751,2	750,3
17. „	748,5	746,4	746,8

Auf diese Visierungen wollen wir nicht im Allgemeinen eingehen. Sie bringen in der gewohnten Weise einen zukünftigen Fall und einen darauffolgenden Anstieg

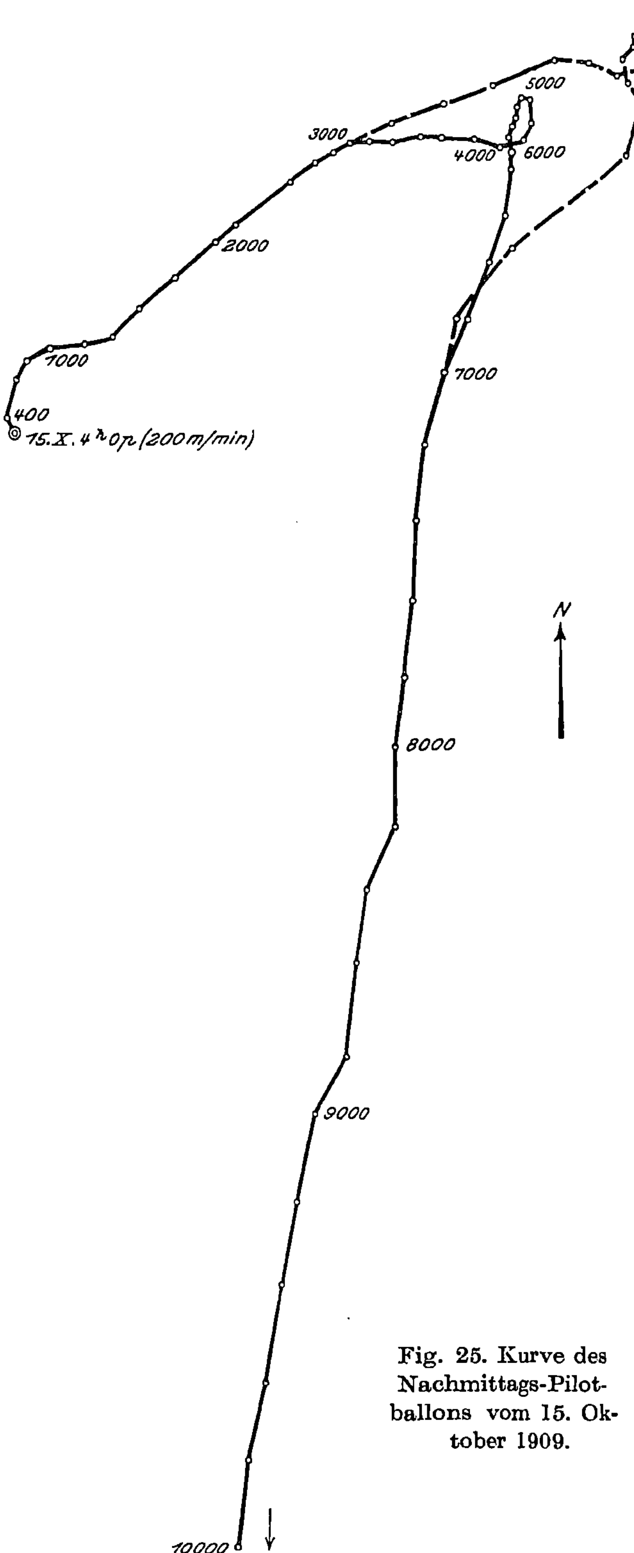

Fig. 25. Kurve des
Nachmittags-Pilot-
ballons vom 15. Ok-
tober 1909.

des Luftdrucks zum Aus-
druck. Fig. 25 zeigt jedoch
von etwa 3000 bis 6600 m
Höhe eine doppelte Aus-
führung, und hierin liegt
der Grund, der uns zum
Eingehen auf diese Kurve
veranlaßt. Die Visierung
des Vormittags hatte in
etwa 4000 m Höhe eine
Schleife geliefert, und um
etwaige Vertikalströmungen
bei diesem Vorgang kennen
zu lernen, wurde am Nach-
mittage eine zweite Visierung, und zwar von zwei
Punkten aus, also als
Doppelvisierung, ausge-
führt. Es ergab sich das
interessante Resultat, daß
bis etwa 3000 m Höhe keine
nennenswerten Vertikalbe-
wegungen der Luft vor-
handen waren. In weiteren
ca. 1000 m herrschte eine
intensive Aufwärtsbe-
wegung; ihr folgte wieder
eine ziemlich ruhige Schicht,
die bis 6000 m reichte, und
innerhalb deren sich wieder
eine Schleife befand, und
schließlich machte sich
zwischen 6000 und 7000 m
eine starke Abwärtsbe-
wegung der Luft geltend.
Oberhalb dieser Höhe be-
findet sich der Ballon wieder
in den Höhen, die aus der
Hergesellschen Formel folgen
würden. Es war daher nur
nötig, in der Fig. 25 einen
Teil der Kurve doppelt auszuführen, da die ent-
sprechenden Punkte für die
Schichten bis zu 3000 m

und von 7000 m aufwärts fast genau zusammenfallen würden. Die ganze Kurve wurde daher zunächst unter Zugrundelegung einer gleichmäßigen Steiggeschwindigkeit von 200 m/min berechnet und ausgeführt, während die in feineren Strichen hinzugefügten Kurventeile den Resultaten der Doppelvisierung entsprechen. Es ist zweifellos und erhellt auch aus der Figur, daß in solchen Ausnahmefällen bedeutende Fehler bei der Bestimmung von Windrichtung und -stärke unterlaufen können. Es ist aber hierzu zweierlei zu bemerken:

Erstens sind selbst die sehr bedeutenden Vertikalbewegungen bei dieser besonders charakteristisch geformten Kurve nicht imstande, das erhaltene Bild prinzipiell zu ändern. Die Doppelvisierung liefert zweifellos exaktere Resultate, ohne daß aber hierdurch die Schlüsse, die aus der Kurve auf die Witterung gezogen werden können, irgendwie erheblich beeinflußt würden.

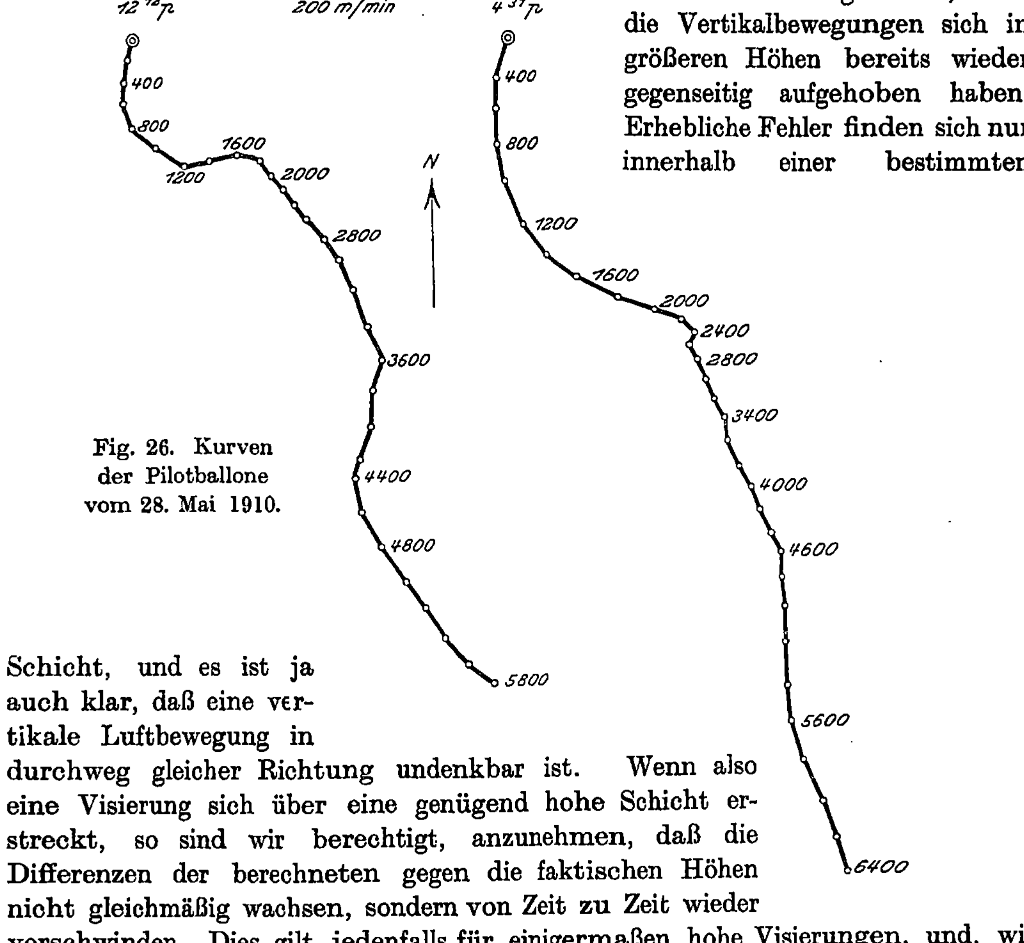

Fig. 26. Kurven der Pilotballone vom 28. Mai 1910.

Zweitens zeigt sich, daß die Vertikalbewegungen sich in größeren Höhen bereits wieder gegenseitig aufgehoben haben. Erhebliche Fehler finden sich nur innerhalb einer bestimmten Schicht, und es ist ja auch klar, daß eine vertikale Luftbewegung in durchweg gleicher Richtung undenkbar ist. Wenn also eine Visierung sich über eine genügend hohe Schicht erstreckt, so sind wir berechtigt, anzunehmen, daß die Differenzen der berechneten gegen die faktischen Höhen nicht gleichmäßig wachsen, sondern von Zeit zu Zeit wieder verschwinden. Dies gilt jedenfalls für einigermaßen hohe Visierungen, und, wie wir gesehen haben, kommen nur solche für den praktischen Wetterdienst in Betracht.

Die besprochene Kurve ist nun besonders deshalb interessant, weil sie ein Beispiel für die Entstehung einer Inversion zu liefern scheint. Herr Köppen

hat die „Entwickelung der Temperaturinversionen" [1]) durch die vertikalen Strömungen in zwei Schichten und eine dazwischen liegende „Sperrschicht" erklärt,
die von den Vertikalbewegungen der Luft nicht durchbrochen wird. In unserem
Falle haben wir zwei Schichten, die von 3000 bis 4000 m und 6000 bis 7000 m
reichen, in denen starke vertikale Strömungen auftreten. Das Gleichgewicht in
ihnen ist also indifferent und die potentielle Temperatur konstant. Die Schicht
von 4000 bis 6000 m dürfte die Sperrschicht sein. Da die darunterliegende Schicht
ein überwiegendes Aufsteigen der Luft, die darüberliegende ein Absteigen aufweist, so ist die Entstehung der Sperrschicht in unserem Falle wohl durch die
Mischung der sehr verschieden temperierten Luftmassen erklärlich. Die Vertikalbewegungen selbst resultieren, wie wir oben sahen, aus der unteren Rechts- und
der oberen Linksdrehung. Leider fanden Temperaturmessungen an diesem Tage
nicht statt; sie hätten wahrscheinlich für die Sperrschicht eine Temperaturzunahme,
für die beiden anliegenden Schichten adiabatisches Gefälle ergeben.

Zum Schluß sei noch der vorliegende Fall vom 28. Mai 1910 angeführt. Er
gibt ein Beispiel dafür, daß sich Wendungen auch nach oben verlagern können.
Mittags 12 Uhr befand sich je eine Rechtsbiegung in 1800 m und 3600 m Höhe,
eine Linksbiegung in 4400 m. Alle diese Biegungen verlagerten sich im Laufe der
nächsten Stunden beträchtlich nach oben. Sie finden sich $4\frac{1}{2}$ Stunden später in
2400, 4600 und 5600 m Höhe. Im übrigen ist es nicht notwendig, auf diese Kurven
des Näheren einzugehen.

Schlußbetrachtung.

Es konnte wohl seit langem kein Zweifel mehr darüber bestehen, daß die
verschiedenen meteorologischen Elemente miteinander innig zusammenhängen,
und daß dieser Zusammenhang besonders klar in der freien Atmosphäre zutage
treten muß, weil dort die unberechenbaren Einflüsse der Erdoberfläche auf ein
Minimum reduziert sind. Fraglich konnte es jedoch erscheinen, ob die Windverhältnisse, wie sie uns durch den Pilotballon gegeben sind, eindeutige Schlüsse
auf die übrigen Elemente und ihre Änderung gestatten, ob insbesondere diese
Schlüsse für die praktische Verwertung im Wetterdienst brauchbar sind. Bei der
Untersuchung dieser Frage hat es sich herausgestellt, daß die Visierungen von zwei
verschiedenen Gesichtspunkten aus behandelt werden müssen. Es ist zu unterscheiden zwischen dem, was die einzelne Kurve bietet, und dem, was sich aus einer
Mehrzahl von Pilotballonaufstiegen ergibt. Die vorliegende Arbeit beschäftigt
sich fast ausschließlich mit dem ersten Teil, während sie das zweite große Gebiet
kaum berührt. Daher bleibt eine große Anzahl von Vorgängen ungeklärt, und
auch über die Brauchbarkeit der ausgeführten Überlegungen werden wir erst
dann völlig orientiert sein können, wenn an der Hand genügenden Materials die
noch offenen Fragen gelöst sein werden. Es steht zu hoffen, daß wir dann in der Lage
sein werden, im praktischen Wetterdienst einen guten Schritt vorwärts zu tun.

---

[1]) Meteorologische Zeitschrift 1911, Heft 2, S. 80.

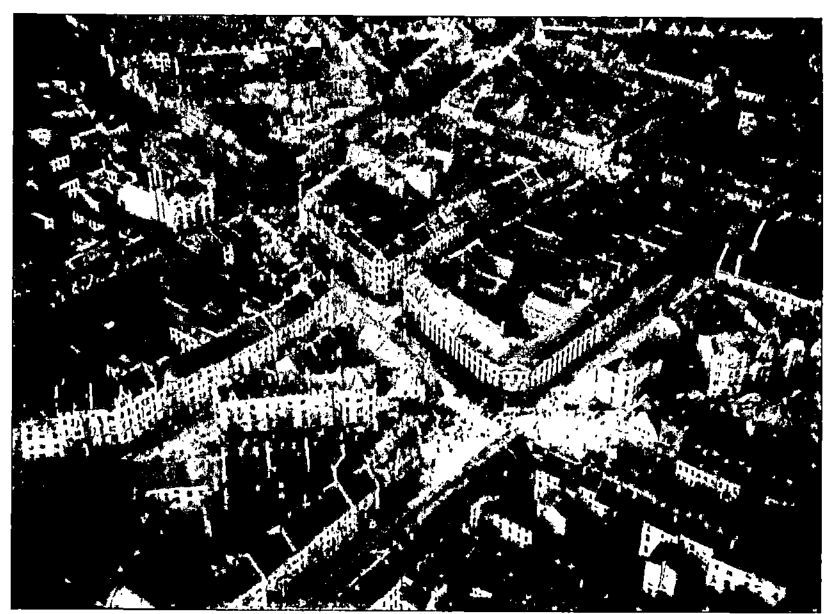

Düsseldorf.   Vom P. L. 6 aus 300 m Höhe aufgenommen.

P. L. 12 „Charlotte“ über dem Flugplatz Wanne.

Hamburg. Der „Imperator" auf der Helling im Bau.
Vom P. L. 6 aus 250 m Höhe aufgenommen.

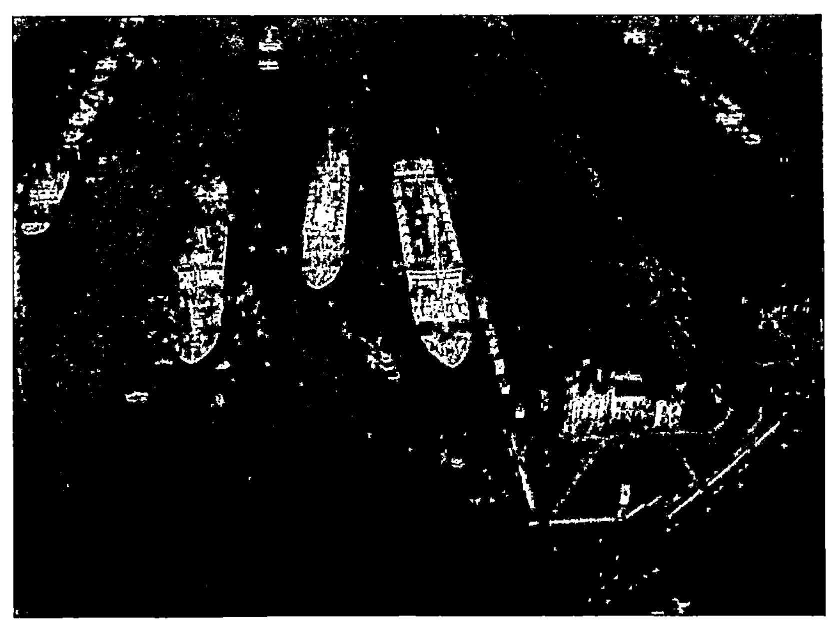

Dampfer Cincinnati im Hamburger Hafen.
Vom P. L. 6 aus 250 m Höhe aufgenommen.

S. M. S. Hohenzollern an der Landungsbrücke in Altona vom P. L. 6 aus 250 m Höhe
aufgenommen.

Blankenese mit Wohnhaus des Schriftstellers Frenssen vom P. L. 6
aus 250 m Höhe aufgenommen.

Die Alster mit Hotel Atlantique, Hamburg, vom P. L. 6 aus 250 m Höhe aufgenommen.

Hagenbecks Tierpark, Stellingen bei Hamburg, vom P. L. 6 aus 250 m Höhe aufgenommen.

Süllberg bei Blankenese vom P. L. 6 aus 250 m Höhe aufgenommen.

Tabelle 1.
Übersicht über die bis zum Sommer 1912 fertiggestellten und im Bau befindlichen Zeppelin-Luftschiffe.

1	2	3	4	5	6	7	8	9
Bezeichnung	Rauminhalt cbm	Länge m	Größter Durchmesser des Tragkörpers m	Motoren	Schrauben	Höchste Eigengeschwindigkeit m/sec	Eigentümer	Bemerkungen
L. Z. 1	11300	128	11,7	2 Daimler zu je 16 PS	4 dreiflügel. Alum.-Schr.	7,5	Graf Zeppelin	1. Fahrt am 2. 7. 00. 3 Fahrten, demontiert Frühjahr 1901.
L. Z. 2	11300	128	11,7	2 Daimler zu je 85	4 dreiflügel. Alum.-Schr. mit Stahlarmen	11	do.	1. Fahrt am 17. 1. 06. In der Nacht vom 17. zum 18. 1. 06 bei Kisslegg von der Verankerung losgerissen und zerstört.
L. Z. 3	12200	136	11,7	do.	do.	11	Preuß. Heeresverwaltung Z. I.	1. Fahrt 9. 10. 06. Zahlreiche Fahrten, darunter Friedrichshafen—München.
Umbau 3	12200	136	11,7	2 Daimler zu je 105	do.	15	do.	1. Fahrt am 23. 10. 08. 1911 nach den neuesten Erfahrungen abermals umgebaut. Standort: Metz.
L. Z. 4	15000	136	13	do.	do.	12,5	L. Z.	1. Fahrt 20. 6. 08. 9 Fahrten, darunter Friedrichshafen—Luzern, Friedrichshafen—Mainz, am 5. 8 bei Echterdingen zerstört.
L. Z. 5	15000	136	13	do.	do.	12,5	Preuß. Heeresverwaltung Z. II.	1. Fahrt 26. 5. 09. Zahlreiche Fahrten, darunter Friedrichshafen — Bitterfeld. Durch Sturm bei Weilburg zerstört. 25. 4. 1910.
L. Z. 6	15000	136	13	2 Daimler zu je 115	do.	13	L. Z.	1. Fahrt 25. 8. 09. Zahlreiche Fahrten, darunter Friedrichshafen—Berlin. Passagierfahrten während der Ila.
Umbau 6	16000	144	13	2 Daimler zu je 115. 1 Maybach zu 140	2 zweiflügel., 2 vierflügel. Alum.-Schr. mit Stahlarmen	12,5	L. Z.	1. Fahrt Mai 1910. Passagierfahrten in Oos; verbrannt 14. 9. 10 in der Halle in Oos.
L. Z. 7 „Deutschland“	19300	148	14	3 Daimler zu je 125	do.	16	Delag	1. Fahrt 19. 6. 10. 7 Fahrten, gestrandet im Teutoburger Wald. 28. 6. 10.
L. Z. 8 „Ersatz Deutschland“	19300	148	14	do.	do.	16,2	Delag	1. Fahrt 30. 3. 11. 22 Fahrten. Beim Ausfahren aus der Halle in Düsseldorf verunglückt. 16. 5. 11.

1	2	3	4	5	6	7	8	9
Be-zeichnung	Raum-inhalt	Länge	Größter Durchmesser des Tragkörpers	Motoren	Schrauben	Höchste Eigen-geschwindig-keit	Eigentümer	Bemerkungen
	cbm	m	m			m/sec		
L. Z. 9	17800	140	14	3 Maybach zu je 150	do.	21	Preuß. Heeres-verwaltung Z. II	1. Fahrt 2. 10. 11. Zahlreiche Fahrten, darunter 20stündige Dauerfahrt. Standort: Cöln.
L. Z. 10 „Schwaben"	17800	120	14	3 Maybach zu je 150 PS	2 zweiflügel., 2 vierflügel. Alum.-Schr. mit Stahl-armen	19,3	Delag	1. Fahrt 26. 6. 11. Über 200 Passagierfahrten. Am 28. 6. 12 vor der Halle in Düsseldorf verbrannt.
L. Z. 11 „Victoria Luise"	18700	148	12	do.	do.	21,2	Delag	1. Fahrt 12. 2. 1912. Am 22. 6. 12 die 100. Passa-gierfahrt. Die ersten Fahrten über See. Standort: Frank-furt a. M.
L. Z. 12	17800	128	14	do.	do.	21,6	Preuß. Heeres-verwaltung Z III	1. Fahrt 25. 4. 1912. Vor der Abnahme durch die Heeres-verwaltung 32 Fahrten, dar-unter Friedrichshafen—Ham-burg und zurück. Standort: Metz.
L. Z. 13 „Hansa'	19000	148	14	3 Maybach zu je 180 PS	do.	22,1	Delag	Standort: Hamburg.
L. Z. 14							Wird im Auftrag der Kaiserlichen Marine erbaut	

Tabelle 2.

Übersicht über die bis zum Sommer 1912 fertiggestellten und im Bau befindlichen Parseval-Luftschiffe.

1	2	3	4	5	6	7	8	9
Bezeichnung	Rauminhalt	Länge	Größter Durchmesser des Tragkörpers	Motoren	Schrauben	Höchste Eigengeschwindigkeit	Eigentümer	Bemerkungen
	cbm	m	m			m/sec		
Versuchs-Luftschiff	2300 später 2800	50	8,9	1 Daimler zu 85 PS	1 vierflügelige unstarreStoffschraube	12	Die Gondel ist im Besitz des Deutschen Museums in München	1. Fahrt 26. 5. 06. Im ganzen 29 Aufstiege.
P. L. 1	3200	60	9,4	do.	do.	12	Kaiserl. Aero-Klub.	Durch Umbau aus dem Versuchsluftschiff entstanden. Hat im Herbst 1909 in Zürich mehrere Aufstiege unternommen. Standort: Bitterfeld.
P. L. 2	4000	60	10,4	do.	do.	12,5	Preußische Heeresverwaltung P. I	1. Fahrt 13. 8. 08. Eine 11 1/2 stündige Dauerfahrt, eine Höhenfahrt auf 1550 m. Stationiert in Metz.
P. L. 3	6600	70	12,3	2 N. A. G. zu je 110 PS	2 vierflügelige unstarreStoffschrauben	14,2	Preußische Heeresverwaltung P. II	1. Fahrt 18. 2. 09. Fahrten von der Ila aus. Fahrt durch Süddeutschland. Leichlingen—Gotha. Am 16. 5. 11. infolge Havarie außer Dienst gestellt.
P. L. 4	2300	50	8,6	1 östr. Daimler zu 70 PS	1 dreiflügelige halbstarre Stoffschraube	12,5	Österreichische Heeresverwaltung.	In Österreich erbaut. Standort: Fischamend.
P. L. 5	1450	40	8	1 Daimler zu 25 PS	do.	9	Luftverkehrs-G. m. b. H.	1. Fahrt 8. 12. 09. 150 Passagierfahrten. Am 16. 6. 11. in Münden verbrannt.
P. L. 6	6800 später 8000	70 später 15	12,3	2 N. A. G. zu je 110 PS	2 vierflügelige halbstarre Stoffschrauben	15 später 14	Luftfahrtbetriebsgesellschaft m. b. H.	1. Fahrt 30. 6. 10. Fahrten von München, Berlin-Johannisthal, Kiel, Hamburg aus. Nacht-Reklamefahrten. Hat bis jetzt ca. 330 Aufstiege gemacht. Standort: Johannisthal.
P. L. 7	7600	72	14	do.	do.	16,3	Russische Heeresverwaltung	1. Fahrt 30. 10. 10. In Bitterfeld gebaut. Abnahmefahrten in Salisi bei Gatschino in Rußland erledigt. Standort: Berditschew.
P. L. 8	8000	77	14	2 Maybach zu je 180 PS	2 vierflügelige halbstarre Stahlblechschrauben	—	Als Ersatz für P. II im Auftrag der Preuß. Heeresverwaltung erbaut.	Mit dem Bau des für die Weltausstellung in Brüssel bestimmten P. L. 8 war im Jahre 1910 begonnen. Da der Wettbewerb ausfiel, Weiterbau unterbrochen und erst 1912 fortgesetzt.
P. L. 9	1700 ab Spätsommer 1912: 2200	40 später 50	8	1 N. A. G. zu 50 PS	1 zweiflügelige Holzschraube	11	Luftfahrt-Betriebs G. m. b. H.	1. Fahrt 10. 10. 10. Als Ersatz für P. L. 5 eingestellt. Standort: Johannisthal.

1	2	3	4	5	6	7	8	9
Bezeichnung	Rauminhalt	Länge	Größter Durchmesser des Tragkörpers	Motoren	Schrauben	Höchste Eigengeschwindigkeit	Eigentümer	Bemerkungen
	cbm	m	m			m/sec		
P.L.10	1700	45	8	1 N. A. G. zu 50 PS	1 zweiflügelige Holzschraube	—	Luftfahrzeug G. m. b. H.	Liegt unmontiert in Bitterfeld
P.L.11	10000	84	15,5	2 Körting zu je 200 PS	2 vierflügelige, halbstarre Stahlblechschrauben.	18	Preußische Heeresverwaltung P. III	16¹/₂ stündige Dauerfahrt, Höhenfahrt auf 1600 m
P.L.12 „Charlotte"	8000	82	14	2 N. A. G. zu je 110 PS	do.	16	Rheinisch - Westfälische Flug- und Sportplatz G. m. b. H.	Passagier- und Lichtreklame-Luftschiff. Standort: Wanne i. Westfalen
P.L.13	8000	79	14,5	2 Maybach zu je 150 PS	do.	18,4	Japanische Heeresverwaltung	1. Fahrt 3. 4. 12. Eine zehnstündige Dauerfahrt in kriegsmäßiger Höhe, eine Höhenfahrt etc. Stationiert in: Tokorozawa bei Tokio
P.L.14	—	—	—	—	—	—	Wird für das Ausland erbaut	—
P.L.15	—	—	—	3 Maybach zu je 180 PS	—	—	do.	—
P.L.16	9600	84	15	2 Maybach zu je 180 PS	2 vierflügelige, halbstarre Stahlblechschrauben	—	Wird für die Preuß. Heeresverwaltung erbaut	—
P.L.17	9600	84	15	2 Maybach zu je 180 PS	do.	—	Wird für das Ausland erbaut	—

Tabelle 3.

Übersicht über die übrigen, fertiggestellten, deutschen Luftschiffe.

1	2	3	4	5	6	7	8	9
Be-zeichnung	Raum-inhalt	Länge	Größter Durchmesser des Tragkörpers	Motoren	Schrauben	Höchste Eigen-geschwindig-keit	Eigentümer	Bemerkungen
	cbm	m	m			m/sec		
Schütte-Lanz I	20000	130	18,4	2 Daimler zu je 250 PS	2 dreiflügelige Stahlblech-schrauben ¹)	18	Firma Heinrich Lanz	Hat eine Anzahl guter Fahrten erledigt, darunter Rheinau-Köln und zurück und Rheinau-Gotha-Berlin. Standort: Rheinau bei Mannheim
Siemens-Schuckert I	15000	120	13,5	4 Daimler zu je 120 PS	4 zweiflügelige und 2 vierflügelige Stahlschrauben	19,8	Preuß. Heeresverwaltung	Bis 1.4.12 64 Fahrten, darunter eine von 7 stündiger Dauer. Standort Biesdorf bei Berlin
Suchard	10000	75	17	2 N. A. G. zu je 110 PS	2 vierflügelige, unstarre Stoffschrauben	10	Transatlantische Flug-Expedition	Hat 2 Probefahrten absolviert
Clouth	1850	42	8,5	1 Adler zu 50 PS	2 zweiflügelige Holzschrauben	8.5	Luftfahrzeug G. m. b. H.	Fahrt von Cöln nach Brüssel in 4½ Stunden. Standort: Bitterfeld
Ruthen-berg I	1200	40	6,5	1 Motor zu 24 PS	1 vierflügelige Stahlblech-schraube in einem Rahmen	10	Herr Haase Hamburg	
Ruthen-berg II	1700	46	7,4	1 Motor zu 75 PS	do.	10	Ingenieur H. Ruthenberg Weißensee bei Berlin	

¹) Hat während seines Aufenthalts in Berlin an seiner vorderen Gondel eine vierflügelige Holzschraube erhalten.

Tabelle 4.

Übersicht über die im Betrieb befindlichen Luftschiffe anderer Länder.

Die Angaben in dieser Tabelle sind zum großen Teil aus dem Werke: „Die internationalen Luftschiffe und Flugdrachen" von Oberleutnant Paul Neumann, Luftfahrerschule Berlin-Adlershof, Verlag von Gerhard Stalling, Oldenburg, entnommen.

1	2	3	4	5	6	7	8	9
Bezeichnung und Bauart	Rauminhalt ebm	Länge m	Größter Durchmesser des Tragkörpers m	Motoren	Schrauben	Höchste Eigengeschwindigkeit m p. S.	Eigentümer	Bemerkungen
Belgien								
Belgique III halbstarr Langgondel	4100	65	11	2 Germain zu je 100 PS	3 zweiflügelige Holzschrauben	·14,5	Belgische Heeresverwaltung	Standort: Antwerpen
Ville de Bruxelles halbstarr Langgondel	8300	75	14	2 Pipe zu je 110 PS	do.	14	do.	Standort: Etterbeck
England								
Beta halbstarr Langgondel	2700	50	8,5	1 Green zu 80 PS	2 zweiflügelige Holzschrauben	12	Englische Heeresverwaltung	Standort: London
Gamma halbstarr Langgondel	2000	46	8	2 Green zu je 50 PS	do.	12	do.	
Clément-Bayard II halbstarr Langgondel.	7000	76	13	2 Clément-Bayard zu je 100 PS	do.	14	do.	Fahrt Paris-London am 16. 10. 1910 395 km in 7 Stunden. Ist zurzeit völlig demontiert
Frankreich								
Lebaudy IV halbstarr Kielgerüst	3300	61	10	1 Panhard zu 70 PS	2 zweiflügelige Holzschrauben	12.5	Französische Heeresverwaltung	Standort: Chalais-Meudon
Liberté halbstarr Kielgerüst	7000	85	13	2 Panhard zu je 70 PS	do.	14	do.	Standort: Issy
Capitaine Marchal halbstarr Kielgerüst	7200	85	13	2 Panhard zu je 70 PS	do.	14,5	do.	Standort: Chalons
Lieutnant Selle de Beauchamp halbstarr Kielgerüst	10000	89	14,6	2 Panhard zu je 80 PS	do.	12,5	do.	Standort: La Roche-Guyon
Ville de Paris III halbstarr Langgondel	3800	66	10,5	1 Chenu zu 50 PS	1 zweiflügelige Holzschraube	11.5	do.	Standort: Chalais-Meudon
Ville de Pau halbstarr Langgondel	5000	60	13	1 Clément-Bayard zu 110 PS	do.	13	Compagnie Transaérienne	Standort: Pau
Colonel Renard halbstarr Langgondel	4300	66	11	1 Panhard zu 100 PS	2 zweiflügelige Holzschrauben	13	Heeresverwaltung	Standort: St. Cyr
Croiseur Transaérien II halbstarr Langgondel	9000	76	14	2 Chenu zu je 175 PS	3 zweiflügelige Holzschrauben	—	Compagnie Transaérienne	Standort: Billancourt
Lieutnant Chauré halbstarr Langgondel	8850	84	14	2 Panhard zu je 120 PS	do.	15	Heeresverwaltung	do.
Eclaireur Conté halbstarr Langgondel	6640	65	12	2 Chenu zu je 75 PS	2 zweiflügelige Holzschrauben	15	do.	do.
Adjudant Reau halbstarr Langgondel	8950	87	14	2 Brasier zu je 120 PS	3 zweiflügelige Holzschrauben	15,5	do.	Standort: Issy (fuhr am 18./19. 9. 1911 21 Std. u. 21 Minuten)

1	2	3	4	5	6	7	8	9
Bezeichnung und Bauart	Raum-inhalt (cbm)	Länge (m)	Größter Durchmesser des Tragkörpers (m)	Motoren	Schrauben	Höchste Eigen-geschwindig-keit (m. p. S.)	Eigentümer	Bemerkungen
Frankreich (Fortsetzung)								
Astra-Torres I unstarr	1590	48	8	1 Chenu zu 55 PS	1 zweiflügelige Holzschraube	14,5	Société Astra	Standort: Issy
Zodiac III halbstarr Langgondel	1400	42	8	1 Ballot zu 40 PS	do.	12,5	Heeres-verwaltung	Standort: St. Cyr
Le Temps. Zodiac IV halbstarr Langgondel	2500	50	9	1 Dansette-Gillet zu 60 PS	2 zweiflügelige Holzschrauben	13,5	do.	do.
Capit. Ferber, Zodiac X halbstarr Langgondel	6000	76	12,3	2 Dansette Gillet zu je 130 PS	4 zweiflügelige Holzschrauben	15,5	Heeres-verwaltung	Standort: St. Cyr
Ajudant Vincenot (Clément Bayard III), halbstarr Langgondel	9600	89	16	2 Clément-Bayard zu zu je 120 PS	2 zweiflügelige Holzschrauben	14,5	do.	Standort: Nancy
Italien								
P. I halbstarr Kielgerüst	4200	60	12	1 Clément-Bayard zu 100 PS	2 zweiflügelige Aluminium-schrauben	14	Heeres-verwaltung	Standort: Vigna di Valle
P. II halbstarr Kielgerüst	4700	63	12	1 Clément-Bayard zu 120 PS	2 vierflügelige Aluminium-schrauben	15	do.	Standort: Tripolis
P. III halbstarr Kielgerüst	4700	63	12	do.	do.	15	do.	do.
M. I. halbstarr Kielgerüst	12000	90	16	2 Fiat zu je 250 PS	do.	—	do.	Standort: Rom
Leonardo da Vinci halbstarr Kielgerüst	3265	42	8	1 Antoinette zu 40 PS	2 fünfflügelige Holzschrauben	15	Ingenieur Forlanini	Standort: Mailand
Ausonia II halbstarr Langgondel	1500	42	8	1 Faccioli zu 35 PS	1 zweiflügelige Holzschraube	11	Nico Piccoli	Standort: Boscomantico
Usuelli Borsalino halb Langgondel	3150	51	10	1 Faccioli zu 100 PS	2 zweiflügelige Holzschrauben	—	Usuelli	Standort: Turin
Österreich-Ungarn								
M I (Parseval 4) unstarr	2300	50	8,6	1 österr. Daimler zu 70 PS	1 dreiflügelige halbstarre Stoffschraube	12,5	Heeres-verwaltung	Standort: Fischamend
M II halbstarr Kielgerüst	4800	70	11	1 österr. Daimler zu 130 PS	2 zweiflügelige Holzschrauben	12,5	do.	do.
M III halbst. Gondelversteif.	3600	68	10,5	2 Körting zu je 75 PS	2 vierflügelige Holzschrauben	13,8	do.	do.
Stagl Mannsbarth, halbstarr Langgondel	8200	92	13	2 österr. Daimler zu je 130 PS	2 vierflügelige Holzschrauben und 2 Hub-schrauben aus Holz	17	Familie Stagl	do.
Bömches, unstarr	2900	57	9	2 Körting zu je 36 PS.	2 zweiflügelige Holzschrauben	12	Heeres-verwaltung	do.
Rußland								
Lebedj halbstarr Kielgerüst	3700	61	11.	1 Panhard zu 70 PS	2 zweiflügelige Holzschrauben	13	Heeres-verwaltung	Standort: Petersburg
Clément-Bayard I halbstarr Langgondel	3500	56	10,5	1 Clément-Bayard zu 110 PS	1 zweiflügelige Holzschraube	12,5	do.	do.

1	2	3	4	5	6	7	8	9
Bezeichnung und Bauart	Raum-inhalt	Länge	Größter Durchmesser des Tragkörpers	Motoren	Schrauben	Höchste Eigen-geschwindig-keit	Eigentümer	Bemerkungen
	cbm	m	m			m/sec		

Rußland (Fortsetzung)

1	2	3	4	5	6	7	8	9
Zodiac VIII halbstarr Langgondel	2140	47	9	1 Dansette-Gillet zu 60 PS	1 zweiflügelige Holzschraube	13	Heeres-verwaltung	Standort: Petersburg
Zodiac IX halbstarr Langgondel	2140	47	9	1 Labor zu 60 PS	do.	13	do.	do.
Parseval (P. L. 7) unstarr	7600	72	14	2 N. A. G. zu je 110 PS	2 vierflügelige halbstarreStoff-schrauben	16,3	do.	Standort: Berditschew
Jastréb halbstarr Langgondel	2800	50	9	1 E. N. V. zu 75 PS	2 zweiflügelige Holzschrauben	—	do.	Standort: Petersburg
Golob halbstarr Langgondel	2270	50	8	1 Motor zu 75 PS	do.	—	do.	do.
Kobtchik halbstarr Langgondel	2150	45	8	2 Motoren zu je 45 PS	do.	—	do.	do.
Sokol halbstarr Langgondel	2500	50	9	1 Dion Bouton zu 80 PS	do.	14	für die Heeres-verwaltung gebaut, aber noch nicht ab-genommen	do. die Gondel brach nach einer Höhenfahrt in der Luft mitten durch
Kretchet halbstarr Kielgerüst	5700	70	11	2 Motoren zu je 100 PS	do.	—	do.	Standort: Petersburg
Luftschiff?	—	—	—	—	—	—	Heeres-verwaltung do.	Standort: Wladiwostock
Albratros	10000	—	—	—	—	—		Standort: Petersburg

Spanien

1	2	3	4	5	6	7	8	9
España halbstarr Langgondel	2800	—	—	1 Panhard zu 110 PS	1 zweiflügelige Holzschraube	—	Heeres-verwaltung	Standort: Guadalajara

Niederlande

1	2	3	4	5	6	7	8	9
Duindigt halbstarr Langgondel	900	35	7	1 Daimler zu 25 PS	1 zweiflügelige Holzschraube	10,5	Heeres-verwaltung	Standort: Utrecht

Japan

1	2	3	4	5	6	7	8	9
Militärluftschiff I halbstarr Langgondel	3000	58	9	2 Körting zu je 36 PS	2 zweiflügelige Holzschrauben	—	Heeres-verwaltung	Standort: Osaki
Parseval (P. L. 13) unstarr	8000	78	14,5	2 Maybach zu je 150 PS	2 vierflügelige halbstarre Stahlblech-schrauben	18,4	do.	Standort: Tokorozawa

Amerika

1	2	3	4	5	6	7	8	9
Baldwin	580	30	6	1 Curtiss zu 20 PS	1 zweiflügelige Holzschraube	10	Heeres-verwaltung	Standort: Omaha
Zodiac IV Langgondel	700	30	6	1 Ballot zu 20 PS	do.	11	Edward	Standort: Neuyork

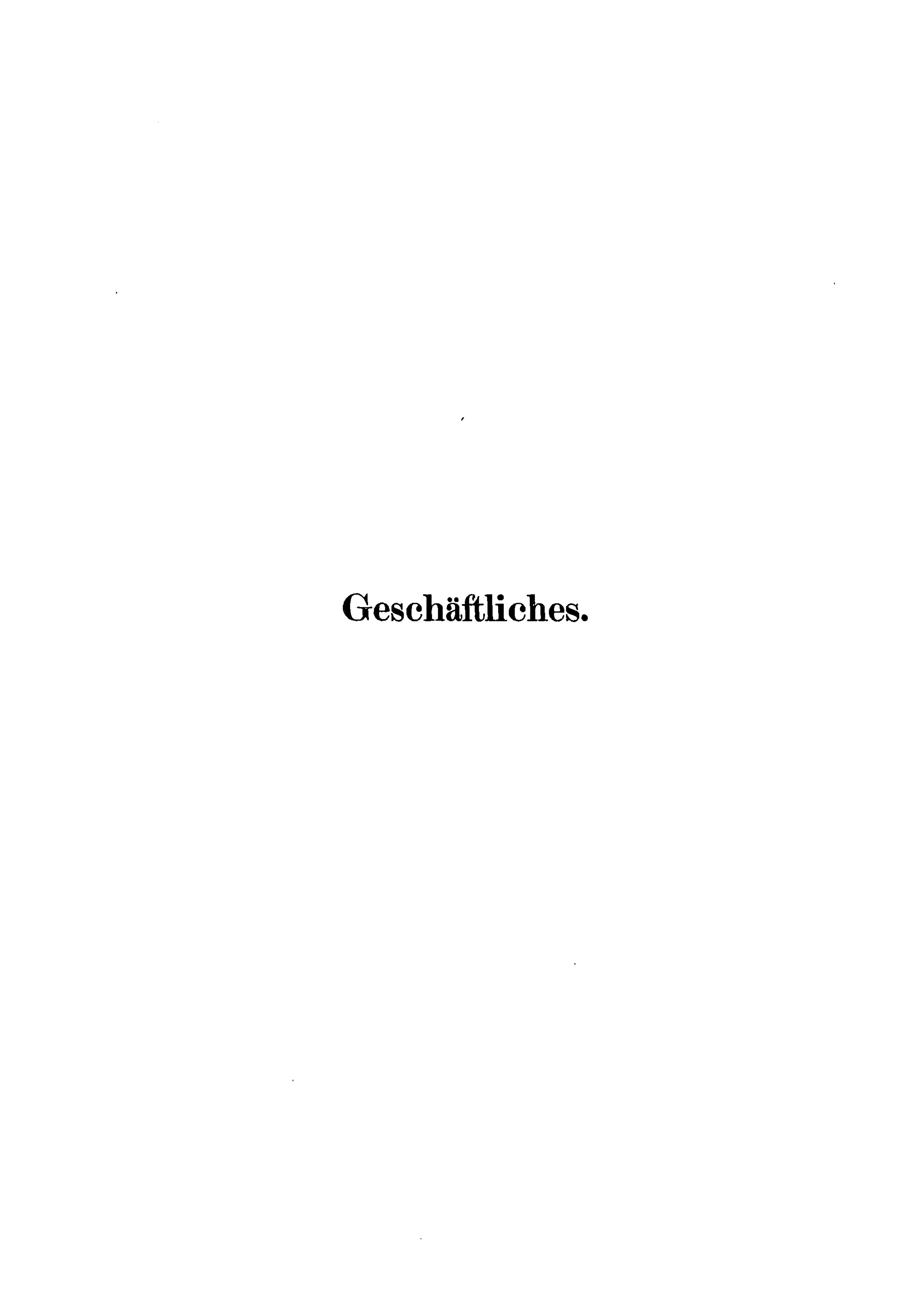

Geschäftliches.

1. Aufsichtsrat.

Ehrenpräsident:

Seine Hoheit Herzog Ernst von Sachsen-Altenburg.

Aufsichtsrat:

1. von Hollmann, F., Staatssekretär a. D., Exz., Vorsitzender.
2. Rathenau, Dr. E., Geh. Baurat, stellv. Vorsitzender.
3. von Borsig, E., Geheimer Kommerzienrat.
4. von Böttinger, Dr. G. Th., Geh. Regierungsrat.
5. Delbrück, L., Bankier.
6. Dernburg, B., Wirkl. Geh. Rat, Staatssekretär a. D., Exz.
7. Gradenwitz, R., Fabrikbesitzer.
8. Oliven, Oskar, Generaldirektor.
9. Rathenau, Dr. Walther.
10. von Schwabach, Dr. P., Generalkonsul.
11. Simon, Dr. J.
12. Dreger, Dr. M., Direktor.

Das Jahrbuch 1910/11 schließt seinen Bericht mit dem 30. Juni 1911 ab. Von diesem Zeitpunkt ist über die Tätigkeit der Motorluftschiff-Studiengesellschaft und deren Tochtergesellschaften folgendes zu berichten:

2. Personalveränderungen.

Am 1. 12. 1911 wurde Herr Kapitänleutnant a. D. Hermann Ed. von Simson, welcher sich bereits längere Zeit bei der Gesellschaft eingearbeitet hatte, zum 2. Geschäftsführer der Luft-Fahrzeug-G. m. b. H. ernannt. Am selben Tage wurde dem Herrn Walter Fröbus für die Luft-Fahrzeug-G. m. b. H. Prokura erteilt. Am 1. Mai d. J. trat Herr Oberleutnant Stelling wieder als Luftschiffführer zu dieser Gesellschaft über.

Da die Gesellschaft bisher keinen Meteorologen von Fach besaß, die Mitarbeit eines solchen aber sowohl betreffs des Fahrbetriebes als auch zwecks allmählicher Ausgestaltung des Bitterfelder Betriebes zu einer meteorologischen Station sehr erwünscht schien, sicherte sich die Luftfahrzeug-G. m. b. H. in der Person des Herrn Dr. Hermann Rotzoll einen Fachmann auf diesem Gebiet, welcher gleichzeitig nach vollendeter Ausbildung als Luftschiffführer tätig sein wird. Sein Eintritt erfolgte am 15. Juni d. J.

An Ingenieur-Personal beschäftigt der Betrieb in Bitterfeld zurzeit unter Oberleitung des Herrn Oberingenieurs Kiefer 19 Diplom-Ingenieure und Techniker.

3. Todesfälle.

Am 4. März verunglückte unserer früherer Ballonmeister, Herr Wilhelm Nobbers, welcher mit dem Luftschiff P. L. 6 zur „Luftverkehrs-G. m. b. H." übergetreten war, dadurch tödlich, daß er nach der Landung des Luftschiffes, welches plötzlich von einer Bö in die Höhe geworfen wurde, vom Schlepptau mit hochgerissen und gegen die Bäume des nahen Waldes geschleudert wurde.

Er starb in treuer Ausübung seines Berufes. Ehre seinem Andenken!

Am 29. Juni verschied in Pillau nach längerem schweren Leiden unser Ballonmeister Herr Georg Moses im 29. Lebensjahre.

Der Verstorbene, welcher eine ausgesprochene Begabung für seinen Beruf hatte und ein Muster von Pflichttreue war, hat 4 Jahre lang seine ganze Arbeitskraft in den Dienst unserer Gesellschaften gestellt und seine Stellung stets zur vollsten Zufriedenheit ausgefüllt.

Sein Hinscheiden bedeutet für uns einen schweren Verlust. Sein Andenken wird bei uns allzeit in Ehren gehalten werden.

4. Betrieb.

a) Luftschiffe.

Die im Frühjahr 1911 in Salisi bei Gatschina in Rußland begonnenen Abnahmefahrten des für die russische Heeresverwaltung erbauten P. L. 7 erfuhren angesichts einer wünschenswert gewordenen kleinen baulichen Veränderung dadurch einige Verzögerung, daß die einzige für dieses Luftschiff verfügbare Halle inzwischen einem anderen Schiffe russischer Konstruktion zur Verfügung gestellt war. Der Rest der Abnahmefahrten und die Ausbildungsfahrten für das Schiffspersonal konnten daher erst im Herbst erledigt werden. P. L. 7 übertraf hierbei die kontraktlich geforderte Geschwindigkeit von 14 m per Sekunde um 2,3 m = 16,3 m per Sekunde.

Am 13. Dezember 1911 konnte der inzwischen fertiggestellte, im Auftrage der preußischen Heeresverwaltung erbaute P. L. 11 seine erste Probefahrt ausführen. Nach Erledigung der Abnahmefahrten, bei denen eine Eigenschwindigkeit von 18 m per Sekunde festgestellt wurde, ging das Schiff am 26. 2. 1912 in den Besitz der Heeresverwaltung über.

Als nächstes Luftschiff wurde Anfang April der im Auftrage der japanischen Heeresverwaltung erbaute P. L. 13 fertiggestellt. Er machte am 3. April zwei Probefahrten und wurde, nachdem die vom 13. April bis 19. April 1912 ausgeführten Abnahmefahrten die gestellten Anforderungen, besonders hinsichtlich der Eigengeschwindigkeit, erheblich übertroffen hatten, an letzterem Tage abgenommen. Das Schiff leistet 18,4 m per Sekunde.

Schon am 11. Mai 1912 konnte ein weiteres Luftschiff, der P. L. 12, seinen ersten Probeaufstieg erledigen. Am Pfingstmontag wurde es nach gut verlaufener Abnahmefahrt von der Rheinisch-Westfälischen Flug- und Sportplatz-Gellschaft m. b. H. übernommen und, nachdem es von Ihrer Königlichen Hoheit, der Erbprinzessin Charlotte von Sachsen-Meiningen, auf den Namen „Charlotte"-getauft war, als Passagier- und Lichtreklameluftschiff auf dem Flugplatz Wanne in Dienst gestellt. Das Schiff, bei dessen Konstruktion eine bequeme Unterbringung der Passagiere berücksichtigt werden mußte, läuft 16 m per Sekunde.

Es befinden sich ferner zurzeit im Bau: 2 Luftschiffe von ca. 8000 cbm und eine Gondel für das Ausland; für die preußische Heeresverwaltung der P. L. 8, welcher neue, stärkere Motoren erhält, und ein weiteres Luftschiff, der P. L. 16.

Weitere Aufträge stehen in sicherer Aussicht.

Genauere Angaben über die im Berichtsjahre erbauten Parseval-Luftschiffe sind in dem Kapitel „Entwickelung der Motorluftschiffahrt in Deutschland" und in der Tabelle Nr. 2 enthalten.

b) Flugzeuge.

Die Flugmaschine-Wright-Gesellschaft.

Die Leistungen im vergangenen Jahr stehen naturgemäß im engen Zusammenhang mit der allgemeinen Lage der deutschen Flugzeug-Industrie. Deshalb sei auf diese zunächst eingegangen. In dem seit Erscheinen des letzten Jahrbuches der Motorluftschiff-Studiengesellschaft 1910/1911 verflossenen Zeitraum von Mitte 1911 bis Mitte 1912 hat die Flugzeug-Industrie in den Kulturstaaten weiter erheblich an Ausdehnung gewonnen.

An der Spitze steht noch immer Frankreich mit etwa 20 leistungsfähigen Fabriken, dann folgt Deutschland mit 12—15, England mit ca. 6, Österreich mit ca. 5.

Irrig wäre es jedoch, hieraus ein Aufblühen der Flugzeug-Industrie zu folgern; gerade das Gegenteil ist der Fall. Eine starke Überproduktion von Flugapparaten macht sich in letzter Zeit bemerkbar, so daß sich das Preußische Kriegsministerium veranlaßt gesehen hat, vor weiteren Neugründungen auf diesem Gebiete zu warnen.

Wollte man alle die kleinen Firmen, die sich in der Herstellung von Flugzeugen versuchen, mitrechnen, so würde die Zahl in Frankreich sowohl als auch in Deutschland auf einige Hundert anwachsen. Ernsthaft kann aber mit diesen Gründungen nicht gerechnet werden, denn sie pflegen fast stets mit derselben kometengleichen Schnelligkeit, mit der sie erschienen sind, nachdem das vorhandene Geld durch fruchtlose Versuche aufgebraucht ist, wieder zu verschwinden.

Erfreulicherweise sind die Geldgeber Erfindern gegenüber in letzter Zeit zurückhaltender geworden, so daß das Heer dieser Erfinder sich allmählich zu verringern beginnt.

Die schlechte Geschäftslage, in der sich die Flugzeug-Industrie in Frankreich und Deutschland befindet, hat auch die meisten der größeren Firmen in Mitleidenschaft gezogen, so daß fast überall Geldmangel herrscht.

Diese nahezu entmutigenden Verhältnisse haben ihre Ursache darin, daß das Flugwesen einstweilen nicht den erwarteten Aufschwung genommen hat, vor allem deshalb nicht, weil das Fliegen als Sport fast gar nicht in Aufnahme gekommen ist. Als Grund hierfür müssen im wesentlichen die noch immer zahlreichen Unglücks- und Todesfälle angesehen werden, die sich zwar relativ gegen frühere Jahre erheblich verringert haben, absolut aber immer noch recht hohe Ziffern aufweisen.

Als Abnehmer kommen infolgedessen einstweilen fast nur die Heeresverwaltungen in Betracht, und diesen stehen nur verhältnismäßig beschränkte Mittel zur Verfügung.

Es ist ein offenes Geheimnis, daß mehrere der namhaften deutschen Flugzeug-Fabriken schwer um ihre Existenz kämpfen und zurzeit nur noch durch die Hoffnung auf Unterstützung durch die National-Flugspende aufrecht erhalten werden.

Diese zur Förderung des deutschen Flugwesens und der deutschen Flugzeug-Industrie bestimmte, großzügig angelegte Veranstaltung scheint allerdings nicht ganz die Erwartungen zu erfüllen. Diese Tatsache wäre im Interesse der Fortentwickelung des deutschen Flugwesens außerordentlich bedauerlich; denn aller Wahrscheinlichkeit nach würde der Geldmangel dazu führen, daß es Deutschlands Flugzeug-Industrie nicht nur nicht gelingt, den Vorsprung des Auslandes einzuholen, sondern daß sie diesem gegenüber noch weiter ins Hintertreffen gerät.

Die Anzeichen dafür machen sich bereits bemerkbar; denn die Mehrzahl der deutschen Flugzeugfabriken sieht sich nicht in der Lage, den Bau neuer Flugzeugtypen in ihr Programm aufzunehmen, weil die Mittel zur Ausführung und zur Vornahme der erforderlichen Versuche fehlen.

Hierauf dürfte der Stillstand in bezug auf die Vervollkommnung und technische Verbesserung der Flugzeuge, der sich leider nicht leugnen läßt, vor allen Dingen zurückzuführen sein.

Da man sich aus den angegebenen Gründen wesentlichen Neuerungen nicht zuzuwenden vermochte, wählte man vielfach den Ausweg, die motorische Energie der Flugapparate zu erhöhen, um dadurch die Geschwindigkeit zu steigern und eine größere Unabhängigkeit vom Winde herbeizuführen.

Die Ansicht vieler berufener Konstrukteure geht dahin, daß durch die erwähnte Maßnahme nur ein Augenblickserfolg erreicht worden sei, der eine Entfernung von der eigentlichen Aufgabe zur Lösung des Flugproblems, die Erhöhung der Flugsicherheit, bedeute.

Von diesen Erwägungen ging die unserem Unternehmen nahestehende Flugmaschine-Wright-Gesellschaft m. b. H. aus, und sie war hierbei eingedenk der von den Gebrüdern Wright zuletzt unternommenen Versuche, die den soeben geschilderten Konstruktionsbestrebungen diametral gegenüberstanden und sich damit beschäftigten, die Zuverlässigkeit und Steuerfähigkeit ihrer Apparate so weit zu steigern, daß die treibende Kraft des Motors überhaupt entbehrt werden konnte. Es ist bekannt, daß ihre Bemühungen durch glänzende Erfolge belohnt wurden, denn es gelang ihnen, mit motorlosem Flugdrachen Gleitflüge bis zu 10 Minuten Dauer auszuführen und dadurch Leistungen zu vollbringen, die bis dahin für gänzlich unmöglich gehalten wurden.

Die deutsche Flugmaschine-Wright-Gesellschaft hielt es angesichts der geschilderten Verhältnisse für ratsam, ihre Tätigkeit während des Jahres Mitte 1911/1912 vor allem der konstruktiven Durchbildung ihrer Doppeldecker zu widmen, ohne sich von dem allgemeinen Streben nach Erhöhung der Fluggeschwindigkeit beeinflussen zu lassen:

Die gesammelten Erfahrungen wurden sorgfältig geprüft und ohne Erhöhung der Motorleistung die Stabilität so verbessert, daß es dem Chefpiloten der Wright-

Gesellschaft, Herrn Abramowitch, nicht schwer fiel, seinen Wright-Doppeldecker
in der „Nationalen Berliner Frühjahrs-Flugwoche 1912", die unter dem Zeichen
überaus stürmischer Witterung stand, unter 43 gemeldeten Apparaten verschiedenster
Systeme zu überlegenem Siege zu führen. Der neue deutsche Höhenrekord, den
er gleichzeitig für den Flug mit Fluggast aufstellte, konnte leider offiziell nicht anerkannt werden, weil das Höhenmeßbarometer versagt hatte; es wurden aber mehrfach kontrollierte Höhen von 1500 m festgestellt.

Es war wohl kein Zufall, daß auch der Sieg unter den Fliegern deutscher Reichs-
angehörigkeit im Fluge mit Fluggast einem Wright-Apparat, der von Herrn Mohns
gesteuert wurde, zufiel.

Die Flugwoche war auch finanziell ein Erfolg, zumal nach den Ausschreibungs-
bestimmungen der siegenden Firma, also der Flugmaschine-Wright-Gesellschaft
m. b. H., der Auftrag auf einen Flugapparat seitens der Heeresverwaltung erteilt
wurde.

Wright-Apparate waren auch bei anderen großen Flugveranstaltungen des
Jahres 1912 vertreten. Der junge Wrightflieger Diplom-Ingenieur Hartmann,
der eben erst seine Führerprüfung bestanden hatte, beteiligte sich außerordentlich
erfolgreich am „Nordmarkenflug" und brachte an Preisen über 15 000 M. herein.

Der Wright-Militärflieger Leutnant Fisch startete zum Oberrheinflug und
placierte sich als Vierter, trotzdem der von ihm benutzte Apparat an Alter und
Motorleistung den anderen beteiligten Flugzeugen wesentlich nachstand.

Jetzt erst, nachdem die Wright-Gesellschaft gewiß war, die Flugsicherheit
ihrer Apparate auf das nach dem derzeitigen Stande der Flugtechnik höchsterreich-
bare Maß gebracht zu haben, schritt man zur Ausführung einer sorgfältig vorbe-
reiteten Neukonstruktion, bei der alle während des dreijährigen Bestehens der Gesellschaft gesammelten Erfahrungen Berücksichtigung fanden.

Die von den Wrights den Vögeln abgelauschte Verwindung mit zwangläufiger
Kupplung des Seitensteuers wurde beibehalten, da sich diese Konstruktion als die
weitaus beste zur Erhaltung der Querstabilität erwiesen hatte. Auch die Anordnung
des Seiten- und Höhensteuers blieb im Prinzip bestehen. Insbesondere aber wählte
man zur Fortbewegung wiederum 2 symmetrische Schrauben in der Anordnung,
wie schon die Wrights sie als die geeignetste erkannt hatten; denn Vergleichsversuche
zwischen Wrightmaschinen mit Ein- und Zweischraubenantrieb hatten den un-
umstößlichen Beweis erbracht, daß die letztgenannte Form der Ausführung der
anderen stets überlegen ist, und daß vornehmlich den beiden durch den Zweipro-
pellerantrieb geschaffenen Stützpunkten sowie dem Fortfall der gyroskopischen
Wirkung die hohe Flugsicherheit des Wright-Apparates zuzuschreiben ist. Diese
Eigenart trug nicht zum wenigsten dazu bei, dem Wright-Doppeldecker zu seiner
charakteristischen Bezeichnung als „Sturmflugzeug" zu verhelfen.

Bekanntlich hatte sich die deutsche Wright-Gesellschaft einmal dazu verstanden,
Einschrauben-Maschinen zu bauen, weil ein zeitweise unbesiegbares, teils durch
Unwissenheit, teils durch Verbreitung irriger Ansichten hervorgerufenes Vorurteil
gegen die Verwendung von 2 symmetrischen Propellern bestand; man behauptete
nämlich, ohne irgendeinen Beweis dafür erbringen zu können, daß der Stillstand
einer der beiden Schrauben — etwa durch Reißen einer Kette — ein sofortiges Um-

kippen des Apparates zur Folge haben müßte. Nun hat zwar eine Reihe von Fällen
— 3 davon vor kurzem in Deutschland —, in denen sich der Vorgang in der beschriebenen Weise abspielte, gezeigt, daß die befürchtete Wirkung keineswegs eintritt,
sondern daß der Flieger den einseitig auftretenden Propellerschub allein mit dem
Seitensteuer auszugleichen und jedesmal glatt zu landen vermag. Auch sind die bekanntesten Theoretiker, die Professoren Baumann, Dr.-Ing. Major von Parseval,
Prandtl und Schreber durch sorgfältige wissenschaftliche Berechnung ebenfalls
zu dem Ergebnis gelangt, daß das Aussetzen eines der beiden Propeller erst nach geraumer Zeit ganz allmählich eine Richtungsänderung des Flugzeuges zur Folge hat.
Trotzdem war aber die vorgefaßte Meinung von der „Zweischraubengefahr" zu tief
eingewurzelt, um sie mit einem Schlage ausrotten zu können.

Die Wright-Gesellschaft war infolgedessen genötigt, mit dem bestehenden Vorurteil zu rechnen — und fand eine einfache Lösung darin, daß sie beide Schrauben
durch eine gemeinschaftliche Kette — an Stelle der früher gebräuchlichen beiden
einzelnen — antrieb, so daß beim Reißen der Kette gleichzeitig beide Propeller stillstehen. Dies bedeutet jedoch nichts anderes, als wenn bei einem Einschrauben-
Flugzeug der Motor aussetzt, ein Vorgang, mit dem jeder Flieger zu rechnen gewohnt ist.

Da die neue Type vorzugsweise militärischen Zwecken zu dienen bestimmt war,
galt es, ihr eine möglichst hohe Tragfähigkeit zu verleihen; deshalb wurde zum
Antrieb ein Motor von 85/100 PS — wassergekühlter Vierzylinder der N.A.G. —
gewählt.

Das höhere Gewicht der Maschinerie bedingte eine besonders sorgfältige und
kräftige Konstruktion des Unterbaues, der Kufen und der Laufräder, und es wurde
gleichzeitig etwaigen Landungen auf sumpfigem Gebiet durch Anbringung breiter
Flossen Rechnung getragen.

Das Flugzeug der beschriebenen Bauart, das die Bezeichnung „Type C" erhielt,
war Anfang Juli d. J. fertiggestellt, und unmittelbar nach der Vollendung unternahm der Chefpilot der Wright-Gesellschaft, Abramowitch, einen Probeflug,
der zur Zufriedenheit ausfiel und vor allem eine außerordentliche Steigkraft erkennen
ließ. Die Belastung wurde daraufhin durch Mitnahme von zunächst einem, dann
2 Fluggästen erhöht, und schließlich wurden noch 50 kg Ballast hinzugefügt. Die
Aufstiege und Landungen erfolgten jedesmal glatt. Am nächsten Tage wurden Vorführungen vor einer Kommission der Heeresverwaltung unternommen; auch diese
fielen zur Zufriedenheit aus und fanden volle Anerkennung, so daß die Militärbehörde sich entschloß, bei Bestellung diesen Typ zu wählen.

Hatte der Wrightflieger Hartmann auch im Nordmarkenflug bewiesen, daß
die Wright-Apparate zur Ausführung größerer Flugleistungen außerhalb der Flugplätze durchaus geeignet sind, so schien es doch außerordentlich wertvoll, auch dem
neuen Typ eine strenge Prüfung aufzuerlegen, um auf diese Weise allen Einwendungen, die bei Erscheinen von Neukonstruktionen erfahrungsgemäß stets von Berufenen und Unberufenen erhoben zu werden pflegen, von Anfang an begegnen zu
können.

Die Leistung sollte so bemessen sein, daß sie beim Gelingen von sich reden
machte; deshalb konnte nur ein weites Ziel in Betracht kommen, und es wurde Peters-

burg gewählt, einmal weil der zur Führung des Apparates vorgesehene Flugzeugführer Abramowitch geborener Petersburger ist, vor allem aber, weil gleichzeitig
der Versuch gemacht werden sollte, mit der russischen Heeresverwaltung geschäftliche Beziehungen anzubahnen. Die Verhältnisse geboten einen baldigen Aufbruch,
und es war deshalb nicht möglich, den Motor, der ebenfalls eine neue Gattung dar-
stellte, in der erforderlichen Weise gründlich auszuprobieren. Diese Unterlassung
rächte sich dadurch, daß die Flieger unterwegs mit sehr viel Motorstörungen zu
kämpfen hatten, die die Dauer des Fluges, für den man 4—8 Tage gerechnet hatte,
auf über 3 Wochen verlängerte.

Der Aufbruch vom Flugplatz Adlershof erfolgte am 14. Juli morgens 4 Uhr,
die Landung in Petersburg am 6. August 1912 abends 7 Uhr.

Die reine Flugzeit betrug $19^1/_2$ Stunde, ein sehr günstiges Ergebnis für eine
Strecke von über 1500 km, zumal während des ganzen Fluges fast ununterbrochen
starker Gegenwind herrschte.

Die Konstruktion des Apparates bewährte sich unter den schwierigsten Verhältnissen; selbst Landungen auf tiefgepflügtem Boden und auf Sumpfgelände ver-
liefen ohne jede Beschädigung. Nur einmal wurden zwei Flügel zerbrochen, weil
Abramowitch sich zu einer jähen Landung gezwungen sah, um nicht in die Zu-
schauermenge hineinzufliegen.

Der Einkettenantrieb übertraf die Erwartungen. Die Kette hat den außerordentlichen Beanspruchungen vorzüglich widerstanden.

Wenn dem Flugzeugführer Anerkennung gezollt wird, so soll auch seines Be-
gleiters, des bekannten Parseval-Luftschiff-Führers Regierungsbaumeisters Hack-
stetter, gedacht werden, der die Orientierung in hervorragender Weise durchführte.

Die Aufnahme, die den Fliegern und dem Kraftwagen, in dem Prokurist Fröbus
den Flug begleitete, in Rußland bereitet wurde, war außerordentlich liebenswürdig.

Das Gesamtergebnis der Leistung bedeutet einen Rekord, ein neues Blatt in
dem Ruhmeskranze der Wright-Flugzeuge!

Nachdem es der Wright-Gesellschaft gelungen ist, eine hohe Stufe technischer
Vollkommenheit zu erreichen und den Beweis für die Leistungsfähigkeit ihrer neuesten
Flugzeug-Typen zu erbringen, darf nun aber auch eine günstigere kommerzielle Ent-
wickelung erwartet werden.

Im Berichtsjahr war der geschäftliche Nutzen unbefriedigend, weil es aus den
dargelegten Gründen an Absatz fehlte. Nur 2 Apparate, einer an die Preußische
Heeresverwaltung und einer an die Königlich Technische Hochschule in Stuttgart,
konnten abgesetzt werden.

Die Beteiligung an Wett- und Schauflügen war lohnend, die Fliegerschule, in
der mehrere Herren und eine Dame ausgebildet wurden, brachte weder Gewinn noch
Verlust.

Durch Einschränkung des Betriebes und sparsamstes Wirtschaften gelang es
im abgelaufenen Jahre, Einnahmen und Ausgaben nahezu in Einklang zu bringen,
so daß sich der Verlust früherer Jahre nicht nennenswert erhöht hat.

Die Nichtigkeitsklage, die von interessierter Seite gegen die deutschen Haupt-
patente der Wrightschen Erfindungen seit längerer Zeit geführt wird, ist in der Ver-

handlung vor dem Patentamt zunächst zugunsten der Kläger entschieden worden. Da aber — auch nach der Ansicht namhafter Sachverständiger — das zur Begründung verwandte Beweismaterial äußerst schwach und sehr anfechtbar erscheint, so wurde Berufung beim Reichsgericht eingelegt. Der augenblickliche Stand läßt einen günstigen Ausgang erhoffen.

Da sich durch frühere Verluste vergangener Jahre die an sich geringen flüssigen Mittel erschöpft hatten, so wurde die bereits im Juli 1911 in Aussicht genommene Erhöhung des Stammkapitals bis um 200 000 M. in der Zeit bis zum 15. November d. J. beschlossen. Der größere Teil der Gesellschafter hat bereits neue Stammeinlagen gezeichnet.

Die Geschäftsführung liegt in den Händen des Herrn Hauptmanns von Kehler, die den Verkauf betreffenden Arbeiten wurden zunächst vertretungsweise von dem Prokuristen der Luftfahrzeug-Gesellschaft m. b. H., Herrn Fröbus, erledigt, der nunmehr auch zum Prokuristen der Flugmaschine-Wright-Gesellschaft m. b. H. bestellt ist.

Außerdem werden 2 Ingenieure, einer davon gleichzeitig als Flieger, ein Techniker und ein Meister beschäftigt.

Die Zahl der deutschen Wrightflieger beträgt zurzeit etwa 30, und es werden ca. 12 Wright-Flugzeuge vom Militär und von Privatpersonen benutzt.

Auch im Ausland hat sich das Ansehen der Wright-Apparate gehoben. In Amerika haben sie nach wie vor die Führung und fast sämtliche Rekorde im Besitze. Besonders bemerkenswert ist ein Flug Atwoods von St. Louis nach New York; die über 1500 km lange Strecke wurde in einer Flugzeit von 27 Stunden, die sich auf 11 Tage verteilen, zurückgelegt.

Weiterhin führte Rogers einen Dauer-Überlandflug von New York bis zum Stillen Ozean, ca. 6000 km, aus. Dies ist die weitaus größte, überhaupt jemals mit einem Flugapparat zurückgelegte, Entfernung.

In Frankreich waren die Astra-Wright-Apparate an der Militärprüfung beteiligt und bestanden diese mit Ehren. Beim Grand Prix des französischen Aero-Clubs 1912 waren die Astra-Wright-Apparate die einzigen Doppeldecker, denen es gelang, die ganze Rundstrecke zu absolvieren. Auch in der vom militärischen Gesichtspunkt aus sehr wichtigen, mit hohen Preisen dotierten Konkurrenz um den Michelin-Preis, der für die beste Leistung im Werfen von Bomben aus dem Flugapparat ausgesetzt worden ist, gelang es einem Wrightapparat, den überlegenen Sieg zu erringen.

Leider riß der unerbittliche Tod auch im vergangenen Jahre neue Lücken in die Reihen der Unsrigen; er nahm uns 2 unserer Besten! Unersetzlich ist uns Wilbur Wright, der am 30. Mai 1912 aus dem Leben schied. Ihn, den Beherrscher der Luft, dem Sturmesgewalt nichts anzuhaben vermochte, raffte eine tückische Krankheit dahin! An seiner Bahre betrauert mit uns die Welt den frühen Tod des Dahingegangenen, der in Erfüllung jahrtausendalter Sehnsucht die Menschheit mit der Kunst des Fliegens beschenkte.

Am 29. September 1911 wurde Korvettenkapitän a. D. Paul Engelhard, einer der ersten deutschen Flieger, den Orville Wright selbst ausgebildet hatte, das Opfer seines Berufes. Er, der als Chefpilot der deutschen Wright-Gesellschaft den Wright-Doppeldecker unübertrefflich meisterte, ihn unzählige Male zum Siege führte und dem Wright-Apparat zu seiner Bezeichnung als „Sturmflugzeug" verhalf, stürzte während eines Fluges anläßlich der VI. Nationalen Flugwoche Berlin-Johannisthal ab und war sofort tot, während sein ihn begleitender Schüler mit unbedeutenden Verletzungen davonkam.

Allgemein war die Trauer um diesen Mann, den vorbildlichen Herrenflieger, dessen vornehme Denkungsart und sportlicher Geist ihm zahllose Freunde erworben hatten.

Sein Leichenbegängnis, an dem eine große Zahl der von ihm ausgebildeten Schüler teilnahm, gestaltete sich zu einer imposanten Kundgebung.

Von der Flugmaschine-Wright-Gesellschaft wurde Herrn Korvettenkapitän a. D. Engelhard folgender Nachruf gewidmet:

„Am Freitag, den 29. September, fand unser erster Fluglehrer Herr Korvettenkapitän a. D. Engelhard, durch den Absturz seines Flugzeuges auf dem Flugplatz Johannisthal den Tod.

Kapitän Engelhard gehörte zu unserer Gesellschaft fast von ihrer Gründung ab. Er vereinte den höchsten Mut mit steter Besonnenheit und hatte das treueste Herz.

Sein Verlust ist für uns unersetzlich. Sein Andenken bleibt.

Berlin.   Flugmaschine-Wright-Gesellschaft."

5. Die im Luftschiffbau erzielten Fortschritte und die weiteren Aufgaben.

Im vorigen Jahre war unter Kapitel „Weitere Aufgaben" darauf hingewiesen worden, daß von allen zu erstrebenden Fortschritten einer möglichsten Steigerung der Eigengeschwindigkeit der größte Wert beigemessen werden müsse. Dieser Forderung sind die Parseval-Luftschiffe, wie aus allem darüber Gesagten deutlich hervorgeht, im Berichtsjahre in erheblichem Maße gerecht geworden, und zwar wurde, um dies zu erreichen, an drei Stellen zugleich der Hebel angesetzt: Einmal konnten dank weiterer Fortschritte auf diesem Gebiete die Motorenleistungen nicht unwesentlich gesteigert werden; ferner wurde durch den Ersatz der bisherigen halbstarren Stoffschrauben durch halbstarre, d. h. sehr elastische, Stahlblechflügel ein größerer Nutzeffekt erzielt, und endlich konnte man infolge günstigerer Ausgestaltung des Tragkörpers und des Gondelvorderteils sowie durch erheblich kürzere und einfachere Takelung der Gondel die Widerstände einschränken.

Hierdurch ist im Berichtsjahre eine Steigerung der Eigengeschwindigkeit um ca. $3^{1}/_{2}$ m per Sekunde, von 15 m auf 18,4 m per Sekunde, erzielt worden, und es steht zu erwarten, daß die Parseval-Schiffe in dieser Hinsicht aus der jetzt einsetzenden lebhaften Konkurrenz um die Flugzeug-Motoren guten Nutzen ziehen werden.

Was die Höhenleistungen anbetrifft, so sind diese lediglich eine Frage der Ballonettgröße, des vorhandenen Nutzauftriebs und der dynamischen Wirkung. 1600 m sind von den Parseval-Schiffen mehrfach spielend erreicht worden, während die größeren Luftschiffe auf 2500 m berechnet sind. Diese Steighöhe wesentlich zu vergrößern, wäre an und für sich einfach; es liegt dafür aber keine Veranlassung vor, da sie sowohl für den Kriegsgebrauch als im Verkehr völlig ausreicht.

Einrichtungen für Funkentelegraphie sind im Berichtsjahre in die Luftschiffe P. L. 7, P. L. 11 (P. III) und P. L. 13 eingebaut worden. Irgendwelche Schwierigkeiten oder Gefahrquellen verursachen diese Anlagen nicht.

Die Versuche mit dem Orientierungsinstrument Orion sind fortgesetzt worden und haben die praktische Bedeutung und Verwendbarkeit erwiesen.

An „Weiteren Aufgaben" stellen allein schon die von Fall zu Fall gesteigerten Abnahmebedingungen in jeder Hinsicht hohe Anforderungen an den technischen Betrieb der „Luft-Fahrzeug-G. m. b. H.". Es handelt sich also in Zukunft im wesentlichen darum, die beim Bau und während der Fahrten mit den neueren Luftschiffen gewonnenen Erfahrungen bei jedem Neubau geschickt zu verwerten, so daß dieser, dem jeweiligen Zweck entsprechend, möglichst in jeder Beziehung einen weiteren Fortschritt in der Entwickelung darstellt.

Alle Fortschritte aber — mögen sie in das Gebiet der Geschwindigkeit, Steighöhe, Nutzlast usw. fallen — sind nur dann erwünscht, wenn hierdurch die Betriebssicherheit nicht nur nicht beeinträchtigt, sondern tunlichst erhöht wird.

Dieser Grundsatz wird in unserem Betriebe obenangestellt.

Neben der selbstverständlichen Aufgabe, das unstarre Parseval-Luftschiff und seine bewährten Eigenschaften nach jeder Richtung hin weiter auszubauen und zu vervollkommnen, wird neuerdings erhöhter Wert darauf gelegt, die Bedienung, besonders die Führung, zu vereinfachen. Erwägungen und Versuche in dieser Hinsicht werden dauernd angestellt, eignen sich vorläufig aber nicht zur Veröffentlichung.